造艦テクノロジーの戦い——目次

造艦テクノロジーの戦い

——科学技術の頂点に立った連合艦隊軍艦物語

プロローグ

――科学技術の頂点に立った日本軍艦

先端技術のエッセンス

日本海軍が消滅して四十年の上になるが、いまもなおおそれを思い起こさせるのは、戦艦「大和」であろうか、零戦であろうか。

「海軍は、科学技術の上に立っていた」といわれる。

戦艦「大和」、零戦はもちろん、海軍軍人たちが乗り組んでいた戦艦、航空母艦、巡洋艦、駆逐艦、潜水艦、航空機など、そのどれもそのときどきの先端技術のエッセンスであった。

――世界最大の四十六センチ巨砲九門を積み、同時にその四十六センチ砲弾が命中しても破壊されぬケタはずれの防御鋼鈑の鎧《よろい》で身を固めながら、七万トンという小ささにまとめられ、二十七ノットの高速で走りまわった超戦艦「大和」「武蔵」。

洋上の不沈航空基地にするという前代未聞の発想から、世界ではじめて、飛行甲板に重装甲をほどこした大型空母「信濃」「大鳳」。

わずか七千トン前後の船体に、それまでの常識では十四センチ砲しか積めないと考えていたものを、一躍二十センチ砲六門を積み、さらには魚雷発射管十二門を備え、三十四・六ノットの高速力を出して世界をアッといわせた平賀譲博士設計の重巡古鷹《ふるたか》型。そして、一万トン、二十センチ砲十門、発射管十二門、三十五ノットの重巡妙高《みょうこう》型。

八千五百トンという軍縮条約で制限されたギリギリの大きさの船体に、十五・五センチ砲十五門（三連装砲塔五基）、発射管十二門（三連装四基、それぞれ次発装塡《じはっそうてん》装置つき。つまり魚雷二十四本を搭載していることになる）、十二・七センチ高角砲八門の重武装をして、三十七ノットの高速で走った重巡最上《もがみ》型。そして、世界ではじめて二十センチ砲の連装砲塔四基を艦橋より前に集め、後甲板には水上偵察機五機、カタパルト二基を積み、近代巡洋艦の原型となった重巡「利根《とね》」「筑摩《ちくま》」。

さらに、巡洋艦「古鷹」「夕張《ゆうばり》」などを設計した平賀博士の設計思想と経験を生かした、いわゆる特型《とくがた》駆逐艦群――六十一センチ魚雷発射管九門（三連装三基）、十二・七センチ砲六門（連装三基）の重武装をして三十八ノットの高速を出し、それまでの駆逐艦を大きく引き離すすぐれた航洋性をもつ吹雪《ふぶき》型、暁《あかつき》型。

特型駆逐艦をさらに進歩させた陽炎《かげろう》型、夕雲《ゆうぐも》型は、画期的な駆逐艦で、航続距離が長く、六十一センチ発射管八門に次発装塡装置をつけて、魚雷十六本を持たせ、十二・七センチ砲六門を積んで、どんな荒天でも十分に活動できるようにした。

新鋭兵器概観

一方、これらの艦艇に装備ないし搭載して、戦力をいっそう高めた新鋭兵器を、大づかみながら、述べておく。

まず、九三《きゅうさん》式六十一センチ酸素魚雷。

酸素を燃焼させて魚雷を走らせようという着想は、どこの海軍でも考えていたが、それを現実のものとして実用化したのは、日本海軍だけだった。

圧縮した純酸素を魚雷の燃焼室で燃焼させ、アメリカの魚雷の二倍近い爆薬（五百キロ）を頭部に塡《つ》め、四十九ノット（アメリカは四十八ノット）でアメリカの五倍以上（二十二キロ）の距離を走った。速力を少し落とし、四十二ノットで走らせると、三十キロ。三十六ノットならば四十キロ走った。

九三魚雷は水上艦艇用だが、潜水艦用の九五《きゅうご》式五十三センチ酸素魚雷は、大きさは各国なみだが、四十九ノットで九キロ走った。

酸素魚雷は、速力、射程、爆発力がケタはずれに大きかった。ばかりか、酸素を燃やすから、排気ガスを海中に吐き出すとすぐ水になった。

一般の魚雷は空気を燃やすので、排気ガスが気泡になってブクブク水面に浮きあがる。魚雷がどこで発射され、どこを通って、どこに向かっているかが一目でわかるのに較べると、気泡をほとんど出さない酸素魚雷は、それがわからない。アメリカ海軍が「蒼い殺人者」といって怖れたのも、当然だった。

つぎに、遠達砲弾。

九一《きゅういち》式徹甲弾をいい、「大和」「武蔵」の四十六センチ砲弾はもちろん、二十センチ砲以上の徹甲弾（艦船の装甲を貫通して艦内で爆発させるように作った砲弾）はみなこの構造をとっていた。

弾頭が三角帽子のように尖り、尾部はボートの艇尾（ボート・テール）のようにすぼまっている。同じ推進力でいっそう遠くまで飛ぶ上に、水面に砲弾が落ちると、そのまま沈んでいくのでなく、水面に平行に突進する。敵艦の手前に落ちると、そのまま艦底近くに命中、大穴をあける。世界のどこにもない、日本海軍だけの軍機兵器だった。

つぎに、散開弾。

三式弾がそれで、短く切った鋼の管に焼夷弾薬や発光薬を塡め、それを無数に束ねて弾体に塡めたもので、十二・七センチ砲弾以上の対空砲弾として使われ、敵機の編隊を一網打尽にすることを狙った。

ガダルカナル飛行場めがけて高速戦艦「金剛」「榛名」が九百十八発の三十六センチ砲弾（うち「金剛」が三式弾百四発を、「榛名」が時限信管をつけた人員殺傷用の零式弾百八十九発を撃った。残りは徹甲弾）を撃ちこみ、飛行場一面を火の海にしたことは有名である。

つぎは、大型測距儀。

「大和」「武蔵」の前檣楼の一番高いところにあった、基線長十五メートルのマンモス測距儀。これを頂点とした日本海軍の光学兵器は、世界の追随を許さなかった。

十五メートル測距儀は、四十キロ以上離れた水平線からわずかばかり見えてきた敵艦のマストの先端をすばやくとらえ、波やうねりによる船体の動揺、高速航行や射撃による船体の震動を克服しながら、最高の精度で距離を測ることができた。傑作だった。

製造を担当した日本光学工業株式会社では、あまりにも品物が巨大で、工場を増設しなければならなくなり、価格が四十万円にもなった。基線長八メートルの大型測距儀が三万五千円だったころの話で、時価にすると軽く五億を超えるであろう。

つぎは、夜間双眼望遠鏡。軍縮会議で兵力量を対米六割に制限された日本海軍が、なんとか対米必勝手を作ろうと考えた夜戦、そのために開発した夜間用の大型望遠鏡である。

望遠鏡は、ふつう対物レンズの直径で大きさを測るが、それが十二センチ、十五センチ、十八センチなどという化けもののような双眼望遠鏡であった。

新鋭駆逐艦や巡洋艦では、艦橋の左右の端にこの夜間双眼望遠鏡が、ちょうど連装機銃でものせるような大型架台の上に据えられていた。「腕に覚え」ではなく「眼に覚え」のある年季の入った下士官が、架台についた椅子に腰かけ、巨大な対物レンズを闇に向けて、ジリジリとわずかずつ動かしていった。

ガダルカナル攻防戦のころから、アメリカの艦艇にはレーダーがゆきわたった。レーダー対肉眼の戦いで、その後は日本海軍のお家芸だった夜戦がダメになった、という人もある。しかし、そんなこともなかった。レーダーにも肉眼にも泣きどころがあり、島に囲まれた狭い海面の戦いでは、勝ったり負けたりで、どちらが強いともいえなかった。

歴史学者モリソン博士が、いう。

「すでに緒戦期から日本海軍で使っていた光学兵器は、米海軍のものよりすぐれていた。かれらが使っていた双眼望遠鏡は、とくに夜間作戦で、米海軍よりもはるかに優秀な成果をあげた」

つぎは、磁気探知機。

何から何まで劣勢だった日本海軍の電子技術のなかで、もっとも目覚ましい成果をあげて気を吐いたものが、磁気探知機だった。

艦攻、水偵、陸攻に装備し、

「一度、磁気探知機（磁探と略した）で探知されると、天候に異状さえ起こらなければ、その潜水艦はもう逃げられなくなる」

といわれたほどの実効をあげた。

昭和十九年四月以降、磁探機を集めて編成された九〇一航空隊は、敵潜水艦の「巣」といわれたフィリピン海域、とくにバシー海峡方面で大活躍。八月二十四日から二十日間のうち敵潜水艦を四十二回発見したが、その三十六パーセントは磁探機により、また十二隻撃沈したうち五隻は磁探機の戦果だった。

残念ながら、飛行機用磁探が完成し実用された時機が遅かったため、制空権を敵に奪われたところで活動しなければならず、歯痒いことばかりで、しかも十月の台湾沖航空戦、それにつづくフィリピン攻防戦に駆り出されて、いつのまにか消滅してしまった。

日本海軍の艦艇が、当時の世界一流——というよりは、外国を引き離していたことについては、この稿のテーマの一つとして、すでに述べた。

明治初年——日本が近代海軍の創設に踏み切ったとき、近代造船技術など、土壌も若木もない、まるでゼロの状態だった。その技術後進国が、述べてきたレベルに短期間に到達することができたのはなぜか。なぜこんなことが、起こりえたのか。

グループとして、ある共通の目的をたてて日本人が結集し、力を集めたとき、時間的にも質的にも、いわゆる常識を遙かに超えた、不可能を可能として成果をあげうることは知られている。組織、教育などの因子のほかに、このような「人」の要素が大きく働いていると、私には、思われてならぬのである。

こんな話がある。

昭和十八年七月はじめ、長崎港に奇怪な艦が入ってきた。軍艦旗を揚げているから軍艦には違いないが、軍艦だとすれば煙突から前がない。それがバック（後進）しながら入ってきて、三菱造船所のブイ（浮標）につながれた。

ガダルカナル西方洋上で、米潜水艦の雷撃を受け、龍骨（キール）を損傷、煙突から前を切り捨てた防空駆逐艦「秋月」だった。

ちょうどそのころ、三菱長崎造船所では、同型艦の「霜月《しもつき》」を建造していた。船体はすっかりできあがっていたが、エンジン部分の完成が遅れて、そのままに繋《つな》いであった。

折から、ソロモンの戦況が急迫し、防空駆逐艦「秋月」はのどから手が出るほど必要とされ、一日も早い戦線復帰が待たれていた。

「よし、やろう」

非常措置がとられた。

「霜月」をまずドックに入れ、七十五番ビームのところから艦首部を切り落とした。あとは、防水処理をして、胴体をドックの外に曳き出した。

次に胴体だけの「秋月」をドックに入れ、切り落とされた「霜月」の艦首部と接合する。艦首部をジワジワと移動させ、「秋月」の胴体と合わせるわけだが――おなじ青写真で造ったとはいいながら、「秋月」は舞鶴海軍工廠で建造されたもので、「霜月」は前記の三菱長崎造船所製である。二つの造船所の技量の差、経験の差で、どうしても精度に差ができ、ことに二七〇〇トンもの大きな船体になると、ズレができるのが常識というものだが、それがピタッと合った。少なくとも接合に困るようなズレはまったくなかった。

「奇蹟だ」

興奮して大声で叫んだ人もあったそうだ。ところが、奇蹟でもなんでもなかった。海軍工廠と民間造船所の造船技術のレベルが最高度に、しかもここまでおなじ水準に達していた、ということであった。

ここで、戦争中の艦艇のバランスシートを、ちょっと見ておく。

海軍が、太平洋戦争開戦の時点で持っていた艦艇は、公刊戦史によると隻数で戦艦十、巡洋艦三十八、空母十、駆逐艦百十二、潜水艦六十五、その他を含めて大小の軍艦等（海軍では、駆逐艦、潜水艦など、いわゆる御紋章のついていないものは、正式には軍艦といわなかった）は、小艦艇を含め約三百九十隻、約百四十五万トン。

戦争期間中の増（減）数は、戦艦二（八）、巡洋艦六（三十六）、空母十五（十九）、駆逐艦六十三（百三十三）、潜水艦百二十六（百三十一）、その他を合わせて八百二十七（六百八十二）であった。

そして、終戦時健在（大中小破、または着底）、戦艦〇（四）、巡洋艦二（九）、空母〇（六）、駆逐艦三十（十二）、潜水艦五十五（四）、その他小艦艇を合わせて、健在または小破四百四十七、大中破または着底八十七。

なお、進水はすませたが、まだ艤装を終わらないものが、空母四、駆逐艦三、潜水艦二十一など。

——これを見て驚くのは、明治三十年代の日露戦争当時（一九〇〇年ころ）、イギリス製の主力艦隊（戦艦戦隊、装甲巡洋艦戦隊）でロシアと戦わなければならなかったほど、技術後進国——というよりは、知識も科学技術も、その蓄積もゼロであった日本が、そのわずか四十年後には、世界をリードしうるまでに急カーブを描いて技術レベルを向上させ、それも海軍工廠だけでなく、日本中の民間造船所のレベルまで、ピタリと肩を並べて躍進を遂げてきたことだ。

なかでも、戦争期間中の建艦は平時と違い、制限された材料を使い、常軌を逸するまでに完成を急がれ、しかも、戦訓によって装備計画がたびたび変更される。そのうえ、戦場で損傷を受けて帰ってくる。たとえば、前に述べた「秋月」の場合のような大修理が突発的に、特急工事として割りこんでくる。そんなことに作業を妨害されながら、新造艦の進水を、竣工を、急がねばならなかった。

この状況は、海軍工廠も民間造船所も同様だった。区別はなかった。くりかえすが、日本で軍艦の建造をはじめた明治の半ばころは、日本にはまだ、それを支える科学技術の基盤がなかった。

やむをえず海軍は、まず自分の工廠を作り、先進国から技術を学んで苗床で育て、それを民間造船所に移し植え、リーダーシップをとりながら、地道に、丹念に、粘り強く、自分自身と併せてこれらパートナーたちの技術レベルを懸命に引き上げ、押し上げていった。

——三菱重工業長崎造船所、神戸川崎造船所、浦賀、藤永田、石川島重工、播磨造船所、三菱横浜、三菱神戸、三井玉野、日本鋼管鶴見、日立因島《いんのしま》、川崎重工業泉州工場などの造船所（まだ他にもあるが）が、それにあたる。

海軍では、これら造船所の技術向上と維持に心を砕いた。

不況などで造船の落ちこみが大きいときには、工廠で建造することに予定していた艦艇の工事を、民間造船所に振り替え発注した。

昭和年間の艦艇進水量を見ると、二十年までの進水隻数千百八隻のうちトン数でいって、海軍工廠はその四十一パーセントなのに、民間造船所は五十九パーセントを占めていた。海軍と民間造船所の、よきパートナーシップが、くっきりと浮かびあがる。

「秋月」の胴体と「霜月」の艦首部が、海軍工廠と三菱造船所と別々に建造されながらピッタリ結合できたのも、このようにして永い年月をかけて育ててきた苗が、日本のあちこちの民間造船所ですくすくと育ち、花をつけ、実を結んだ結果であった。

どれほど平賀譲造船大佐（当時）や、そのほかのすぐれた造船技術者たちが、世界を驚倒させる独創的な設計をしても、これを海軍工廠や民間造船所の技術者や工員たちの手で、軍艦として具体化し、さらにそれを軍人たちによって「浮かべる城」としての生命を吹きこまなければ、文字どおり画に描いた餅にすぎない。

「海軍は、科学技術の上に立っていた」

という言葉は、ただ言葉だけのものではなかったのだ。

以下は、このようにして生命を吹きこまれた軍艦たちと、それに乗り組んだ軍人たちとが国の大事に立ち向かい、共に手を携え、力の限りをつくして散らした火花の物語である。

1　幻の砲撃戦
——超戦艦「大和」建造の思想

四十六センチ砲の超戦艦

軍縮で戦艦の建造を中止した、いわゆるネーバル・ホリデーの約十五年間。日本海軍は現有戦艦の陳腐化を防ぐため、近代化に大きな努力を傾けてきた。そのうち、近代化を重ねると、そのたびに、継ぎたしたり、重い兵器をのせたりするので、艦自体がだんだん脆弱性を増していくのに気づいた。ギョッとした。

「これはいかん。新規に建造しなければ由々しいことになる」

折よく昭和九年十月、ホリデー明けに備えた軍令部から、主力艦建造計画についての要求を提示してきた。

主砲　四六センチ砲八門以上
副砲　一五・五センチ砲三連装四基（または二〇センチ砲連装四基）
速力　三〇ノット（時速五六キロ）以上

航続距離　一八ノットで八〇〇〇カイリ
防御力　主砲弾に対し二〇〇〇〇～三五〇〇〇メートルの戦闘距離で耐えること
そして、命中した第一本目の魚雷で浸水して艦が傾斜した場合でも、傾斜を五分以内に四度にまで修正し、そのまま戦闘をつづけられること。また第二本目の魚雷が命中、浸水した場合、最悪の場合でも三十分以内には対策をとり、傾斜を四度にまで修正し、すぐに戦列に復帰できること——との条件がついてきた。

日本海軍は、日清・日露の両戦役を、大艦巨砲主義・優速主義を土台とした艦隊決戦で敵に勝ってきた。そして日露戦争後は、日米ともに相手を仮想敵国と考え、ムキになって主砲の威力を競い合った。

この新戦艦「大和」(進水まではまだ「大和」と命名されてはいないが、便宜上そう呼んでおく)では、主砲を思い切って世界最大の四十六センチ砲にすることにした。当然ながら、「隻数は少なくてもいい、圧倒的に強いものが欲しい」と考えたからだ。

当時、パナマ運河を通って太平洋、大西洋を移動しなければならなかった米海軍にとっては、パナマ運河の幅百八フィート(約三十三メートル)が大きな制約になっている。四十六センチ砲八門以上持つ、バランスのとれた新鋭戦艦の幅は、三十三メートル以下には物理的に納まらない。「大和」の幅は三十八・九メートル。「敵の虚に乗じて」とうていかれらが太刀打ちできない「超戦艦」を作ろうとする「個艦優越」、ないしは「アウト・レーンジ」の思想である。

異例の訓示

戦艦の設計では、主砲の大きさが決まると、ほとんど自動的に防御計画も決まる。軍艦設計の常識として、戦艦の場合、自分の持つ主砲弾をもっとも有効な距離から撃ち込まれたとき、その破壊力に耐える防御力を持たせる。

戦艦「大和」の特徴は、第一にその空前の四十六センチ砲にあった。したがって、防御力は、空前の強大さを持つものでなければならない。

こうして、新戦艦の基本計画がほぼまとまり、いよいよ各部に分かれての詳細設計に入ろうとする昭和十年十一月、作業の最高責任者である艦政本部長中村良三大将は、関係各部長につぎのような、異例の訓示をした。

要点を拾って、読みやすくする。

《主力艦は海軍兵力の根幹であり、作戦用兵上の要求は重大である。この要求を満たしつつ一定排水量以内に収め、近い将来を予見して列強の新建艦計画を遙かに凌《しの》ぐものにしなければならぬ。そのため左の諸項に留意してもらいたい。

一、計画を稠密にし、各部間の連繋を緊密にすること。

今度の計画は、きわめて大胆なものである。攻・防・速にわたり前代未聞の優秀艦にするには、計画を稠密にし、一度決定した後は改変する必要がないようにすること。

二、独創的考案に努めること。

主力艦建造の基礎的研究は海軍だけでは不十分なので、広く衆知を集めて独創的考案を加え、計画を完全にすること。
三、最小重量をもって最大威力の発揮に努めること。
直接戦闘に用途の少ない物件の搭載は最小限度にとどめ、不必要な重量と容積を極力軽減ないし排除し、戦闘能力の増大を図ること。
四、みだりに巧緻に流れず、武人の蛮用《ばんよう》に適すること。
科学の粋を集めることは重要だが、戦闘では、簡単で確実なものが勝つ。軍人が荒っぽく使っても、役に立つものであること。
五、配分重量を厳守すること。
これまでの通弊であった、竣工後の重量が計画重量を超過するようなことにならぬよう格段の注意を払うこと。
六、機密保持に遺憾なからしめること。
本計画は、（「大和」以下数隻の超戦艦で優勢な敵主力艦隊に撃ち勝とうという）日本海軍独特の経済的軍備計画の根幹をなすもので、列強も諜知にあらゆる努力を払っているはずである。この機密保持には、万全の処置を講じること》

読みなおしてみると、別に新しい注意点は何一つないが、文面の背後に流れる大きな意気込みには、目を見張るものがあった。艦政本部長中村大将が、自ら「大和」建造の陣頭に立ったのである。

二つの大事件の教訓

考えてみれば、この艦政本部長訓示の約一ヵ月前（昭和十年九月）には、四艦隊事件が突発、海軍が震撼したものだった。

青森東方の太平洋上で、海軍大演習に参加、行動中の第四艦隊が台風に遭い、巨濤に揉《も》まれ、新鋭駆逐艦「初雪」と「夕霧」は艦橋直前で船体切断、艦首部を喪失。旧型駆逐艦「睦《む》月《つき》」は艦橋を圧潰され、空母「龍驤《りゅうじょう》」は艦橋破損、同「鳳翔《ほうしょう》」は飛行甲板前端圧潰。その他各艦は、波浪のため大小の被害を受けるという異常事態が起きたのである。

その前年（九年三月）には、佐世保港外で訓練中の新鋭水雷艇「友鶴」が、それほどの荒天ではなかったが転覆している。新鋭艦の性能は世界無比と信頼され、だからこそ乗員は、身命を忘れて訓練に没頭できた。それだけに、受けたショックは大きかった。原因究明を急いだところ、復原力の不足——重い兵器などを上の方に積みすぎ、艦の重心が高くなり、転覆しやすくなっていたことがわかった。

この二つの大事件に対する海軍の処置は、迅速かつドラスチックだった。昭和九年から造船所のすべてを動員、少しでも怪しい艦は大がかりの改造を加えた。そして、その工事がひととおり終わってみると、日本海軍の艦艇は、見違えるほど強靭になり、かつ安定性を増大した。後のことだが、戦争中、この種の事故は一度も起こさないですんだのである。

そんな大事故直後の新戦艦の建造であった。

「友鶴」事件直後に艦政本部に着任した、頭脳明晰で温厚な基本計画主任福田啓二造船大佐以下、艦政本部設計技術陣が異常な意気込みを持ったのも当然といえた。

また、平賀譲造船中将（当時予備役）の親身な指導を受けることができ、海軍造船の最高頭脳を「大和」の設計に集中することができたのは幸せだった。

新戦艦の設計思想が本決まりになったのは、昭和十二年三月。軍令部要求が出され、設計研究が始まったときから二年十ヵ月たっていた。その間、相当詳しい設計にまで進んだ試案が二十種類以上。主砲についても、二連装と三連装砲塔のコンビを前後に振り分け、合計十門搭載しようとするもの、英戦艦ネルソンのように、三連装三基を前部に集めようとするものなど、いろいろあった。が、結局は、三連装三基を、前に二基、後ろに一基、振り分けることに決まった。

「友鶴」事件と四艦隊事件が、「これも積め」「あれも積め」と強制したことが最大原因の事件だったので、さすがに気が咎《とが》めたのだろう、福田基本計画主任には用兵側も無理強いをひかえた。それにもかかわらず、基本計画概要がまとまり、決定のための高等技術会議が終わったころには、福田計画主任の頭髪はにわかに白さを増し、顔にも急に衰えが目立ち、部下たちが心配したほどだったという。

伝統的造船技術の粋を注ぎ込んで

ここで「大和」の設計原案について、主な要目を述べておく。

公試排水量　六五二〇〇トン
長さ（水線長）　二五三メートル
幅（最大幅）　三八・九メートル
喫水　一〇・四メートル
深さ（水中深さ）　一八・六六七メートル
速力　二七ノット
航続距離　一六ノットで七二〇〇カイリ
軸馬力　一三五〇〇〇馬力
兵装
　主砲　四六センチ砲三連装三基
　副砲　一五・五センチ砲三連装四基
　高角砲　一二・七センチ砲連装六基
　機銃　二五ミリ連装一二基
　　一三ミリ四連装四基
航空機（水偵）　六機
射出機（カタパルト）　二基
防御力　四六センチ砲弾に対し、戦闘距離二〇〇〇〇〜三〇〇〇〇メートルで致命部は安全であること

——ものすごい超戦艦だった。日本海軍、いや、日本の運命を双肩に担う堂々とした武者ぶりだった。六割海軍、劣勢海軍といわれた日本海軍にとって、まさに起死回生。十割海軍のアメリカが、数を恃《たの》んで多数戦艦を揃えて来ても、完全にアウト・レーンジした「大和」「武蔵」の四十六センチ主砲で、片っ端から撃沈してしまおうという。

しかも、これらの特長を十分に発揮するため、日本海軍の伝統的な造船技術の粋が、すべてを挙げて、「大和」の設計と建造に注ぎ込まれた。

——まず「大和」は、排水量の大きさに比べて、艦型が小さい。長さが短いかわりに、幅が世界一広い。これは、「大和」の世界最大の主砲を、二万メートルないし三万メートルの距離から撃たれた場合、これに耐え得る甲鉄（二万五千メートルから撃たれた砲弾に対する防御甲鈑を使うと、重くなりすぎ、戦艦を構成できなくなるので、要求を三万メートルにまで引き下げた）で艦の致命部を囲う必要があるからだ。

この致命部を厚い甲鉄で囲った直接防御部分は、艦の長さの五十三・五パーセントに及んだ。重量でいえば全重量の三十四・四パーセント。また厚さをいえば、舷側部（縦方向）に四十一センチの新発明VH甲鉄（表面硬化甲鉄）、防御甲鈑（横方向）に、これも新発明の、モリブデンを加えた強靭なニッケルクローム甲鉄（厚さ二十センチ）を使った。いずれも工学博士・佐々川清技術少将の新たな発明だった。

これで、敵の飛行機が、三九〇〇メートル以下から投下した八百キロ徹甲爆弾が命中しても、防御甲鈑部分を貫通、爆発させることはできなくなった。

被害極限上の利点

——問題は、煙路と通風路である。ボイラーから出る煙の出口と、そのボイラー室や艦内各部に至る給排気口の大きな開口部は、軍艦にとってのアキレス腱であった。戦闘中、砲弾がよく飛び込む。飛び込んだ砲爆弾が、大惨害を引き起こす。

ここで、ボイラーについて考えてみる。

「大和」は、一基で一万二千五百馬力を発生するボイラー十二基を持つ。それが前記の広い艦の幅を利用し、横方向に四列、艦の長さの方向に三段。碁盤目のように並んだ小区画の中に一基ずつ配置された。

右舷第一列のボイラー三基で、摂氏三百二十五度、毎平方センチ二十五キログラムの圧力を持つ蒸気をそれぞれ発生し、それを、後方に連接した右舷第一機械室の一基のエンジンに送り、エンジン回転を右舷第一推進器に伝える。

このレイアウトは、被害局限を第一に考えねばならぬ主力艦の動力機関としては、理想的なものだった。

四個の巨大な推進器が、四つの独立した動力システムによって別々に動かされる。どこに敵弾を受け、どこに事故が起こっても、高温高圧の蒸気をその部分だけバイパスさせれば、エンジンも、推進器も、何事もなく回転する。

まだある。「大和」に使っているボイラーは、新鋭巡洋艦、新鋭航空母艦に載せたボイラーと同じものながら、そちらがギリギリ蒸気温度三百五十度、圧力三十キロで二万馬力を出させていたのに比べると、出力にも数にも十分な余裕を持たせてあった。これは、被害局限にはこの上ない利点であった。

動力機関の話から少しそれるが、推進関係の話をつけ加える。

——一つは、球状艦首《バルバスバウ》。前に述べたように、大和型の船型は、排水量の大きさに比べて、船の長さが短く喫水が浅く、それでいて幅が広い。船として見ると、真四角に近い箱を浮かべたようなもので、安定性はよくても、高速で走るとか、身軽な運動をするとかは苦手のはずである。

そこで、そのころ日本一の大きさを持つ海軍技術研究所の試験水槽を使い、パラフィンで成形した六・五メートル模型約五十種を、徹底的に比較研究した。

球形艦首の問題を理論的に研究したのは、この時点ではまだ新しかった。海軍の造船技術者たちは、持ち前の、驚くべき現実的、実証的な態度で研究を重ね、当時「世界中のどこの水槽でも予想できないような、特別に巨大な球」を艦首につけた。その結果、これまでの垂直艦首や傾斜艦首に比べ、二十七ノットで走った場合、抵抗を八パーセントも減らすことができた。

福田計画主任を補佐して「大和」の設計を担当していた松本喜太郎技術大佐によると、このバルバスバウを採用したため、船の長さを約三メートル長くしたのとほぼ等しい効果を収めた、という。設計から見ると、船体の重量約八十トン、排水量にして約三百トン節約したことになった。

そのほか、張出軸受など船体外部に装備する装置の装備法を研究した結果、排水量に換算して約千九百トン、一等駆逐艦一隻分の重量を節約できたともいう。

こうして「大和」は、全力公試運転で予想を越える、二十七・四六ノットを出すことができたのである。このときの軸馬力は十五万三千五百五十三馬力であった。

二枚舵操作の問題点

——もう一つは、舵の問題。

「大和」は艦体が大きいので、旋回圏も大きくなる。が、それでは連合艦隊に加われない。連合艦隊は編隊運動をする。戦艦戦隊、巡洋艦戦隊などと、艦種別に隊列を組むので、旋回性能にも規準が決めてある。

「大和」もこの規準にしたがって、旋回できなければならない。舵は、船ではアキレス腱になりうる。いかに空前の威力を持つ「大和」でも、舵が動かなくなれば、艦はグルグル回りするばかりで、自滅するほかない。

「大和」では、舵をダブルに持ち、一方が動かなくなっても、もう一方で舵をとれるように考えられた。この点、他の戦艦も同じだが、他の戦艦が、二枚の舵を艦首尾線に対して左右に、対称的に備えたものを、「大和」では艦首尾線上、つまり前後に置いた。

艦首尾線に対して左右に置くと、魚雷や砲弾は、艦の横ざまに撃ち込まれることが多いので、舵に命中すれば、一度に二枚ともやられるおそれがある。そこで前後に置いたのだが、それが意外な結果になった。

「大和」の旋回性能は、すこぶるよかった。旋回圏は普通の旋回と大差ない。ところが、排水量が二倍、ないしそれに近い大艦だけあって、惰力がものすごく大きい。つまり、舵を十五度とか三十五度とかとって、舵が利いて艦首尾線が回り始める。それまでの経過時間が、他の艦よりも長いのである。

舵はキチンと規準どおりに利くけれど、実際に舵が回り始めるまでに時間がかかる。それだけ、航海長の操舵命令の出し方が難しくなる。見越しの上手下手が、決め手になる。

それならば、二枚の舵を二刀流のように上手に使ったらどうか、ということになるが、実際に舵を動かしてみると、前の方にある小さな舵（副舵）が、思ったような働きをしなかった。

たとえば、後方の大きな舵（主舵）は中央（直進）にしたまま、副舵を右いっぱいにとる。「大和」は右旋回をはじめる。そこで副舵を中央に戻し、その方向に直進させようとする。しかし、艦は右旋回をやめない。「大和」の惰力が、副舵にとって大きすぎるのだ。それでは困る。

さっそく研究され、成案も得たが、どうしても大工事になる。そのうち戦局が急迫して、「大和」「武蔵」を工廠につなぎっ放しにして工事することができなくなり、結局、舵はどっちつかずの妙な形のまま、一生を終えることになった。

蜂の巣甲鉄の発明

話をもどす。

――「大和」の煙路、通風路というアキレス腱をカバーした発明が蜂の巣甲鉄であった。ボイラー、エンジン、その他、損傷を受けると、艦にとっては致命傷となる、たとえば弾火薬庫、発電機室、水圧機室、変圧機室、主砲その他の発令所、通信室の一部、注排水指揮所……。

つまり、敵弾が飛び込んできて炸裂すれば、大爆発を起こして沈没する恐れがあったり、航行不能になったり、あるいは戦闘力発揮に重大な支障が起こったりするような重要部は、前にも述べたように、四十六センチ砲弾を撃ち込まれても耐える重防御甲鈑で、防御区画をつくり、その中にカバーされる。

だが、そのカバーも、アキレス腱を破られては、何の意味もなくなる。

明治時代、あの日清・日露両役のころ、海上の戦闘は、互いに相手の艦をよく見ながら主砲や副砲を撃ち合い、戦った。距離にすれば、日清戦争では三キロから六キロくらい、日露戦争では七キロから八キロくらい、第一次世界大戦では十五キロから二十キロくらい。そして太平洋戦前、日本海軍が演習ないし訓練で使っていた砲戦距離は、さらに延びて、二十キロから三十キロ以上になっていた。

昭和16年９月20日、呉工廠の艤装用浮き桟橋に繋留され艤装中の「大和」。工事は最終段階にあり、予行運転出動を間近にひかえた完成直前の姿。球状艦首(バルバスバウ)、ＶＨ甲鉄、蜂の巣甲鉄等、海軍造船技術の粋が全て「大和」建造に注ぎ込まれ、対戦艦戦における主要部防御は完璧だった。

昭和16年10月30日、宿毛湾沖標柱間で全力公試運転（27・46ノット）中の戦艦「大和」。

昭和5年のロンドン軍縮会議の結果、練習艦となった戦艦「比叡」。砲塔・装甲鈑・ボイラー等を減じたため船体は浮き上がっている。昭和12年の大改装によって一躍、第一級の高速戦艦となった。

ワシントン条約に示された主力艦の防御強化を行ない、第一次改装を完了した戦艦「霧島」。昭和2年の工事では、艦主要部・砲塔・水中部の装甲を追加し、バルジの延長が実施された。ジャットランド海戦以前に建造された旧式戦艦「霧島」は、その後、二次改装が行なわれた。

昭和18年8月、航空戦艦に改造され、伊予灘で全力公試運転中の「伊勢」。改造工事は後部の2砲塔と副砲の全てがとりのぞかれ、後甲板に格納庫と飛行甲板を設けて、艦爆22機が積めるように設計された。

大正6年11月、艤装工事が最終段階に入った戦艦「日向」。扶桑型戦艦の改良型として誕生したが、昭和17年5月、射撃訓練中に五番砲塔の爆発事故を起こしたため、航空戦艦への転換が計られた。

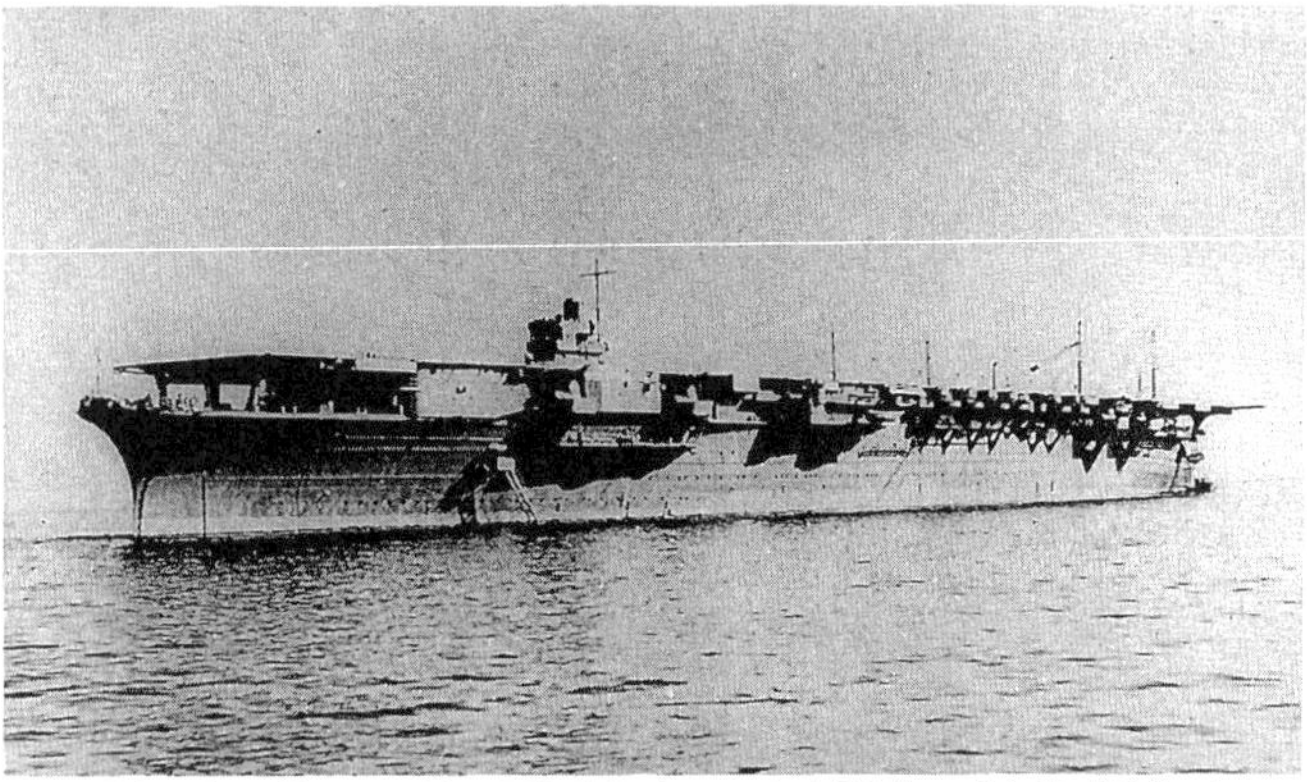

昭和16年９月25日、竣工引き渡し当日の空母「瑞鶴」。「赤城」「蒼龍」など改造空母や条約制限下の艦と異なり、制約をうけずに作られた理想的な空母。英米の空母と比較しても、性能・装備ともに優れていた。

昭和14年５月、横須賀小海岸壁で艤装中の空母「飛龍」。蒼龍型の二番艦として条約制限下に計画されたが、第四艦隊事件で構造上の改正や要望が盛り込まれ、性能は「蒼龍」と同じだが、外観や構造は大きな相違があった。

昭和20年秋、シンガポールの重巡「妙高」。ワシントン条約の１万トン重巡の第一艦として誕生し、その高性能と優美な姿に各国は驚いた。

昭和７年２月、全力公試運転中の重巡「愛宕」。妙高型を改良した１万トン重巡で、米の数に勝る重巡に対し、個艦優越主義の代表だった。

昭和20年７月24日・28日の空襲で浸水、着底した重巡「利根」。砲塔をすべて前部に配置し、後部を航空施設にあてた特異な姿であるが、近代海戦にもっとも適合した艦であった。

昭和９年２月、舞鶴工廠で完成直後の水雷艇「友鶴」。同年３月12日に生起した「友鶴」沈没事故は、帝国海軍を根底から震撼させる大事件であった。調査の結果、艦の復原力が問題となり、計画と設計の改善を余儀なくされ、過度な兵器の搭載は危険であると結論された。友鶴クラスは、条約制限下の駆逐艦にかわる実質上の二等駆逐艦であった。

昭和19年11月11日、オルモック湾で沈没直前の駆逐艦「島風」。高速性能に重点をおいて一隻のみ建造されたプロトタイプで、初代「島風」と共に40ノットを越えた唯一の艦。18年５月に舞鶴工廠で完成したが、高速力を生かす海戦は生起せず、船団護衛や輸送等に従事していた。

南方洋上を行く神風(峯風)型駆逐艦。この型は、それまで英国駆逐艦を模して造られていたものを初めて純日本式に改め、耐波性と凌波性を考慮して、その外形が決められた。昭和10年の第四艦隊事件では神風クラスの耐久性が認められたが、開戦時には老朽艦となっていた。

ロンドン条約制限下に建造した艦隊型潜水艦・海大六型の「伊号第168潜水艦」。このクラスは遠距離の洋上に進出して艦隊決戦に参加したり、通商破壊を目的に造られ、旗艦設備をそなえていた。太平洋戦争では艦隊決戦思考から脱脚できず、戦略任務には使用されなかった。

△装甲巡洋艦「出雲」。明治33年に英国で建造。二艦隊旗艦となる。
◁装甲巡洋艦「八雲」。日清戦争以後、ドイツで造られた唯一の艦。

△戦艦「三笠」。日清戦争後の海軍拡張計画で明治35年、英国で建造された「三笠」は、攻撃・防御・機動のバランスのとれた旗艦にふさわしい堅艦であった。

◁装甲巡洋艦「磐手」。明治34年に英国で建造された。日露開戦当初は旅順、その後、ウラジオ艦隊に備え、日本海海戦では第二艦隊二戦隊旗艦。

▷装甲巡洋艦「浅間」。明治32年、英国で建造された。日露戦争劈頭、仁川沖の海戦でロシア艦二隻を撃破し、港内で自沈せしめる殊勲を上げた。

写真提供／雑誌「丸」編集部

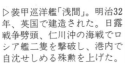

三十キロ以上になると、相手は肉眼では見えない。船体は、水平線の向こう側に隠れて、マストが見えたり見えなかったり。そんな大遠距離から弾を撃つと、砲身の仰角は四十五度に近く、「大和」でいえば、富士山の二倍の高さを飛び、四十一キロ隔てた地点に、高空からまっさかさまに、大きな落角で落ちてくる。

敵弾が大きな落角で命中することになれば、煙路・通風路の開口部の防御は、明治式では役に立たない。明治時代は、砲戦距離が近いから、砲弾は水平に近い弾道を描いて飛んだ。だから、開口部の周囲に、井戸枠というか、衝立をグルリと立て回したような甲鉄をめぐらしておけばよかった。が、今度は、それではいけない。

そこで、蜂の巣のようにたくさんの小穴をあけた甲鉄で、煙路や通風路の開口部を塞ぐことにした。蜂の巣甲鉄がこれである。

問題は、蜂の巣のように小穴をあけた甲鉄で塞いだ開口部が、「大和」に必要で十分な防御力を持つようにしなければならないが、それには、どんな大きさの穴を、どんな密度で、どれだけの厚さの甲鉄にあければよいか、ということである。

例によって、海軍式に、徹底的な実験研究をくり返した。そして、最良のコンビネーションを開発した。

小穴の直径を百八十ミリ、穴の合計面積を、穴でない生地部の面積の五十五パーセントとし、甲鉄の厚さは、前記二百ミリの場合、三百八十ミリにすることだ。

もっとも、蜂の巣状に穴をあけた甲鉄は、どうしても脆《もろ》くなり、亀裂切損しやすくなる。

ところが「大和」の場合、前述のように、水平甲鈑にはモリブデン入りニッケルクローム鉄を使っていた。これは、ねばりの強い特殊鋼だった。脆さへの心配は、消えた。

「大和ホテル」

——もう一つ、みごとな成果を上げたものに水中爆発の防御がある。魚雷や機雷、あるいは水中砲弾の命中爆発に耐える防御装置である。

第一次大戦の教訓から見ると、敵味方艦隊が対峙して砲撃戦をしているとき、敵艦に届かず手前に落下した砲弾の一部に、海面に落ちた後、どうも敵艦に向かって水面下を走っていくものがあるらしかった。そこで、軍縮で廃艦とされた戦艦「土佐」の船体を使い、極秘裡に水中弾の実験をした。

結果、水中弾が戦艦の防御区画内部に甚大な損害をあたえることを発見。雀躍《こおどり》しつつ研究をつづけ、九一式徹甲弾の開発に成功した。

この砲弾は、海面にドンと落ちると、弾頭の尖った部分とその根元が脱落し、残った弾丸の弾頭は、削ぎ落としたような平面になる。平頭弾だ。平頭弾は性質として水中をほとんど直進し、水面下相当深いところの舷側に衝突、爆発する。

艦の横腹を防御する甲鉄は、それまで水面下二メートルか二メートル半くらいまで張っておけば十分だ、と考えられていた。ところが、水中弾効果からするととんでもない。艦の主要防御部は、側面全部をおおわねばならず、弾火薬庫の部分は、庫底まで甲鉄を張りつめておかねば危険であった。

　申し落としたが、艦体の後部にある舵取機械室は、主舵、副舵とも、甲鉄で取り囲み、重防御によって砲弾の侵入を防いでいた。

　——つづいて、砲塔や砲身を、どうやって動かしたかの問題。

四十六センチという空前の巨砲を三連装とした、砲塔一基のネット重量は、二千五百十トン。その砲塔を、自由自在かつ微妙に旋回（左右に旋回）させる速さ（角速度）は毎秒二度。一門百六十五トンの砲身三門を軽々と、自由自在に俯仰（上下方向）させる速さは毎秒八度。下部の弾薬室から弾薬一発分を砲尾まで揚げるのに、六秒。そして、一門の発射速度が、約四十秒——このような猛烈な動力を供給したのが、五千馬力のターボ水圧ポンプ四台だった。

　水圧ポンプは、砲塔一基について一台とし、予備を一台。どの一台が故障しても、水圧管のどこが破れても、砲塔は少しも支障なく動く仕組みにした。大成功だった。

　——同じようにターボ機械を使って成功したものに、冷却機がある。

　軍艦の中で、いつも冷却しておかねばならぬところは、火薬庫である。「大和」の場合、火薬庫がとくに大きく、冷却に六十万キロカロリーの力量を要する。そこで、これに十五万キロカロリーのターボ式冷却機四台を充てることにした。

　また、この冷却機は、火薬庫を冷却していないとき、中甲板の、特に高温になる中央部の兵員室と士官居住区の冷房に使うことにした。冷房など贅沢だ、と言っていたころの話だから、乗員一人当たりの床面積が「長門」より二割かた広くなったのを含めて、みんなが「大和ホテル」だの「武蔵屋旅館」だのと言って、羨《うらや》ましがったものである。

——さて、その「大和」と私とは、残念ながら、戦争中はすれ違いばかりで、縁がなかった。進水式のときに長谷川清大将のお伴で呉に行き、パッタリ出会っただけである。といっても、造船ドックに上屋をつくり、まわりに目隠しの塀をめぐらし、巨大な天幕でおおったバケモノのような存在があっただけ。

「軍機」という最高機密扱いだから、私なども、何をやるか知らされないまま、造船ドックまで出かけて行った始末。もちろん、そこはカンというもので、何かよくよくの大型艦の進水式であるらしいとは、推察していた。

順番がきて、長谷川大将が天幕の中に入って行く。私もつづいて中に入った。すると、大将を案内していた中佐が駆け戻ってきて、白の副官肩章をつけていた私を睨みつけ、天幕の出口を指した。

「副官は入るな。外の控え室で待て」

そこで、出口を出るまでの間に、見られるだけ見てやろうと、辺りを見回した。そして、ふと上を見たとき、目を疑った。空がまるで見えない。その空いっぱいに、金色に輝く菊の御紋章がかぶさり、のしかかってきていた。

艦首に小さくついているはずの御紋章が、こんなに巨大で、こんなに下を向いているのであれば、この船はただもう猛烈に巨大で、艦首で波を押しつぶして走ろうとする凄いヤツにちがいない。

群盲象を撫でるというが、象どころではなかった。丸ビルから見た赤レンガの東京駅の長さから、二十メートル短いだけの「大和」である。

「おそろしい艦をつくったな」

ただもう呆気にとられるだけだった。

「大和」とアイオワの対決

「大和」が竣工して一年二ヵ月後（昭和十八年二月）、アメリカ海軍は最新鋭戦艦アイオワ級四隻の一番艦として、アイオワを竣工させた。基準排水量四万二千トン。五十口径四十センチ砲九門。速力三十三ノット。乗員二千七百名で、米戦艦の中で最大のものだった。

そこで、前出・松本喜太郎氏の調査によって、「大和」とアイオワとを対決させてみる。

	「大和」	アイオワ
主　砲	四五口径四六センチ	五〇口径四〇センチ
砲弾重量	一四六〇キロ	一〇二〇キロ
発射初速	七八〇メートル秒	八一〇メートル秒
最大射程	四一・四キロ	四一キロ
射距離二〇キロで撃ったときの弾着時存速	五二二メートル	五二〇メートル

砲弾が落ちたときの角度	一六・三一度	一六・二〇度
砲弾が垂直甲鈑を貫いて止まる場合の甲鉄の厚さ	五六・六センチ	四九・五センチ
射距離三〇キロで撃ったときの弾着時存速	四七五メートル	四六七メートル
砲弾が落ちたときの角度	三一・二一度	三一度
砲弾が水平甲鈑を貫いて止まる場合の甲鉄の厚さ	二三・一センチ	一九・一センチ

日米とも、軍艦設計の通念に従い、その艦に搭載している主砲砲弾が命中しても、それを防ぐことができる対弾防御をほどこしたものとする。そして、さらに「大和」のように、防御計画を立てる上の与件として、戦闘距離を、二万ないし三万メートルと考えたとすれば、右に掲げた数字から、つぎのように言うことができる。

――「大和」とアイオワが向かい合って主砲の砲戦を交えたとき、「大和」の四十六センチ砲弾はアイオワの防御甲鈑を貫通し、その内部で爆発するが、アイオワの四十センチ砲弾は「大和」の防御甲鈑を貫通し爆発することができない。

アイオワは、五十口径四十センチ砲で、「大和」は四十五口径四十六センチ砲である。五十口径のほうが砲身が長く、それだけ初速が大きいので、最大射程はほとんど変わらない。

言い換えれば、大遠距離から撃ち合えば、どちらの砲弾も目標に到達し命中炸裂するが、アイオワが時間とともにに火災を起こし、船体に穴があき、大惨状を呈するのに対し、「大和」のほうは「蛙の面へ水」で、ケロッとしていることになる。

砲戦の勝敗は、明らかである。

米海軍は、どうも「大和」の主砲を十六インチ（四十センチ）、排水量を四万トンと判断していた形跡がある。米海軍協会系の海軍艦艇航空機一覧にも、そう書いてある。終戦直後、米戦略爆撃調査団が急遽《きゅうきょ》来日、「大和」の主砲が十八インチ（四十六センチ）だったことを知り、仰天したという話もある。

幻の大砲撃戦

「七万トンもの巨大な戦艦が造られていることを、だれにも知られぬよう、四年もの間そこにあるのを隠しておこうという。そんなことができるものか。海軍は気が狂ったのではないか」

と嗤《わら》われながらの機密保持努力だったが、驚いたことに、呉でも長崎でもそれに成功していた。新艦を造っていることはキャッチされたらしいが、肝心の主砲の大きさと排水量は、知られなかった。

だからもし、述べたような対決が起こっていたら、「大和」も、僚艦「武蔵」も、獅子奮迅の武者ぶりを見せていたにちがいない。が、残念というべきか、実際には、そんな対決は起こらなかった。

いや、実は昭和二十年四月六日、沖縄突入を目指して瀬戸内海を出撃した「大和」は、もう少しで、米戦艦群との大砲撃戦に、八面六臂の大活躍ができるはずだった。

「大和」以下の水上特攻部隊を発見した米海軍部隊最高指揮官スプルーアンス大将は、沖縄の艦砲射撃に当たっていた第五十四任務部隊指揮官デヨー少将に対し、大和部隊の沖縄突入阻止を命じ、すぐに作戦準備を開始させた。

そのとき、デヨー部隊でこの作戦に参加できるのは、戦艦六隻、巡洋艦七隻、駆逐艦二十一隻。戦艦は、ニューメキシコなど真珠湾で南雲部隊の攻撃を受けた旧タイプだが、大改装をほどこしていた。

「ヤマトがどれほど強力でも、一隻だ。戦艦艦長となるほどの海軍士官であればだれでも、思いきりヤマトと主砲を撃ち合い、昔ながらの砲撃戦で雌雄を決したいと熱望するだろう。私もその一人だ。この機会を逃すと、戦艦同士の砲撃戦などは、もう起こらないかもしれない」

スプルーアンス大将は、そう言ったという。

「大和」の乗員がそれを聞いたら、躍り上がって喜んだにちがいない。「大和」一隻でも米戦艦群を撃滅できる。それが「大和」にあたえられた使命ではないか。が、残念ながら一つの誤認のため、その掉尾の大決戦は、消えてしまった。七日早朝、米軍索敵機が、「大和」は北方に向かっていると誤報してきたのである。

「沖縄に来るのをやめて、九州の安全な港に逃げ込まれては、こちらが困る。すぐにヤマトをつかまえられる部隊はいないか」

「ミッチャー中将の五十八（空母）機動部隊です」

「ミッチャーはどこにいる」

「わかりません。無線封止をしているようです」

スプルーアンスは、頭を抱えた。どうすればいいか。すると間もなく、幸いにも（日本にとっては不運にも）、ミッチャー部隊の索敵機が「大和」を発見した。ミッチャーの艦載機が「大和」を発見した以上、「大和」はミッチャーの攻撃圏内にいることになる。

「貴方で攻撃されるか、当方で攻撃すべきか」

折よくミッチャーが聞いてきたのに、スプルーアンスは急いで返事をした。

「貴官が攻撃せよ（"You take them"）」

即決だった。

やがて「大和」が南西に変針、沖縄に向かいはじめたことを報じてきたが、遅かった。サイは、すでに投げられていたのである。

大艦巨砲一辺倒

四月七日零時半すぎ、「大和」が対空戦闘を開始、午後二時二十三分、大傾斜して艦底を水面に現わし、前後部の砲塔が誘爆して沈没するまで、命中した爆弾六発（至近弾無数）、魚雷十本（右舷艦橋下付近に一本、艦尾部右舷側、左舷側に各一本のほか、七本はすべて左舷。うち六本が艦橋後部付近から三番主砲塔下部あたりの左舷側に集中していた）。

こんな状況に「大和」が置かれることを、設計者のだれが予想しただろうか。

――魚雷一本を受けても、そのまま戦闘をつづけ、同じ舷にさらに一本を受けても、対策をとったうえで、すぐに戦列に復帰できること。それが軍令部の要望だったことは、はじめに述べた。

戦艦を主兵とする、いわゆる大艦巨砲主義による艦隊決戦であれば、そして軍令部のイメージどおりに、日本海海戦の現代版が戦われるのであれば、「大和」の本領を発揮できたであろうが、様相と環境が一変していた。

「大和」は、極力その変化に対応するため、電波探信機を新設し、高角砲を倍増、機銃を四倍（百二十一梃）にまで増設、沖縄出撃時にはそれを百五十梃と、針鼠のようにしていた。つまり、ハードウェアは、全力を挙げて整備に努めたが、ソフト、つまり使用法・作戦計画の立て方で、時代の変化から遅れてしまった。

海に浮かぶ船で、絶対不沈がありえない以上は、ソフトウェアでそれをカバーしなければならないが、上級司令部は時代に適応しようとせず、前時代性を押し通そうとしたから、「大和」は滅びるほかなかった。

「大和」の沈没の原因は、左舷への魚雷集中攻撃によって、浸水による左傾斜が進み、九十度ないし百二十度くらいにまで大傾斜し、転覆したとき、弾火薬庫の大爆発が起こったことによる。

なぜ爆発が起こったかについては、転覆と同時に砲弾が滑り落ち、信管が天井に激突して爆発した、という説がある。

だが、それよりも、後下部に火災が起こっていたので、その火が、後部火薬庫を爆発させた、という説のほうが、説得力を持っているようだ。「大和」の建造当時、設計主任として呉工廠造船部にあった牧野茂造船大佐の述懐がある。

《今度の戦争で、わが巡洋艦部隊の主力が、「加古」「古鷹」「衣笠」「愛宕」「摩耶」など、潜水艦魚雷の一撃で横転沈没したことは、われわれ造船技術者に非常な衝撃を与えた。

日本の主力（大型）艦は、中央部の機関室の大区画を、艦の中心線の縦隔壁で左右に区切り、さらに横隔壁でいくつかに区分し、缶（ボイラー）、主機械（エンジン）を、おのおの一基一室に配置するのを（第一次世界大戦の教訓により）理想としていた。ところが、それが一発の魚雷攻撃で、片舷の機関室全体に大浸水を起こさせ、横転させた。

米海軍は、この点に早くから注目しており、艦の大小を問わず、非対称浸水を極度に警戒し、中心線縦隔壁を用いなかった。米海軍が概して防御、特に浸水防止に十分配慮したのに対して、日本海軍は攻撃に重点を置きすぎた嫌いがある。

防御法は造船屋の守備範囲である。第一次世界大戦後の二十年間、楯《たて》の半面のみを見て一つの方針を墨守した責任を感じ、深く反省したい……》

しかし、この反省は決して「造船屋」だけに必要な問題ではない。

攻撃一辺倒、大艦巨砲一辺倒、艦隊決戦一辺倒で、バランスを失したのは、日本海軍中央の要職を占めた学校秀才たちすべての問題であった。その姿が、超戦艦「大和」の生涯に、映し出されていただけなのである。

2　栄光と悲劇
——高速戦艦「比叡」悲憤の最期

世界最強の巡洋戦艦

太平洋戦争に参加した日本海軍の戦艦は十二隻ある。その中で「比叡」は、僚艦「金剛」とともに、最年長者。

——大正三年、横須賀で誕生してから、昭和十七年十一月十三日、ガダルカナル北方の海に死ぬまで、二十八年。その間、陛下の御召艦を二回もつとめ、海軍の栄光に華を添えたばかりでなく、洋上を東奔西走、輝かしい戦果を重ね、のち「大和」「武蔵」も近づかぬ激戦場に突撃して、ついに悲憤の最期を遂げた。その一生は、人にしてみれば源義経にも似て、勇武悲壮。このくらい私たちの気持にぴったり来る艦もあるまい、と思うほどだ。

「比叡」は、速力二十七・五ノット、排水量二万七千五百トン、三十六センチ砲八門の巡洋戦艦として生まれた。その当時、世界最新最強とうたわれたイギリスのライオン級超ド級巡洋戦艦（排水量二万六千八百トン、三十四センチ砲八門）よりもひとまわり大きく、文字どおり、世界第一の艦であった。——というだけではない。日本として画期的であったのは、その世界一の大巡洋戦艦を、まず、「金剛」をイギリスに注文し、その技術を導入して、はじめて日本で、日本の技術で造り上げた。「比叡」がその皮切りだったことだ。

　そのころの連合艦隊は、こんな顔ぶれだった。「摂津《せっつ》」「河内《かわち》」「安芸《あき》」「薩摩《さつま》」（以上第一艦隊）、「周防《すおう》」「石見《いわみ》」「磐手《いわて》」「常磐《ときわ》」「八雲《やぐも》」（以上第二艦隊）などなど。いちばん新しい「摂津」「河内」の二戦艦にしたところで、完成明治四十五年、約二万トン、三十センチ砲十二門、速力二十ノットに過ぎず、「比叡」とくらべると、まさに天と地との開きがある。つまり、前近代と近代戦艦との違いである。

　日本海軍は、軍艦の速力と攻撃力を重視した。日清戦争のときは、日本がその優速を利用し、清国艦隊の自由な行動を封じつつ、速射砲の威力で、相手を叩き伏せて勝ったのだし、日露戦争のときも、相手を上回るスピードで、その主力を一隻あまさず討ちとった。そのときの働き手は、いつも巡洋戦艦戦隊である。

　日本歴史を、見られるがいい。もっとも日本的な合戦は、桶狭間でありヒヨドリ越えだ。そこには、異常なスピードと、絶大な打撃力が、こん然一体となって噴き上げている。

　日露戦争に勝って、アジアに日本あり、と世界の耳目をそばだたせた日本は、比叡クラスの四隻を揃えて、名実ともに世界の日本になった。強国といっても、経済や文化だけでは、支柱がない。各国が、相ひしめく世界社会での発言力は、好むと好まぬにかかわらず、軍備に支えられる。これは現代にも通じる一つの公理みたいなものであって、それだからこそ、そのころの海軍はもとより、日本の得意、思うべしであった。

水線長約二百十二メートル、幅二十八メートル、深さ（水線から艦底龍骨底面まで）八・二二メートル。ボイラー・イ号艦《かんぽん》本式三十六基、主機械パーソンズ・タービン四基、軸馬力六万四千、四軸（推進器四個）、航続距離十四ノットで八千カイリ、燃料満載量、石炭四千二百トン、重油千トン。いわゆる石炭と重油と両方を焚く混焼缶《がま》。主砲三十六センチ八門（二連装砲塔前後に二基ずつ）、副砲十五センチ十六門（砲郭に片舷八門ずつ）。五十三センチ水中発射管八基（片舷四基ずつ）。主砲仰角二十五度、副砲十五度。高角砲なし。乗員、士官、下士官・兵合計千二百二十一名——。

混焼缶は、ご承知と思うが、経済第一のボイラーであって、ふだんは石炭を焚き、高速力を必要とするときは重油を焚くもの。石炭に比べて重油が高価なので、安い方でいきたいのだが、高速力のとき、大馬力を出さねばならぬようになると、背に腹はかえられず、重油を使った。

しかしこれは、この次の時代になって、重油専焼に替えられる。そんな小器用なことをすること自体がボイラーの大進歩についていけなくなったのだ。プロペラ機の方が費用がかからぬことはわかっていながら、ジェットに切り換えないと、国を護ろうという大目的が果たせない現代の悩みと同じである。

御召艦の栄誉

「比叡」誕生後十九日目に、第一次大戦がぼっ発した。「金剛」「比叡」の世界一の威力を加え、意気天をつく連合艦隊は、佐世保から東シナ海に出動した。そのころの「大和」「武蔵」といっていい。好《よ》き敵がありようもなく、一週間ばかり出動しては、また佐世保に帰り、また出ては帰りしながら、技量の錬磨に全力をあげた。

大正七年、第一次大戦が終わった。と、つづいて軍備拡張の競争である。軍備というものは、戦争で、一時代を画するほどの進歩を遂げる。実際に戦ってみると、いろいろな不都合がでてくる。教訓もある。相手と戦って勝つことを軍備の根本と考えていた当時としては、即刻、そのプラスアルファを織り込んだ、ないしは大改革を加えた新軍備に踏み切らなければならなくなる。

第一次大戦後の軍備拡張競争は、直接戦火をこうむらなかった――というより、第一次大戦で、しこたま儲《もう》けたアメリカと日本の間で行なわれた。これは当然だ。欧州諸国は、復興に手一杯で、軍備拡張どころではない。

日本はこのとき、大車輪で艦を造った。「扶桑」「山城」「伊勢」「日向」の三万トン戦艦が完成、三万五千トンの「長門」も完成、「陸奥」は艤《ぎ》装中。四万トン戦艦の「土佐」は船台上にあり、艤装中のものを含め、船台上にあったもの十六隻という勢いだった。

これは、大変なことになる、と考えたのが、なかなか日本のように建造が進まずに困っていたアメリカと、戦争の傷を癒《いや》すのに懸命であったイギリスである。日本としても、勢いよく建艦はしているものの、国の経済からいうと、なんとしても無理である。

そんな中で、大正十年に、ワシントン軍縮会議がはじまった。ついで、昭和五年にロンドン軍縮会議。このロンドン条約で、「比叡」が廃棄と決められた。ただし一隻は武装を減らして、練習艦として持っていていい、という条項ができ、ともかく「比叡」は救われた。

生き残るために、身をやつす。そんな悲痛な感じが、「比叡」にあった。ボイラーを減らし、舷側の装甲鈑をはずし、四番砲塔を取り除いた。その結果、一番煙突は、丸く、ヒョロヒョロと細長くなり、四番砲塔は、下の台だけ残して、あとは消えてしまい、何よりも、すごい重量の装甲鈑がハガされたので、船体が、まるでバランスのとれぬ格好で、浮いてしまった。情けない姿であった。

この砲術学校練習艦時代に、「比叡」は二度、昭和天皇の御召艦となった。私が「比叡」に乗り組んだのは、このころだった。

御召艦になると、御乗艦二週間前から上陸止めで、艦内から病気、とくに伝染病を一掃する。塗る、洗う。艦内はピカピカになる。乗員は、嬉しさを胸一杯にして、コマ鼠のように働く。そして、陛下が乗艦され、真紅の天皇旗が檣頭にひるがえると、艦全体が一つ心になって、陛下をお護りしようとする。

私は、このとき中尉で、「比叡」の中甲板士官をしていたが、下士官たちがハリ切っていて、はじめ充分検討して道をつけておくと、どんどん自分たちでやっていくので、私は相談役みたいに、ときどき顔を出していさえすれば、それで全部がうまくいった。

ご承知と思うが、甲板士官というものは、カシの棒をもって、いつも兵隊の先頭に立つのが役目だが、私はいつもビリにいた。もっとも、先頭には、若い少尉の上甲板士官がいた。上甲板士官と下士官たちに委せておけば、御召艦のようなむずかしい仕事でも百パーセントやっていけるということ――これにはさすがの私も舌を巻いた。「比叡」の下士官兵も立派だったが、陛下をお迎えすることを、どれほど彼らが喜んでいたか、という証拠にもなる。ただし私自身は、こういうやり方が気に食わぬ副長に、しょっちゅう叱られてばかりいた。

このときの陛下は、ほんとうにお楽しそうだった。心から寛《くつろ》いでおられた。艦がガブると後甲板に出てこられ、チーク張りの後甲板の上を、遊動円木の上を歩くみたいにして、往ったり来たりされる。板の上から踏みはずすまいと頑張っておられる陛下と同じように、後甲板に立っている番兵が手に汗を握り、身体中に力を入れる。いざとなれば、疾風のようにとんでいって、陛下をお支えしたいつもりらしいが、板の上のスジからはずれぬように苦心しておられるだけだから、そうもならない。そして、陛下が下の部屋にお入りになると、フーッとその番兵がタメ息をついた。

ともかく、御召艦というのは、あらゆる艦から、登舷礼だ、万歳三唱だと、最高の敬礼を受ける。私たちがエラいのでは少しもないが、じつにいい気持である。なんという名の布であろう。厚地の、すばらしい色の天皇旗が、マストのトップで、バサッ、バサッと風に揺れる。はためくといった感じではない。パタパタなんて、そんな通りいっぺんの、軽々しい音ではない。

その天皇旗を掲げた「比叡」は、昭和十一年十月二十九日、神戸沖観艦式に奉仕した。装甲鈑を取り去って、横腹のうそさむいころの二度目の栄光であった。

練習艦から高速戦艦に

この「比叡」が、本来の姿に立ちもどったのは、軍縮条約の効力が失われた昭和十二年だった。条約で、近代化のための改装は許されていたので、「金剛」「榛名」「霧島」は、つぎつぎに逞しい新威力を身につけていたが、条約を守って、「比叡」は失効の日まで、隠忍していた。

だからこそ、スタートを切ったら、脱兎のようにとび出した。僚艦が、第一次、第二次と二回に分けて改装をしてきたのに、「比叡」は、一、二回いっしょにした大改装を、いっぺんにやり上げた。つまり、横腹のさむい、風呂屋の煙突から、一気に第一級の高速戦艦に生まれ変わったのだ。

この改造は、「比叡」の力を決定した大きな出来事だから、少し詳しく述べておく。

前記の第一次改装というのは、防御を強め、ボイラーを新式のものに替えたことだ。これで爆弾にも魚雷にも非常に強くなると同時に、エネルギーが飛躍的に増す。そのエネルギーを、第二次改装でエンジンを換え、艦の長さを伸ばして、速力を上げることに結びつけた。

まず防御である。

巡洋戦艦の弾火薬庫、缶室《かま》、機械室など重要部分の天井は、それまで二センチの甲鈑を張っていたが、厚いところ（弾火薬庫など）で十センチ、薄いところで六・五センチの厚さの甲鈑を追加した。つまり一番厚いところで十二センチになったわけだ。砲塔の天井など、十五センチの厚さである。

魚雷防御も同様に、重要な部分は約十センチにした。約二百キロの火薬が舷側で爆発しても大丈夫、というが、戦艦の防御は、自分の艦のもっている主砲砲弾が命中しても耐えられるようにつくるのがスジである。その点から見ると、まだこれでは不充分であった。あとから防御をふやすのは、これくらい、むずかしいのである。

それだけの装甲鈑を追加したところ、はじめの「比叡」より重くなって、艦が深く沈みすぎた。沈みすぎると、舷側の装甲鈑が水の中に入りすぎ、砲弾に弱くなるばかりでなく、砲弾や魚雷が命中して艦内に水が入ったとき、沈没しやすくなる。さらに、艦が傾いたとき、元にもどりやすくするには、艦の幅を増さねばならぬ。それやこれやで船体の両わきに、バルジという張り出しをつくった。艦の幅をひろげ、浮力を増し、さらに水中防御力をふやすためだ。

このバルジは、私が調べたかぎり、艦が致命的な被害を受けたところで、どうもこれがマイナスになったようだ。たとえば「比叡」の場合、水線スレスレのところに命中した一弾——大口径砲弾でなく二十センチ砲弾だが——それが、装甲鈑で防御された部分をはずれた後部の方だったので、大きな孔をあけた。巡洋艦や駆逐艦の豆鉄砲で、バルジがあちこち破れる。

すると、艦自体はなんともないのに、バルジの破れただけの浮力が減り、それだけ艦が沈む。水線スレスレの孔から、猛烈な勢いで水が入り、舵《かじ》取機室が満水し、舵が動かなくなる。つまり、大した被害でもないのに、艦が、ニッチもサッチもいかなくなってしまったのだ。

いや。それは、あとの話である。

「比叡」は、ただ防御力を強化しただけでなく、主砲の仰角を、二十五度から四十三度にひき上げた。主砲を全部とり換え、砲塔の中をすっかり変更し、天井（天蓋《てんがい》）の形も厚さも変った。仰角を変えると、それだけ遠くに飛ぶことは、述べるまでもないだろう。

ボイラーにも、いちじるしい変更があった。三十六基で六万四千馬力を出していたイ号艦本式缶をロ号艦本式八基に据え変えて、十三万六千馬力を出す。一缶の出力が、約千八百馬力から一万七千馬力に、つまり十倍近くにまでふえたのである。すばらしい技術の進歩だ。

エンジンは、いままで推進器軸と直結していたものを、その間に減速歯車を入れ、主機械のもっとも効率のいい回転数で、いちばん効率よく推進器を回せるようにした。十三万六千馬力で、フルに推進器を回転させ、二十九・七ノットという、すごい速力を出した。

バルジで横幅の広くなった「比叡」を、三十ノット近くで走らせた秘密は、艦の長さを約八メートル伸ばしたところにもあった。排水量は、もと二万七千五百トンであったものが、改造で三万七千トンにふえた。一万トンの増加である。昔の「比叡」に、一万トン重巡を載せたものと思えばいい。こうなると改装というよりは、第二「比叡」の新建造といった方が、わかりが早い。

もう一つ、つけ加えておかねばならぬ。「比叡」が改装をはじめる昭和十一年ころには、大和級の防御システムとなって実現した新しい方法が、熟していた。「大和」を造る前に、戦艦で使ってみたい。しかし「比叡」の場合、それをやっていると、工事がふえて、出来上がりが遅くなりすぎる。で、その防御の新機軸を採り入れることは断念されたが、艦橋構造物などに、大和式になる一つの段階としての試みが、実施された。高速戦艦といっても、「比叡」だけ、これが違っているのである。

一番目立つのは、艦橋だ。といっても、よく注意しないとわからないが、格好が違っている。「大和」のものは、日本式のいわゆるヤグラマストでなく、何か箱を載せたようにしている。あの中は二重の同心円になっていて、内側の防御円筒は、防御甲板（下甲板）からトップまで伸びてきたもの。やられると困る電信室とか、その他の重要なものは、この筒の中に入っており、その筒の外に、もう一重取り巻いて、そこに航海艦橋その他の設備がある。「比叡」はそのとおりにはなっていないが、たとえば戦闘艦橋と航海艦橋の位置、昇り降りの階段の具合、猛烈に厚い装甲で囲まれた司令塔など、「大和」の艦橋に近い姿でつくられていた。

それから、バルジの幅が、他の三隻より少し広い。それだけ浮力を余計につけて、艦を浮かせてある。理由は、機械室、缶室、弾火薬庫などの天井にあたる防御甲板が、あとの三隻では、水線の下に来てしまう。これでは困る。そこで、艦をもっと浮かせて、防御甲板を水線の上になるようにしたわけだが、さきほどもいったように、このための浮力をバルジでつけたことが、私には、どうにも気になる。

「比叡」の大改装は昭和十五年に終わった。そして、訓練をつづけ、十六年十一月十五日、連合艦隊に編入され、山本五十六大将の指揮下、第一艦隊の第三戦隊に加わった。第三戦隊は、「金剛」「榛名」「比叡」「霧島」の四隻。戦艦では、いままで得られたことのない、三十ノット前後のフル・スピードで、四万トンに近い高速戦艦四隻が、ヘサキを揃える。艦首に巨大な蝶が翅《はね》をひろげたような白波をふきとばし、主砲を仰角一杯にとりながら進撃する有様は、壮観とも豪快とも、いいようのない力強さであった。

輝かしき活躍

「比叡」は、昭和十六年十二月八日の未明を、僚艦「霧島」とともにハワイ北方で迎えた。「赤城」「加賀」「蒼龍」「飛龍」「瑞鶴」「翔鶴」の六隻——日本主力空母陣を護って、進撃していった。「比叡」乗員千四百三十七名。みな軍人の本懐を、存分に味わった。

攻撃は、いうまでもなく、大成功だった。開戦前の図上演習で、米機に迎え撃たれることになっていたので、敵襲を予想し満を持していたが、それも杞憂に終わった。南雲部隊は、そのまま身をひるがえした。風のごとく来り、風のごとく去る。兵法の極意を地でいった。

広島湾内の柱島錨地に帰った南雲部隊は、生涯最良の正月をそこで迎えた後、ラバウル、カビエン攻撃のため、日本を後にした。「比叡」も、しかりだ。

まず、トラックへ。それからニューブリテンへ。終わってパラオにもどり、つづいて二月二十五日から、ジャワ南方へ。当時、世界第一のおそるべき打撃力で、ポートダーウィンを一撃して潰滅させ、一転、ジャワ南岸の脱出口チラチャップを襲い、三月二十六日から四月二十二日まで、インド洋機動作戦に参加した。

ミッドウェーでは、「比叡」は攻略部隊の方に、「金剛」とともに加わった。南雲部隊の方には、「榛名」と「霧島」がいった。ところで、その南雲部隊は、すでに述べるまでもなく、一瞬の逆転のため、主力空母四隻を失ってしまった。

果然、山本長官の電命が飛んだ。夜戦である。空母がなくなったあとの弔合戦を、「比叡」「金剛」「榛名」「霧島」の四隻の突撃で果たそうというのである。「比叡」乗員は、武者ぶるいした。二百九十カイリのところにあった米機動部隊に向かって、全速力の進撃が開始された。ところが、この命令は、撤回された。五時間の進撃で、「比叡」は恨みを呑んで反転、ミッドウェーを背に、内地に向かった。

それから二ヵ月。

米軍のツラギ、ガダルカナル反攻の急報に接した第三艦隊は、八月十六日、柱島錨地を出撃した。「比叡」は、第三艦隊に属する第十一戦隊として、「霧島」とともに参加した。「比叡」の出港時刻午後六時。ようやく日も西に傾こうとするころ、真夏の祖国をあとにしたが、これが日本の見納めになろうとは、「比叡」のだれもが知らなかった。

いや、戦場に向かえば、死は覚悟の上であった。ハワイ、南東太平洋、ミッドウェーと、すでに三回の内地出撃を経験している。こんどこそは、ミッドウェーの仇討ちだと、勇敢な千四百名の乗員ことごとくが、元気一杯だった。

戦場に到着した「比叡」の参加した戦闘は、第二次ソロモン海戦、南太平洋海戦、第三次ソロモン海戦の三つであった。

第二次ソロモン海戦は、ガダルカナルに陸兵七百名、横須賀特別陸戦隊八百名を増援しようとしたことにからんで、起こった。「比叡」は、十一戦隊旗艦として、「霧島」を従え、「鈴谷」「熊野」「筑摩」の三重巡と、十戦隊「長良」、駆逐艦九隻で前衛となり、南雲中将の直率する機動部隊本隊（空母「翔鶴」「瑞鶴」）と呼応し、輸送の支援に当たった。

アメリカは、この輸送を食いとめようとして、空母サラトガ、エンタプライズを中心とする機動部隊を押し出してきた。この部隊と、日本機動部隊との間に戦われた航空戦が、第二次ソロモン海戦となるのである。

戦闘は、まっさきにガダルカナル攻撃にかかった小型空母「龍驤」と、米空母二隻との間に発火した。二隻分の空母機が、「龍驤」のような小さな空母に襲いかかったのでは、「龍驤」はたまったものではない。「龍驤」は、たちまち大破炎上するが、このとき、それまで黙っていた「翔鶴」「瑞鶴」の二隻から、米空母めがけて手練の空母機が飛び立った。いわゆる、肉を斬らせて骨を斬るという、戦い全般から見ると、おあつらえ向きの体勢になったわけだ。

この敵主力を発見したのが、「比叡」艦載機の殊勲だった。

この手順で、うまく進めば米空母二隻は、ミッドウェーの仇討ちで撃沈たはずだったが、肝心のところで、日本に一つミスがあった。米空母の位置報告に、誤差があった。

二波にわかれて飛び立った日本の攻撃隊のうち、第一波、戦闘機十、攻撃機二十七は敵をつかまえ、攻撃を敢行、空母一大火災、空母一火災の戦果をあげたが、この戦火を拡大せねばならぬ第二波の戦闘機九、攻撃機二十七が、米空母を発見できなかった。もう一歩というところで、とどめを刺せなかった。

「比叡」たちは、トラックに引き揚げた。おそらく、切歯扼腕していたであろう。一方、ガダルカナル飛行場を奪い返そうとする第一回の陸軍部隊の攻撃は、失敗した。米軍の防備が予想以上に固かったのだ。これでは、いけない。どうしても、もっと大規模な増援をし、大きな兵力で奪回を図らないと、いけない。そう考えて、立ち上がったのが、十月だった。「金剛」「榛名」が、挺身飛行場砲撃を加え、飛行場にあった米機の大半を潰し、作戦できるものわずか四十二機（一機という公式記録もある）にしたのも、このとき（十月十一日）だった。

挺身というと、いかにもオーバーな名前のように聞こえるが、これは事実であった。なぜなら、ガダルカナル北方海面は、フロリダ、イサベル、マライタ、サボなどの島で入り組んでおり、戦艦などが行動し、活躍しやすい広大な海面とは違っていた。つまり、そういうところの戦闘には、主砲は距離が近すぎて使えず、かつ、戦艦は身体が大きいので、そんな狭いところで戦うにふさわしい機敏な、軽快な運動ができない。要するに、戦艦を殺して使うのと同じだ。しかも、ガダルカナル飛行場には、米機がいる。その上、こんな海域で、もっとも敏捷に働ける駆逐艦や魚雷艇が、巡洋艦と共に作戦中である。主砲の使えぬ戦艦と、敵巡洋艦では、どっちが勝つかわからない。

「金剛」「榛名」が出るときなど、文字どおり必死隊――特攻隊と同じ気構えであった。無理からぬことである。

しかし、十月に入ってからの日本の攻撃は、「金剛」「榛名」の攻撃も含めて、アメリカをほんとうの死の瀬戸際まで追いつめた。飛行機は、付近からありったけを注ぎ込むが、砲撃でつぎつぎにやられる。一番痛いのは、ガソリンが燃えてしまって、そのわずかな（戦闘機二十三機、急降下爆撃機十六機、雷撃機一機。十月二十六日現在）飛行機さえ思うように使えない。

そこへ、「比叡」を含む日本海軍大部隊が、陸軍の第二回総攻撃支援のため、南下していった。一方、これを迎え撃つために進出してきた空母ホーネット、エンタプライズの飛行機隊と、日本の「翔鶴」「瑞鶴」「隼鷹」「瑞鳳」などと嚙み合い、ここに南太平洋海戦が起こった。

「比叡」は、依然、十一戦隊旗艦として、前衛部隊に参加したが、近代海戦の特長で、このときも敵部隊と相見えることなく、終わった。

悲痛な最期

ソロモン諸海戦が、ガダルカナル飛行場奪回のための輸送にからんで起こったことは前に述べたとおりである。はじめは、至極簡単に考え、ジャワ上陸のときのように、輸送船にのせていったが、速力の遅いものだと、飛行機にやられる。そこで、駆逐艦に陸兵を積み、高速輸送で、ガダルの戦力を築き上げた。

ところが、第二回総攻撃に失敗してみると、陸軍の不足しているのは人ではなく、戦車や重砲など、つまり重兵器だということがわかってきた。この重兵器は、しかし、駆逐艦には積めない。そこでこんどは、高速輸送船団の強行輸送ということになった。

とはいいながら、これを援護する日本機は、南太平洋海戦で、南雲部隊が怪我しているので使えない。つまり、飛行機の援護なしで、船団護衛をしなければならなくなった。

そこで考えたのが、「金剛」「榛名」方式の飛行場砲撃である。まず、夜の間に飛行場を砲撃し（焼夷弾を使って）、飛行機を使えなくして、その間に輸送船団をガダルに入れよう。こうしてふたたび挺身戦法が採用され、「比叡」と「霧島」は、挺身攻撃隊の中軸として、ガダルカナル北方海面に乗り込むのである。

前ぶれは、十一月十一日、十二日の、米艦船に対する大規模空襲であった。南雲部隊がいないから、陸上機だ。ラバウルから千キロを長駆した海軍機が受け持った。

「比叡」と「霧島」は、飛行機射撃用の焼夷弾を主砲砲塔に準備して、十二日の夜、ガダルカナルに近づいた。飛行場砲撃は、むずかしい。海上からは、ジャングルが中間にあって飛行場が見えないので、海岸の二ヵ所に目標の燈火を点けてもらい、それを測って間接射撃をする。主砲を普通に撃ったのでは、こんな近距離では砲弾をほとんど水平にしか撃てないので、火薬の力を減らす。そして、砲弾が抛物線を描いて高いところから落ちるようにする。でないと焼夷弾が、広い範囲に飛び散ってくれない。だから、一番大切なことは、予定どおりの線の上を、予定通りの速力で、まっすぐに進むことだ。

射撃がむずかしいし、短時間にできるだけ多く撃たねばならぬので、砲塔の中から弾火薬庫にいたる道すじには焼夷弾を目白押しに並べる。つまり、軍艦攻撃には役に立たぬ焼夷弾しか撃てない状態で、「比叡」と「霧島」は、ガダルカナル北方海面に入ってきたのだ。

この比叡部隊の接近を、米部隊は知っていた。重巡二隻、軽巡一隻、防空巡洋艦二隻、駆逐艦八隻が、これを食いとめるために立ち向かってきた。

「比叡」飛行機の事前偵察によると、ルンガ沖に敵艦艇十数隻がいた。ツラギとサボ島付近には、夜になると魚雷艇が出没する。敵水上部隊は、依然ソロモン方面にいる。

その程度の情報が、「比叡」のつかんでいたすべてであった。

「比叡」では、予定より四十分遅れ、午後十一時三十分、「砲撃目標敵飛行場」という命令が出された。これは、大切である。この号令で、主砲は敵飛行場の方を向く。仰角を整え、砲弾が塡《こ》められる。第一弾は、もう焼夷弾しか撃てないし、そのあと、焼夷弾が、ずらりと並んで、装塡を待っているのだ。

敵部隊が、出てきているとは、まだだれも知らなかった。ガダルカナル観測所からは、敵を見ず、といってきていた。

問題なのは、このときの比叡隊の隊形である。「比叡」「霧島」の前八キロを警戒しつつ進んでいなければならない「春雨」と「夕立」が、ほとんど主隊と頭を並べそうになっていて、その上、第四水雷戦隊の「五月雨」「村雨」「朝雲」は、主隊の後ろの方にいたのだ。理由は、いろいろある。が、今は問わない。

　午後十一時四十分、いよいよ砲撃針路に入るための転舵だ。四十分の遅れは、スコールのためだったが、ともかく遅れているので、早く射撃をすませないと、帰りが困る。二分たった。新しい針路に乗って、砲撃を始めようとするとき、前方の「夕立」から「敵見ゆ」の飛報が入った。ほとんど同時に、「比叡」でも大巡四隻を、距離九キロに発見した。

　とっさに、砲撃目標が、飛行場から敵水上部隊に変えられた。だが、とっさには変えられないのが、砲弾だ。焼夷弾で、軍艦を撃たねばならない。

「照射はじめ。撃ち方はじめ」

　号令がかかったとたん、探照灯が闇を貫き、前にいた防空巡アトランタを照らし出した。次の瞬間、「比叡」の三十六センチ砲弾がアトランタに集中した。艦船用の砲弾ならばいっぺんで轟沈であるが、なにしろ焼夷弾だ。あたるのは当っても、沈むどころか。

　あまりにも重大な、不運であった。

　その不運は、ここで探照灯を点《つ》けたことで、何倍にも拡大された。探照灯を点けさせた意味は敵の出現を味方に確認させるためだったが、結果から見ると、闇夜にただ一つ、大提燈を点けたことになった。それも、駆逐艦ではなく、戦艦であった。たちまち、米艦艇全部の砲弾が、「比叡」にスコールのように降り注いだ。上からでなく、ま横からだ。ほとんどが零距離射撃――砲弾が水平に飛んできた。横なぐりのスコールである。二十センチ、十五センチ、十センチ、めちゃくちゃに、だ。

もちろん、戦艦「比叡」である。そんな豆鉄砲は、いくら来ても平気だ。だが、平気なのは、装甲をつけたカタい部分だけで、最上甲板の煙突、艦橋、射撃指揮所、高角砲台、機銃砲台、探照燈台、電信電話室、暗号室など、いわゆるヤワラカい部分は、蜂の巣のようになった。

ウソのような話がある。「比叡」が主砲を撃ったのは、二斉射だけだ。それから二、四十秒たって出るはずの三斉射目には、射撃指揮所がやられて、射てなくなった。通信装置は、艦橋から機械室にいく一本だけが生き残り、あとは全部ダメになった。そして、その蜂の巣のような被弾は、ある幅のベルト状をなしていた。距離があまりにも近いので、前記のとおりほとんど水平射撃になり、各艦大砲の高さにはそんな大きな差がないので、ある幅に集まってしまったのだ。

それればかりでなく、駆逐艦が魚雷を射つ。が、近すぎて安全装置がはずれず、「比叡」のバルジにコツンとぶつかって、みなそのまま沈んだ。いや、艦橋に向かって、二十ミリ機銃を撃ちこんだ米駆逐艦もあったほどだ。

まず、「比叡」の艦橋が燃え出した。ペンキが燃える。木部が燃える。燃え始めるとちょうど煙突みたいな形になって、ものすごく燃えさかる。この火を狙って、また撃ってくる。悪循環だ。

このころ、前に述べた重巡の二十センチ砲弾が一発、舵取機室の前の部屋に、直径二メートル半ばかりの孔を、水線スレスレのところにあけて飛びこんだ。二十六ノットの高速で走っているので、海水がえらい勢いで奔入し、隣室に侵入、舵取機用電動機がショートしてしまった。舵は、ガタンとオモ舵一杯をとったまま、動かなくなった。

初弾発砲後九分たった十三日午前零時には、大混戦もヤマを過ぎた。そして、零時三十五分には、第三次ソロモン海戦（「比叡」関係）はもうすっかり終わっていた。

終わってみると、米艦隊は、無疵のものはほとんどなくなっていた。のちに沈んだものを含めると、沈没、防空巡アトランタ、ジュノー、軽巡ヘレナ、駆逐艦四の合計七隻。大破、重巡二、駆逐艦三の計五隻。日本は、沈没、駆逐艦「暁」「夕立」。大中破「雷」「村雨」。圧倒的な勝利である。

ところが、翌朝、二万五千メートル南方にいる米大巡に向かって、「比叡」が砲撃を加えたことからか、ガダルカナルから飛行機延べ七十機以上が来襲した。爆弾三発命中。

だが、このくらいでヘコたれる「比叡」ではない。ともかく舵を直せ。そうすれば、なんでもないのだと、必死に舵の修理をする。ところが、あと少しというときになると、きまって空襲だ。速力を出すので、応急舵が流れてしまう。昼ころ、雷撃機十機が来た。もうすぐ直る、というので、ちょっと機械をかけるのをためらったせいで、前後に魚雷一本ずつを食ってしまった。

司令部から、早く艦を思い切れ、といわれながら、艦を救うため、必死になっていた艦長も、艦が右に十五度傾き、艦尾が沈下しているようすを見ては、これ以上、頑張るのは無駄だ、と思いなおした。というのは、機械や缶が、まだ全力を出すことができることを、艦長が知らなかったのだ。艦を捨てるとき、艦長がそれを知らなかったことは、確実である。艦長は、それだけの悪条件のほかに、二本の魚雷のため、機械も缶も全部使えなくなった、と了解していた。

「総員上甲板」の号令で、下からゾロゾロあがってきた機関科員たちは、ハチの巣のようになっている上甲板の構造物を見て、唖然とした。下の方は、ふだんと少しも変わらぬ天国なのに、上の方だけ、屍山血河の地獄だったのである。

いずれにせよ、だれかが、故意に艦長にそのことを知らせなかったか、下の方があまりにも何ともないので、当たり前のことのようなつもりで、知らせるのを忘れ、故意でなく、結果として知らせないことになったのか、どちらかであった。

「比叡」は、キングストン弁を開かれ、「雪風」から発射された魚雷二本で、南の海に消えた。いや、魚雷を射ってもなお沈まず、次の作戦部隊が南下中に、浮いている「比叡」を確認し、その部隊か、午後十一時、ふたたび現場にとって返してみると、「比叡」の姿は、戦死者百八十八名とともに失われていたのである。

3　奮迅の戦い

——高速戦艦「霧島」の航跡

すばらしい記念碑

排水量三万六千八百九十七トン、十三万六千九百四十馬力、二十九・八ノット、約十八ノットで一万五百カイリといっても、すぐにはピンと来ないかもしれぬ。これが、昭和十一年六月、佐世保で第二次改装を終わったときの、高速戦艦「霧島」の性能であった。「霧島」が誕生したのは、大正四年。三菱長崎造船所で完成した。

日本海軍はじまって以来、このような主力艦が民間工場でつくられたハシリである。完成当時の排水量二万七千五百トン、六万四千馬力、二十七・五ノット。艦種は、巡洋戦艦。それまで、こんな大きな戦艦、巡洋戦艦は、日本海軍にはなかった。巡洋戦艦の開祖である「筑波」「生駒」は一万三千七百五十トン、戦艦「薩摩」「安芸」は一万九千八百トン。最大のものが戦艦「河内」「摂津」で、二万一千トンそこそこというわけ。

で、一躍二万七千トンの、しかも世界最初の三十六センチ砲を積んだ、大巡洋戦艦をつくろうとした日本海軍の抱負の大きさはさすがだが、その第一艦の「金剛」をイギリスのヴィッカース社でつくり、そこへ日本の技術者が見学にいって、それと同じものを日本で三隻つくろうとした着想も非凡であった。

そのころ、造艦は、なんといってもイギリスだった。シニセである。そのなかでもヴィッカースは、一流中の一流。民間造船所ではあるが、英海軍自慢の造船官が、設計にあたる。「金剛」が、大正二年。その技術をフルにとり入れて、「比叡」が大正三年、「榛名」「霧島」がそれぞれ大正四年に完成。はじめて見る二万七千トン、世界一の巡洋戦艦が四隻、威容を浮かべた。

これは、たいへんなことであった。

折から、第一次世界大戦（大正三年開戦）が、ヨーロッパで戦われていた。大正五年には、有名なジャットランド海戦が、史上空前の規模で戦われる。

そこで、問題が起こった。

イギリス海軍の虎の子であったライオン、タイガーなどの巡洋戦艦は、じつは金剛クラス巡洋戦艦とくらべて、速力は同じでも、主砲が一センチあまり小さいのだ。

もし、金剛クラス四隻が、イギリスのグランド・フリートに加わったら、ドイツのハイ・シー・フリートとのバランスは、完全に崩れる。イギリスが、断然、有利になる。

「金剛型四隻を貸してもらえまいか」

イギリスが、精魂こめて造った「金剛」はむろんだが、それをモデルにして日本で造った

「榛名」「霧島」「比叡」も、その性能のすばらしさは、イギリスにはよくわかっている。ぜひ、貸してもらいたい、と日本海軍に借用を申し込んできた。日本海軍は、驚くまいことか。こんな借入申し込みが来たのは、はじめてだ。同盟国として、協同作戦をしてくれというのではなく、フネを貸してくれ、というのだから、日本は、あわてて断わった。

世界一の巡洋戦艦が、四隻。――それをはじめて、日本が持ったのである。よその国に貸すなど、めっそうもない。

日本が自慢をしたのは、三十六センチ砲八門、十五センチ副砲十六門、八センチ砲八門、発射管八基、パーソンズ・タービン四基、ヤーロー缶三十六基、推進器四個という、カタログ・データばかりではない。民間造船所で、こんな大艦ができた、ということもあった。「霧島」の建造にあたった三菱長崎造船所は、それから二十年後には、空前絶後の巨艦「武蔵」をつくる。「武蔵」までの間、「伊勢」「土佐」「高雄（巡戦）」「天城（空母）」「笠置（空母）」などという大艦を建造した、その第一艦が「霧島」だった。おそらく造船所としても、すばらしい記念碑になったことであろう。

轟沈したイギリスの姉妹艦

大正三年、第一次世界大戦がはじまり、大正五年、ジャットランド海戦が起こったが、この海戦で、いろいろ貴重な教訓が得られた。

たとえば、三十七隻と二十七隻の英独主力艦群が相対峙《じ》し、三百四十四門と二百四十四門の巨砲を発射した壮絶なジャットランド海戦――大艦巨砲主義の華《はな》ともいえるこの大艦隊決戦で、イギリスの巡洋戦艦三隻が、あっという間に撃沈されてしまったのである。

まず、戦闘開始十七分で、巡戦インデファティガブルの中部砲塔の天蓋《てんがい》（砲塔の屋根）に、独巡戦フォン・デア・タンから撃ち出した二十八センチ砲弾二発が命中した。

このときの距離は、約一万五千メートルだったから、砲弾は、ほとんど真上から落ちたに違いなかった。インデファティガブルの天蓋は、十七・五センチの厚さをもっていたが、この状況では、そのくらいの厚さでは、役に立たなかった。

たちまち天蓋をつきぬけ、砲塔の中で爆発。うず高く積み上げられた弾火薬庫の大爆発をひき起こして、黒煙天に沖する。艦はそのまま、右に傾いたが、追い打ちの三発が、さらに命中。火と煙に包まれて、艦はその場で沈んだ。

二十分後、英巡戦クィーン・メリーの砲塔に、独艦デルフリンゲルの三十センチ砲弾二発が命中。ごていねいに、またその上に次の斉射が命中。弾火薬庫の大爆発が起こって轟沈。

それから二時間、こんどは巡戦インヴィンシブルの番。これも同じような形相となって、北海の底に姿を消した。

――なぜ、イギリス自慢の巡洋戦艦が、これほど呆気なく沈んだのか。なぜ、同じようにやられていたドイツの艦が一隻も沈まなかったのか。

日本の金剛クラス四隻は、イギリス式の設計だから、イギリス流の巨砲主義、攻撃万能主義の産物である。当然、砲塔の天蓋は、イギリス巡洋戦艦程度だったが、もしこの四隻をイギリスに貸し、ジャットランド海戦に出たとすれば、どうだったか。あるいはドイツ巡戦の三十センチ砲弾を食って轟沈のうき目を見ていたかも知れなかった。

狼狽した日本海軍では、折から設計中の新戦艦「長門」「陸奥」を、大幅にやり直した。主砲を四十センチにしたのは別として、防御を飛躍的に増強した。

といって一面に防御を厚くすると、こんどは艦が、ものすごく重くなる。それでは困るので、集中防御方式をとった。大事なところは充分に防御し、それ以外のところは、目をつぶる、というやり方である。それから、速力をウンとあげた。やはり高速でないと、敵を目の前にして、自分の都合のいい場所を占めたり、敵にそのような場所を占めさせないようにしたりすることはできない。

ここで、日本の主力艦の特質ができあがった。巨砲、優速、集中防御。これは、「大和」「武蔵」にいたるまで、一貫していた。

兵器は、軍艦をも含めて、戦うためのものである。平時に、いくら立派であり、強そうであっても、実戦ですぐ負けてしまっては、なんにもならない。実際に戦うことだ。が、戦争は、そうめったにあるものではない。そこで、自分が、前に戦争をしたときの経験を非常に貴重視する。日本でいえば、日露戦争だ。それに、たとえばジャットランド海戦など、外国の戦争経験の教訓をとり入れ、その上に、将来戦の予想を立てて、コツコツと積み上げ、準備をする。

ジャットランド海戦は、前にも述べたとおり、大艦巨砲のぶつかり合いだった。今日考えるような飛行機は、出ていない。だから、日本が、巨砲、優速、集中防御の三つを打ち出したのは、少しも間違っていなかった。

そのうちに、ワシントン軍縮会議がはじまる。第一次大戦後、日本海軍の勃興をおそれたアメリカ、イギリスが、平和的に日本海軍を押さえつけようとして仕組んだものだったが、その結果、日本海軍は主力艦の兵力量を、対米、対英六割に制限された。

これは大きなショックだった。日本海軍は、これですっかり考え方の冷静さを失い、バランスを失った。

決められたそのワク内で、少しでも強い艦をつくろうとした。だから、小さな艦にアレも積め、コレも積め、となり、頭デッカチの艦が、でき上がった。水雷艇「友鶴」の転覆事件は、そのムリがふき出した例である。

こんな雰囲気の中で、「霧島」は、近代化の大改装に入った。ジャットランド以前に設計建造した艦だから、そのころは世界一だったが、今となっては、旧式艦だ。

兵器の栄枯盛衰くらい、はげしいものはない。たとえば、零戦が出ると、そのときまで王者みたいに空をとび回っていた各国の飛行機は、全部ダメになる。その零戦をアメリカが研究して、それ以上の性能の、たとえばヘル・キャットをつくると、こんどは零戦がダメになる。そんなものだ。

「霧島」は、大正十三年に、前檣楼《しょうろう》の改装をはじめた。そして、射撃指揮所、照射指揮所、測的所などを近代化した。ついで、十五年に八センチ高角砲単装七門を積んだ。翌昭和二年三月からは、呉工廠で第一次改装（五年三月まで、まる三年間かかった。後述）、七年に高角砲を十二・七センチ八門に強化し、九年六月一日から、こんどは佐世保工廠で、第二次改装（まる二年間。後述）をはじめた。第二次改装が、昭和十一年六月に終わると、十二年には二十五ミリ連装機銃十基を装備、十五年にさらに応急注排水装置をつけて、十六年、戦争に入る、ということになった。

第一次改装

第一次改装というのは、ワシントン会議で排水量が三千トンふえる程度ならば、主力艦の防御強化をしてよろしい、ときめていたのを、実行したものである。

まず、防御強化。

大角度から落ちてくる主砲砲弾に耐えるようにすると同時に、爆弾をも防ぎうるよう、水平甲鈑を厚くした。つまり、缶室、機械室、前、後部弾火薬庫の上の甲板は約二センチであったものを、缶室、機械室の上は約八センチ、弾薬庫の上は約十センチ装甲鈑を加えた。そのほか、砲塔の中や、砲塔の楯《たて》（十五センチの厚さ）も、艦の中から外部に通じる通風路や煙路甲鈑も厚くした。

この工事は、非常に厄介で、その上、重量が相当に増したが、戦艦の防御目標とされている「その艦にもつ主砲砲弾（この場合三十六センチ砲弾）にたいして防御できること」という条件には届かなかった。いい換えれば、主力艦同志の砲撃戦では、いささか危ういことになるが、幸か不幸か、日本海軍は、その機会に恵まれなかった。

なお、水中防御——敵の魚雷攻撃にたいする防御も、強化した。主力艦には、艦側の外板に、厚い装甲鈑を使っているが、その甲鈑を、三枚ないし四枚、張った。それが弾火薬庫、缶室、機械室のような重要部分の外側を守った。これで、二百キロの炸薬が爆発しても、一応大丈夫となった。

そのほか、バルジといって、張り出しの部分を、艦の中央部に前後にわたり、艦底のところまでとりつけた。これで魚雷が命中した場合、バルジのところで爆発させ、直接船体外鈑に及ぼす影響を、できるだけ減らそうとした。

このバルジは、また、改装で重量が増し、艦が沈下するのを、くいとめるだけの浮力をもたせたものでもあった。バルジでふえた浮力は、三千トン。バルジに水が入ってしまうと、船体は別になんともなくとも、それだけ船の喫水（水面下に入る部分）が深くなる。このために苦しんだのは、「比叡」であったが、「霧島」の最期で、このバルジの浮力がどうなったか、わかっていないのが残念である。

このほか、主砲の射程を延ばし、遠距離砲戦ができるよう、仰角を高めた。それまで二十五度だったのが、四十三度になった。三十六センチの巨砲が、砲塔で仰角一杯をとると、異様な力強さを感じたものだ。

私は、このクラスの艦には縁がふかくて、「榛名」と「比叡」に、少尉のときと中尉のときに乗り組んだ。その前に駆逐艦に乗っていて、そこからこのクラスに来たものだから、三十六センチ主砲が、まるで刀でもふりまわすような勢いで仰角をとるのに、まず仰天した。ものすごいエネルギーに、度胆を抜かれた感じだった。

なお、技術的にいうと、缶（ボイラー）が取り換えられた。はじめに三十六基の缶といったのは、当時は全部石炭を焚くものだったからで、それを第一次改装で十六基に減らした。重油を焚くもの六基、石炭と重油をどちらも焚けるのが十基。重油は、外国から買う貴重品だから、高速航行のときだけ焚き、ふだんは石炭にして、節約を旨としようという。たいへん真面目で、しかも貧乏海軍の面目が躍如としている。

ところが、この改装をしたら、速力が二十五ノットに落ちてしまった。

以上に述べたことからわかるように、大改装の結果、外から見たのでは、まるで別の艦のようになった。どことなく優美であったものが（これがまたイギリス式設計の特徴でもあるが）、一転して、力強い、戦う艦らしくなった。前檣楼がたくましくなり、太い煙突が二本、後檣は、前檣とほぼ同じ高さで、グッと腰を落として豹のように身がまえた感じである。

ただ、速力が二十五ノットに落ちてしまったので、巡洋戦艦として、高速を売り物にするわけにいかなくなった。そこで巡洋の二字を取り捨てて、戦艦だけにした。海軍としては、困った。砲戦で、速力が遅いのは困る。優速主義の海軍の伝統に反する。

第二次改装

第二次改装は、缶と機械を取り換え、速力をふやすことに主眼を置いた。

まず、石炭と重油と両方焚く、などということは、やめる。石炭の方が、効率が悪いのだから、海軍の戦闘力をあげるためには、いたしかたない、と考える。大型の大力量ボイラーが発明されたので、これと積みかえたところ、八基ですんだ。それと、主機械を全部取り換えて、馬力をふやした。六万四千馬力を、十三万六千馬力にした。倍増である。そして、船体の長さを、七メートルばかり伸ばした。こうして、船体の抵抗を減らし、馬力を倍増したところ、速力はふたたび二十九・八ノットになった。二万七千トンの巡洋戦艦を二十七ノットで走らせるに必要な馬力は、三万七千トンの高速戦艦を約三十ノットで走らせる場合の半分ですむ、というわけであろう。そして、このプラス一万トンは、改装近代化のための増加分である。とにかく、マルで違ったすばらしい高速戦艦が、再誕生したのであった。

もう一つ、つけ加えておきたいのは、艦の注排水装置である。

たとえば右舷に被害浸水した場合、艦は右に傾くが、そのままにしておくと、大砲も撃てないし、行動もすこぶる不自由になる。そこで、すぐに反対舷（左舷）に海水を注水し、まず艦の傾きを直す。右と左に、相当量の海水をとり入れた艦は、それだけ浮力を減じ、喫水が深くなる。そこで、こんどは、いま人為的に入れた海水をポンプでかい出し、その代わりに艦内のタンクにある重油や水を、適当量左に移し、それでバランスをとる。海水を、左舷の分はかい出したので、減った浮力が、また取りもどせる。こんな役をする注排水装置の指揮官には副長があたるのが一般であった。

このダメージ・コントロール・システムは、アメリカ海軍の艦によく発達していた。というよりは、前に述べたジャットランド海戦で、イギリス巡洋戦艦は三隻も撃沈されたのに、同じようにイギリスの砲弾が命中していたドイツの軍艦は沈まず、中には今にも沈みそうになった艦でも、ドイツ側の港まで帰りついた。

日本海軍は、攻撃一点張りで、射撃の効果にしか注目しなかったが、アメリカ海軍は、このドイツ軍艦の強靭さに目を見張った。そして、戦後すぐに調査し、前記の注排水装置を知り、さっそく全艦艇にそのシステムをとりいれた。

日本海軍は、その後ずいぶんたって、諜報で、アメリカ海軍がこのダメージ・コントロール・システムを採り入れていることを知った。そして大あわてで、昭和十一年から工事にかかり、昭和十六年の開戦にようやく間に合わせることができた。

明治以来、あまりにも順調に来すぎた。日本海海戦で空前の大勝利を挙げ、世界中からチヤホヤされすぎた。だから、軍縮会議の挫折にあい、冷静さを失ったのだ。

レーダー、ソナーの開発が遅れ、そのために太平洋戦争に負けたともいわれているが、原因は開発のスタートが遅れたのが第一で、それも前記のように、攻撃一点張り、つまり思考のバランスを失ったことにあった。

そのほか、「霧島」の魚雷発射管は、第一次改装のとき半減させたが、第二次のとき、全部撤去した。撤去したあとの場所が空くが、これは弾火薬庫にした。また、カタパルト一基を積み、水上偵察機（フロートのついた、いわゆるゲタばき機）三機ないし四機を搭載した。

乗員は、士官七十三名、下士官・兵千三百六十四名、計千四百三十七名である。

ここで一言、つけ加えておくが、以上のような改装が、どのくらいの労力を費やしたかおわかりだろうか。

だいいち、ボイラーや機械を取り換えるといったら、艦の何階にもわかれた中央部ないし後部の甲板を全部ひっぺがさねばならないし、甲板をふやし、防御力を増したというが、これも新しく建造する以上に面倒な手間のかかる、むずかしい仕事である。

こういった厄介な大工事が、大正十三年の「榛名」の第一次改装を皮切りに、最後は「比叡」の工事が終わった昭和十五年まで、のべつに行なわれていたのだ。第一次改装の最盛期である昭和四、五年には「霧島」が呉で、「金剛」が横須賀で、「比叡」が呉で、バラされていた（一年半ないし五年がかり）。

第二次の場合は、一年半くらいかかっているが、その最盛期の昭和八、十、十一年には、「榛名」が呉で、「霧島」が佐世保で、「金剛」が横須賀でハラワタの入れかえ中だった。

この時期はまた、戦艦の改装も並行して行なわれており、「扶桑」が呉で、「山城」が横須賀で、「伊勢」「日向」「長門」が呉で、「陸奥」が横須賀で、大改装をしていた。日本海軍が、その攻撃力を誇っていた大戦艦群も、このころは、ほとんど動けず、攻撃力も発揮できず、どの国が攻めてきても、文字どおりお手アゲだったのだから、おどろく。

この改装は、アメリカでも同様にやっていた。しかし、この方は、大正十四、五年ころに六隻、一度にやったほかは、昭和に入ってからは、三隻以上、一度にバラしたりはしなかった。そしてその改装も、昭和九年で終わらせている。

この日米ともどもの大改装の結果、どちらが強くなっていたか。かのジャットランド海戦のような大砲撃戦、主力艦同志の艦隊決戦がなかったし、開戦劈頭にアメリカの戦艦群は、撃沈破されてしまったので、くらべようはない。

が、私の「感じ」では、日本の方にブがあったのではないか。さきほどの話と矛盾するようだが、攻撃力は、やはり日本の方がすぐれていたようだ。少なくとも開戦当初の時点でくらべてみると。

たとえば、廃艦「土佐」で実験した水中弾道の問題は、日本独特の発見であり、これに適した平頭弾などを各艦に配布していた（軍機という、最高機密扱いのタマ）。アメリカは、魚雷よりも貫徹力の大きい砲弾が水中を突進、ヤワラカい下腹を狙ってこようとは予想していなかったようだから。

それと、「大和」「武蔵」の四十六センチ砲だ。魚雷もアメリカの二倍の威力（炸薬量、アメリカは約三百キロ、日本は五百キロ）をもっていたし、旗色は、すこぶるいい。ただ、前述したように、アメリカの艦は、ダメージ・コントロールが抜群だったが。

しかし、ダメージ・コントロールも、もともと防御用であって、一定のワク以上の海水が奔入し、火災が全艦を包んだら、どうしようもない。そして、この優位を手離さないための艦の速力は、日本の方が速かった。もっとも、これは開戦劈頭、真珠湾に並んでいた戦艦群の話である。米新鋭戦艦ノースカロライナ、ワシントンは、主砲は四十センチだが、速力は二十七ノット以上で、高速戦艦になる。

「霧島」は、太平洋戦争中、まことにめざましい働きをした。
太平洋戦争では、航空時代に入ったため、戦艦群は、無聊《ぶりょう》をかこった。かれらが頭に描いていたジャットランド海戦方式の大海戦が、どう考えても起こり得なかったのだ。そう気づいたならば、新しい考え方に身を挺してとびこむべきだが、そこのところが、うまくふっ切れなかった。

「霧島」奮戦す

これには、理由がある。日本海軍は、対米戦では、戦艦を主兵とした艦隊決戦で勝つ、いや、それでないと勝てないと考え、教育も訓練もそれ一筋に積み重ねてきたため、全部がそう思いこむまでになっていた。「大和」「武蔵」を中軸として、それに空母を配し、海を押し渡っていくところ、日本は無敵だ、と考えた。

世界一だ、向かうところ敵なしだと、自他ともに許した南雲艦隊――主力空母六隻を中心とする機動部隊には、だから、わが高速戦艦「霧島」が僚艦「比叡」とともについていた。真珠湾に突進していったのは、「赤城」「加賀」「蒼龍」「飛龍」「翔鶴」「瑞鶴」、プラス「霧島」「比叡」であった。

この機動部隊は、真珠湾で米戦艦群をタタキ潰してしまうと、ウェーキ、ラバウル、マーシャル、ポートダーウィン（豪州）、セイロンと、敵を追った。

そして、六月五日（昭和十七年）の、運命のミッドウェー海戦になるのだが、このときの機動部隊は、中心が「赤城」「加賀」「飛龍」「蒼龍」、支援隊として、「霧島」と「榛名」がついた。

ここで、ミッドウェー作戦部隊の編制を見ると、この機動部隊のほかに、山本連合艦隊司令長官がみずから率いる主力部隊がある。主力部隊は「大和」「長門」「陸奥」「伊勢」「日向」「扶桑」「山城」が中心で、機動部隊の後方三百カイリを進んでくることになっている。

すでに述べたように、戦艦は、もはや戦う相手のない（昔ながらの考え方で。つまり、ジャットランド海戦式の戦艦主兵の艦隊決戦をする米戦艦は、真珠湾で潰されたから）巨人である。「霧島」と「榛名」をこそ機動部隊に出しているが、「大和」などは、五百六十キロ（三百カイリ）の後から、四十キロしか飛ばぬ大砲をふりかざし、この機動部隊を「支援」するといっていた。

機動部隊の空母は、無敵の戦力をもってはいても、その艦自身は、はなはだ脆弱だった。広い飛行甲板に、小型爆弾一つ落ちても、もう飛行機の発着ができなくなる。

——だが、日本海軍は、機動部隊は主力（戦艦）部隊の「補助」兵力だと「思いこんで」いた。だから、アメリカのように、

「いま一番強力な兵器は、飛行機だ。飛行機が主兵だ。主力だ。その主力の弱点——脆弱さを補強するために、なんでも使わなければならない。戦艦、重巡、駆逐艦の全部で空母を護

衛しよう。輪型陣を作って、飛びこんできた敵機を砲火で撃ち墜とすのと同時に、上空に戦闘機を上げ、空中バリケードを作ろう。そして、無線電話で指揮と報告と隊内連絡をみんなやってしまおう」という考えには至らなかった。そしてまた、「一番強力なものを、みんなで支えて、天下無敵のものにしよう」という思想にはならなかったのだ。日本は、「思いこんだら百年目」だった。

ミッドウェーは、そういう判断の、戦いだった。その上に、肝心なとき、子供と大人の戦いになってしまった。これを分析していくことは、この稿の目的ではないので割愛するが、感傷的な名句――運命の五分間、という、膚に粟を生ずるような時間のズレ、判断のズレ、心のあり場所のズレのために、日本海軍は、奈落の底に転落した。

「霧島」は、奮迅の戦いをやってのけたが、「榛名」と二隻だけでは戦艦の砲力を発揮し、空いっぱいを弾幕で張りめぐらすには、少なすぎた。

アメリカの場合、たとえばヨークタウンに突入した友永雷撃隊は、スコールを逆さにしたような、面《おもて》もふれぬ猛烈な弾幕で迎えられ、十六機のうち半数を撃ち墜とされた。だが、南雲部隊を攻撃したアメリカの急降下爆撃機は、全機、突入してきた。主として母艦から飛び上がった零戦が活躍して、雷撃機は、ほとんど全部撃墜したが、低空から来る雷撃機征伐に気を入れすぎ、高いところから降ってくる急降下には、気づかなかった。虚をつかれた。

ともかく、ポイントは、レーダーなく、防御砲火の薄い欠点を、アメリカに衝かれたのである。

「霧島」と「榛名」は、守るべき空母のすべてを失って、悄然と引きあげてきた。そして十七年十一月十二日から十五日にかけて戦われた、第三次ソロモン海戦になるのである。

ガダルカナルに死す

ガダルカナルに米軍の反攻があって、戦争の様相は、一変した。

ガダルカナルを、どうしても取り返さねばならぬと考える日本と、これを渡したら豪州が死んでしまい、アメリカが反撃する足がかりを失うと考えるアメリカ。

だが、ガダルカナルの飛行場が、アメリカの手に確保され、そこから敵機が飛び出して、味方の輸送をメチャクチャにしてしまうのが、日本にとって、最大の苦痛だった。その飛行場は、日本が苦心して造ったもので、海岸寄りに、手の届きそうなところに、滑走路を横たえていた。

どうしても、飛行場をタタいて、使えなくしなければならなかった。飛行機でやるのが定石だが、日本の基地は、千四十キロ離れたラバウルが、一番近い。いかにもウカツだったわけだが、戦争というものは、「時」とのせり合いだ。「今」打つ手は、「明日」打つ手の何倍もの効果がある。

「今だ——」となったら、危険もなにも考えていられない。

飛行機は、千四十キロ飛んで、ガダルカナル上空にたどりつく。その疲れたところを、ガダルカナル基地から離陸したばかりの敵機が、うまく間に合う時間に舞い上がって、待ちかまえる。日本の損害が多く、その割に効果が少ないのは当然だった。

そこで、戦艦による飛行場砲撃が考えられた。前代未聞の敵前砲撃で、しかも戦艦のような喫水の深い、旋回圏の大きい、いわば大モノにとって、ガダルカナル北方の海面は、あまりにも狭かった。が、そんなことよりも、「時」の方が大切だった。

まず、「金剛」と「榛名」が、試みた。一隻約千七百の将兵はそれぞれ、決死隊の覚悟だった。後年の特攻が悲壮だとか悲惨だとかいわれるが、惨めたらしいのは、戦争の本質である。戦争に訴えて国の意志を貫徹しようと政治家が決心したら、軍人は、その惨めたらしさに堪えねば、国の意志は貫徹できない。

「金剛」「榛名」の乗員は、おそるべきデスペレートな、それでいてどうしても果たさねばならぬ責任感にショックを受けた（司令官がまるで気狂い作戦だと怒ったことでもわかる）が、かれらは日本のために、ここを死場所にしようと決心して進発した。

これは、大成功だった。そこで、またぞろ、二の矢をつがえた。「霧島」と「比叡」だ。が、こういう奇襲は、一回だけのものだ。飛びこんだガダルカナル北方海面には、手ぐすね引いた多数の敵艦艇がいた。いずれも二十センチ以下の豆鉄砲だったが、双方の距離が極端に近く、零距離射撃。どの艦も砲を水平にして撃ちまくるので、先頭に立った「比叡」は、上甲板以上にある構造物が蜂の巣のようになり、一方、艦尾を伸ばしたところ（装甲鈑で保護されていない部分）に置いた舵取機室付近に命中弾を受けて、舵が動かなくなった。そして、戦艦として、歯をキリキリと噛みならしたいほどの痛ましい最後を遂げた。

このとき生き残った「霧島」は、三の矢に使われた。こうなると、奇襲ではなく強襲である。アメリカは、三度目の正直で、巡洋艦などがやられてしまったために、奥の手で対抗した。ワシントン、サウスダコタという、アメリカ版の「大和」「武蔵」を押し出してきた。二隻の新式超戦艦と駆逐艦四隻。ただそれだけだが、アメリカも思い切ったものであった。

闇の中。狭い海。そこに、超戦艦二隻の四十センチ砲弾と、「霧島」の三十六センチ砲弾とが、ほとんど零距離射撃で、火のように交錯した。述べたとおり、三十六センチ砲の砲弾を食ったら自信が持てない「霧島」が、四十センチ砲弾のツルベ撃ちに耐えられるわけはなかった。

「霧島」乗員千七百名の一死報国の決心は、その三十六センチ砲八門をもってサウスダコタに大怪我をさせた。が、「霧島」の受けたのは、四十センチ砲弾十四発と、二十センチ以下の中口径砲弾十七発、水線下で爆発したらしい砲弾六発であった。

「霧島」は、大損害を受けて、動けなくなった。夜が明ければ、圧倒的な敵機により、一方的に攻撃されるのは必定であった。なんとか危地を脱しようとしたが、すべて成功しなかった。そして、船体は刻々と傾斜を増し、救助駆逐艦の二隻目がまだ横付けできないうちに、もう上甲板に立っていられなくなり、総員退去が命じられ、まもなく、艦は左に傾きつつ、昭和十七年十一月十五日真夜中、転覆沈没した。

4　不屈の闘志

――航空戦艦「伊勢」の奮戦

「やられても沈むもんか」

戦艦「伊勢」「日向」の姉妹艦は、終戦のとき、二隻とも内地で、水面からアタマだけをのぞかせていた。かれらの気持になっていうと、死んでも死にきれぬ悲憤のすがたを、あたかも堀河の夜討ちで武蔵坊弁慶が示したそれのように、歴史にとどめた。

最後の死闘は、かれらにとってみると、弁慶の心意気そのままだった。すでに燃料なく、動くに動けず、前後左右に錨を打った浅瀬では、艦底から海底までの開きは潜水夫一人、ようやく潜りぬけられる程度にすぎなかった。

「やられても沈むもんか。底が海底につけば、それ以上は沈みやしない。沈んでも上甲板は水面上に出る。撃ちまくれ。オレたちが撃っているかぎり、敵は本土にはあがってこられぬ」

弁慶は、かれが生きているかぎり、寄せ手の軍勢を、おん大将義経のもとへ寄せつけなかった。「伊勢」「日向」も、しかりである。

昭和二十年三月十九日から七月二十八日にかけて、呉地区につなぎとめられていた戦艦「伊勢」「日向」「榛名」、空母「天城」「葛城」「龍鳳」、重巡「利根」「青葉」「大淀」、旧式巡洋艦「磐手」「出雲」、標的艦「摂津」よりなるいわゆる「死に体」の艦隊は、空母十四隻、戦艦八隻、巡洋艦十五隻、駆逐艦五十七隻、搭載機千二十二機よりなる「生きている」米第三艦隊（司令長官ハルゼー大将）高速空母部隊の大空襲を三回受けた。

二百五十キロ、五百キロの大型爆弾が、雨のように降りそそぎ、間に、千キロ超大型爆弾も混じった。

とくに戦艦以外で沈んだのは、至近弾の破片で舷側が破れ、それがあまりにも多かったため、浸水を防ぎきれず、そのために沈んだものだ。頭から直撃弾を浴びて沈んだものは、ほとんどなかった。

これは、珍しい話である。

米側のラジオでは、これを真珠湾のカタキウチだ、と勇ましくやっていた。

だが、真珠湾で日本は、飛行機をこんな、千二十二機も飛ばせなかった。しかし、米側とちがって魚雷と爆弾の直撃だけで、「生きている」戦艦八隻、巡洋艦二隻、敷設艦一隻、標的艦一隻、駆逐艦三隻（戦後わかった実数）を撃沈破した。

「質が違うんだよ。日本とアメリカは」

と答えてくれた日本のパイロットがいた。

なるほど、真珠湾当時の日本のパイロットは、一騎当千。カミワザに近かった。なにしろ命中率が九十パーセント以上というから、たいへんなものだ。

それればかりではない。日本の場合、弁慶ならぬ戦艦、重巡、空母などの乗員が、いかに勇戦奮闘したか。対空砲火を撃ち上げるしか方法のないドタン場の対空戦で、かれらは目覚ましい、みごとな奮戦をした。戦局が日本に不利だ、ということは、そのころになれば、どんな人にもハッキリしていたはずである。にもかかわらず、かれらは、日本に敵が手をかけて来ないようにするため、自分の命など顧みず、知恵を絞り、鬼のようになって戦った。

停泊している艦を攻撃することを、「座ったカモ（シッティング・ダック）」を射つようなものだ、とアメリカではいう。百発百中しないのがウソだ、という。

ところが、その「座ったカモ」であった最後の日の日本の艦艇は、直撃弾でやられたのが少なく、至近弾でやられたのが多いのである。これはどういうことなのだ。

「伊勢」「日向」に話をしぼろう。私はここに、「伊勢」「日向」の乗員の不屈の闘志を見るのである。

昭和二十年三月十九日、「伊勢」は、約十機以上のグラマンの攻撃を受けた。命中一発。エレベーターが大破した。

七月二十四日、「伊勢」は、午前六時十五分、グラマン三十機の攻撃を受け、命中弾四、至近弾多数。命中箇所は、第三砲塔天蓋の真上からぶつかったものが一つ（炸裂したけれども、砲塔はビクともしなかった）、上甲板右舷前部、飛行甲板右舷前部、中部士官室（士官室のものは盲弾で、炸裂しない。やァ、コンニチワ、といったものだった)。

ところが、正午ころ来た三十機あまりが、艦橋に直撃弾をたたきつけ、そのため艦長牟田口格郎大佐や、その他艦橋にあった人たちを死傷させた。至近弾の弾片による被害が多く、この日、戦死者約五十名、負傷者約百名にのぼった。

七月二十八日、「伊勢」は百機に近い飛行機の集中攻撃を受け、命中弾十四発、至近弾無数。

二十四日の攻撃後、「伊勢」は艦首を下げ、相当の浸水があった。そこで、上部の重量物を全部卸《おろ》し、三日ぶッつづけの排水作業をした結果、ようやく艦が水平になったので、これをドックに曳いていこうとした。しかし、二十八日の空襲で、また「伊勢」は着底してしまった。空襲後、排水作業をはじめたが、とてもいけない。やむなく放棄することにし、倉橋島の北端海岸にノシ上げ、左舷に二十度傾き、高潮のとき上甲板を波に洗われるにまかせたまま、軍艦旗を卸した。

航空戦艦「伊勢」の憤懣

「伊勢」は、大正四年五月に起工され、六年十二月に完成した。

そのころ日本の新鋭戦艦群は、「金剛」「比叡」「榛名」「霧島」「扶桑」「山城」とつづき、「伊勢」は、日本で七隻めの近代戦艦だった。

が、海軍の戦術思想と、軍艦の発達は、ちょうど日進月歩の段階にあり、日本の戦艦群も時代の要求に応じて、つぎつぎと改造工事がはじまっていた。「伊勢」の近代化改装も、大正十年八月一日から、十一年三月二十三日まで、一年半にわたってつづけられた。

新しい水中防御方式が採用され、弾火薬庫の防御が、ぐんと強くなった。この新しい水中防御方式とは、防御隔壁の外に重油庫をつくり、なかにつまっている重油のクッションをつかって、敵の弾丸をふせぐ方法だった。

「伊勢」は、この改造工事で、排水量三万二千六十三トンから、四万百六十九トンにはねあがった。最大幅も五・二五メートルふえて三十三・九メートルとなり、速力も二・三ノットはやくなって、八万馬力のエンジンで二十五・三ノットのスピードを出せるようになった。

が、「伊勢」の改装は、これでおわったわけではない。

昭和十七年六月、ミッドウェー海戦で、主力空母四隻を一度に失った日本海軍は、顔色をかえて、空母の増強に狂奔しはじめた。もう、なりふりかまわなかった。

軍令部は、戦艦を空母につくりかえることを計画し、「伊勢」と「日向」が、その候補にあげられた。

昭和十七年末、「伊勢」は、呉に回航され、世界でもはじめての航空戦艦への改造工事が開始された。

後部二砲塔をとりのぞいて、後甲板に飛行機格納庫をつくり、エレベーターで、飛行機を飛行甲板にあげる。飛行機は、艦爆二十二機が積めるように設計され、戦艦としての力は、のこる四砲塔八門の主砲にまかされた。

工事は四ヵ月かかり、昭和十八年九月、航空戦艦「伊勢」が誕生した。

が、できあがってみると、積む飛行機がないという。「伊勢」は、怒った。

「なんだ。近代海軍、近代海軍っていってるが、自分につごうのいいことだけを、めいめい勝手にやってる。まるで旧式な、ナワバリ意識そのままじゃないか。なぜ、力をあわせないのだ。なぜ、腹の底から真剣にならないのだ。そんなことで、徹底した合理主義のアメリカに勝てると思っているのか」


昭和十八年十月、「伊勢」は、広島の宇品からトラックまで、陸軍部隊を運搬した。作戦としての輸送だが、後部の飛行甲板と艦爆二十二機をおさめる格納庫の広さが、とんでもないところで、役に立った。

「陸さんを運ぶために、空母に改装したみたいだナ」

だれかが、ブスッとして、いった。

飛行機がないとなると、背中に背負った大げさなカタパルトが、気になって、しようがない。戦艦として、主砲を撃とうとすると、邪魔になって、後の方が撃てなかった。

マリアナ海戦（十九年五月）には、ちょうどドックに入っていて、出られなかった。そのかわり、高角機銃を百四梃、ロケット砲百八十門、レーダーなどの近代兵器までも、ゴッソリ積むことができた。機銃百四梃という数は、大和型につぐもので、全艦ハリネズミのようになった。ことに、ロケット砲は、戦艦としては伊勢型だけ。主砲を四門とりはずし、後部に飛行甲板をのせたおかげで、皮肉にも、それだけの対空兵器を積む余裕ができたのだ。

さあ来い、である。

昭和十九年十月十日、「伊勢」は、勇躍して柱島泊地を出撃、フィリピン沖に向かった。

飛行機は、一機も積まなかった。

(呉工廠の工員サンには気の毒だが、ほんとはこの方がサバサバするんだよ)

「伊勢」は小声で、そうつぶやいていたかもしれない。

「伊勢」は胸を張って、南下していった。背中のカタパルトは気になるが、その上に積んだ機銃やロケット砲が、凄かった。対空威力からいうと、卸した主砲四門のマイナスを、つぐなってあまりあった。

(ようし。思いッきり、あばれてやるぞ——)

「伊勢」は、空母「瑞鶴」「瑞鳳」の後について、南下した。

むらがる敵編隊に武者ぶるい

十月二十四日、シブヤン海を進撃中の栗田艦隊から、電報がまいこんでくる。敵機の集中攻撃をうけ、「愛宕」がやられ、旗艦を「大和」に変更したという。

——困ったことになった。なんとかしてハルゼーの注意を、こっちにひきつけなければ、作戦の目的が達成できないぞ。

「伊勢」は、「日向」といっしょに、小沢本隊から分派されて、二十ノットで南へ走った。ハルゼーの艦隊に夜襲をかけ、強力な日本艦隊が、こっちでチャンスをねらっているぞ、と敵に知らせる役だ。

が、考えてみれば、これはゾッとするような乱暴な作戦だった。なぜなら、艦上機千機をもっている強力な敵の空母部隊に、航空戦艦二隻と、駆逐艦四隻で、夜襲をかけること自体が、自殺作戦だったからだ。

が、世の中のことは、万事がうまくいかないものだ。敵にみつけてもらいたくって、うずうずしているときには、敵は一機も姿をみせないのだ。

「ちえっ、いつまでこんなことをしていても、らちがあかんぞ」

艦も人も、じりじりしていた。

午後七時二十分ごろだった。水平線のかなたに、とつぜん、ぴかっぴかっと、閃光が走った。レーダーが、敵機らしいものを見つけた。

「敵だっ！」

参謀たちは、松田司令官に突撃を進言したが、司令官は、あわてなかった。

「あれは、空電だ。レーダーは、きっと密雲をつかまえたのだ」

参謀たちは、みんな不満だったが、戦後、調べてみると、司令官の判断が正しかった。そんなところに敵はいなかったのだ。

が、それから間もなく、小沢長官から、命令がきた。

「『伊勢』『日向』は、至急本隊に合同せよ」

「伊勢」は、反転、引き返す。

「伊勢」「日向」が小沢艦隊本隊に合同したのは、二十五日朝七時。

前日（二十四日）の夕方、敵の偵察機が現われているので、今日こそは、待望の空襲を受けること確実と判断。

「これで、栗田部隊を助けられるぞ」

勇気が、湧いた。

そのとき、敵の偵察機の後方に、大編隊を探知。それから二、三十分後には肉眼でも見えるようになった。

五十機、八十機と、敵機が、ちぎれ雲のようにむらがっている。

睨みあいがつづく。たがいに満を持してチャンスを狙う。ながい睨みあいだ。

と、敵機の編隊が、ぱっとわかれた。とたんに、キューンと高い金属音がきこえ、数珠つなぎになって、突っこんでくる。

「撃て、撃て！」

天地は、一瞬、轟音につつまれた。耳を聾する音。命中の閃光。まっ黒な煙の尾を曳いて墜ちるグラマン。この世の終わりとしか思えぬ地獄絵が、展開される。

第一波（八時から九時）は、空母に集中した。「伊勢」は、「瑞鶴」「瑞鳳」を狙って突っこんでくる敵機に、横あいから猛射をあびせる。至近弾二発をくったが、被害はゼロだ。

戦場のド真ん中で停止

第二波（十時から十一時）の攻撃が始まった。狙いは、こんども空母だ。

空母は、第一波の空襲で損傷をうけ、あわだつような海面で苦戦している。「伊勢」は、「瑞鶴」と「瑞鳳」を護って、必死の防戦をつづける。小型爆弾一発が、「伊勢」の第二砲塔に命中した。が、損害は軽微だ。

味方は、いつのまにか陣形もみだれ、落伍する艦がふえる。

第三波の攻撃が午後一時ごろからはじまった。攻撃は、約二時間つづき、「瑞鶴」「瑞鳳」が沈み、そのときは遠く離れて「伊勢」からは見えなかったが、「千歳」「千代田」も沈んで、小沢部隊の空母は全滅した。

そして「伊勢」は、至近弾四発、魚雷四本を回避した。

長い海と空の戦いにも、ようやくおわりのときが近づいていた。

第三波の敵機が水平線の向こうに消えると、「伊勢」は、「瑞鳳」の乗員が、海面に浮いているところへ近づいていった。

「艦長、あれを拾いましょう」

城野航海長の申し出に、中瀬艦長は、ゆっくりとこたえた。

「よかろう」

敵の潜水艦もいるし、敵機も、まだどこからすがたをあらわすかわからない戦場のド真ん中で、四万トンの「伊勢」が、船脚を停めた。

「手空《あ》き総員、溺者救助っ！」

勢いよく上甲板に駈けあがった兵たちは、てんでにロープを投げて、戦友を拾い上げる。

第四波の攻撃がはじまった。

午後五時から六時十一分にかけて、こんどは全機が「伊勢」に突っこんできた。敵空母五隻の艦載機全機が（おそらく百五十機）、「伊勢」一隻に襲いかかった。

百四梃の機銃、十六門の高角砲と、百八十門のロケット砲、それに主砲も加わって、「伊勢」は、猛烈な弾幕を撃ち上げた。

「なにくそ！　負けてたまるか！」

「伊勢」は、力いっぱい撃ちまくった。

「伊勢」のエンジンが、ごうごうと唸《うな》った。白く縦横に交錯するウエーキにかきまわされ、鼠色に泡立つ黒潮に乗り、「伊勢」は全速力で突進した。

艦長と航海長は、目まぐるしく舵をとった。

「面舵一杯、急げ。もどせェ」

「取舵一杯っ、急げェ。十五度にもどせェ。もどせェ」

「面舵。静かに。急げ。面舵一杯」

一発、二発と、至近弾が重なり、数がふえた。ガーッ、ガーッとマストをかすめて、つぎつぎに敵機が舞い降り、舞い上がる。

「あいつだ。撃ち落とせっ」

耳は、とっくに割れていた。声もつぶれていた。指揮官は、機銃員の肩をたたいて、目標を指さす。

数えてみると、第四波でよけた至近弾三十四発。回避した魚雷十一本。「伊勢」の戦闘記録に、こうあった。

「本戦闘ニオイテ至近弾ニヨリ損傷ヲ受ケ、戦死者五名、重軽傷者七十一名ヲ生ゼシモ、戦闘航海ニ支障ナシ」

なんという、勇ましくも、また誇らしげな記事であろう。

いや、「伊勢」は、どれほど誇ってもよかった。歴史はじまって以来、艦載機百五十機のもつ大破壊力を、ただ一隻の艦に集中され、みごとそれを、くぐりぬけたということが、あったろうか。アメリカは、「伊勢」の回避運動を、カミワザだ、といった。まことに空前絶後のカミワザだった。

かれらは、いった。

「五隻の（米）空母の飛行甲板にあったすべての飛行機をかき集め、『伊勢』に攻撃を集中した。しかし、その頑強な〝両棲動物〟（後半分に飛行甲板を持った戦艦の化け物）を沈めることはできなかった。『伊勢』の対空砲火は猛烈をきわめた。『伊勢』艦長中瀬泝《のぼる》少将は、回避運動のカミサマだった」

このときの被害を、あとで調べてみたら、至近弾による破片で、船体に、六十ミリ以上の大きな破孔が約四十八、また三十ミリ以上の中破孔が約四十三、それに三十ミリ以下の小破孔が約三十あいていた。

それから「伊勢」は、日本に帰った。そして、呉軍港の岸壁に、四本の錨でガッチリととめられた。

こうして、七月二十八日、「伊勢」は、百機に近い艦載機の集中攻撃を受けた。「伊勢」は最後の勇気を振りしぼった。命中弾十四発。至近弾無数――。

その四日前、二十四日の攻撃後、「伊勢」は、艦首を水面すれすれにまで下げた。

重量物を全部おろし、三日三晩、ぶッつづけに排水作業をしたが、これが成功した。ドックに曳いていって、修理しようという話になったところへ、二十八日の空襲で、また「伊勢」は、着底してしまった。

ふたたび排水作業をはじめたが、こんどは、どうにもならなかった。

やむなく、放棄することにして、軍艦旗を卸そうとしたが、どうしたのか、旗索《きさく》を引いても、なかなか旗がおりてこなかった。

「そうだろう。『伊勢』は、まだ戦うつもりなんだ……」

そこにいた士官が、この、死ぬことを肯《がえ》んじない、航空戦艦「伊勢」の心を見て、声をつまらせた。

倉橋島の北端海岸――「伊勢」は、その海岸にノシあげ、左に二十度傾き、高潮になると上甲板を波の洗うにまかせ、いつまでも、いつまでも、動かなかった。

5　悲壮の花
――航空戦艦「日向」の沈没

戦艦「伊勢」「日向」の誕生

「伊勢」「日向」は、「扶桑」「山城」と一緒にして、三十六センチ砲十二門の四戦艦といい、姉妹艦扱いにされているが、ほんとうは、「扶桑」「山城」の改良型といった方が、わかりやすい。

「山城」「扶桑」から約二年遅れ、大正四年五月、三菱長崎造船所で造られた「伊勢」よりも、神戸川崎造船所でつくられた「日向」の方が、起工が四日早い、というほど、いっせいにスタートした。完成は、「伊勢」が大正六年十二月、「日向」が七年四月。常備排水量三万千百二十トン。ロ号艦本式ボイラー（石炭と重油の混焼）二十四基で、四万五千馬力を出し、速力二十三ノット。「山城」「扶桑」よりも半ノット速かった。備砲は、前にいったとおり、三十六センチ十二門。副砲は、十四センチ二十門。

山城級は十五センチ十六門だが、十五センチ砲弾の重量は四十五キロあって、日本人の体格で操作するには重すぎる。十四センチ砲弾の重量は三十八キロ。これならば扱いやすい。一個の弾丸については、多少のマイナスもあるが、それよりも取り扱いやすい砲が有利だと結論した。そして、「日向」「伊勢」「長門」「陸奥」の副砲と軽巡の主砲は、この十四センチだ。また、潜水艦にも搭載している。

「つまり、『伊勢』『日向』の方が、それだけ新しく、威力も大きいのだ」

などと、候補生のとき「日向」に乗り組んだ私に、砲術科の士官が聞かせてくれた。

話はそれるが、当時の「日向」は、闘志満々、士気旺盛だった。私は少尉候補生で、遠洋航海を終わって間もなくで、「日向」の属していた連合艦隊は、さすがにみんな潮気タップリ。することなすことスマートで、見ていても溜飲がさがるようだった。

私が覚えているのは、夏の第二種軍装を着て当直（といっても副直将校だが）に立っていると（昔の戦艦は、士官室や長官室が後部にあり艦への出入りも後部の舷梯からするので、当直将校は停泊中は後甲板にいるのが当然だが）、まッ白な軍服に、石炭の燃えカスの細かいのが、油煙にまじって、ゾオーッと降ってくる。風下に立たないよう、ボイラーの掃除をするときは物かげに逃げこむように、ふだんから注意していれば、大損害はまぬかれるが、そううまくいくはずはない。中、小損害は当直に立つたびに受ける。

問題は、顔が黒くススけることではない。顔は洗えばいいが、白服はセンタクに出さねばならぬ。候補生にとっては、被害甚大である。何とか風上の方に立ちまわって、石炭の粉を浴びずにすむよう工夫することを覚え、二回の洗濯を一回に節約することに成功したものだったが（こんなこと、少しも自慢にならない）、これが高速で走るとスゴかった。

一番煙突には、大型の爪みたいなものがついている。煙突から出た煙や熱気を、少しでも艦橋に近寄せまいとする努力のあらわれだけれども、なかなか、そう注文どおりにはいかない。艦橋のような大きな構造物が、二十ノット以上もの速力で走るから、後ろ側に真空状態ができ、煙は遠慮会釈なく艦橋に吸い込まれる。またその煙がなまやさしいシロモノではなく、ノドがつまりそうにえがらっぽく、居ても立ってもいられなくなる。高速を出さなくても、風がま後ろから追ってくるようなときでも同じだ。

「こりゃいかん。艦長、ちょっとヒネります」

ゴホンゴホン咳をしながら、航海長が少し艦の向きを変える。艦長も、閉口して、右手をあげて賛成する。これは、「日向」がちょっと海に出ると、すぐにぶつかる光景であった。

第一改造近代戦艦へ

大正十年のワシントン軍縮会議で、主力艦の量がきまり、それからもう、ワクを動かすことができなくなった。しかし、これを改装近代化することは差し支えなかった。ただ、それには制限があり、対空、対水雷防御の強化だけにとどめ、そのためにふえる排水量は、三千トン以内、というのだ。

これにそって、「伊勢」「日向」も、改装工事がはじめられた。だが、「伊勢」「日向」は、それぞれ昭和十二、十一年に、大改装をひとまとめにしてしまった（その他の戦艦はだいたい、二度に分けて改装している)。そして、この改装を終わるのが、ワシンシトン条約の有効期限が来たあとになるので、三千トンというトン数制限は、もはや受けないとした。これが「伊勢」「日向」改装の特徴である。

もう一つの特徴は、水平(対空、および遠くから撃ってきた砲弾にたいする)防御の強さを、「山城」や「榛名」などと違い、弾火薬庫の上側に集中したこと(爆弾が命中しても平気だったのは、この理由による)。水中防御(魚雷など)では、水の入っている部分が非常に大きなクッションになることがわかって、防御隔壁の厚さを扶桑型、榛名型の半分とし、そのかわり、その隔壁の外に水タンクをおいたこと。

こころみに、「伊勢」の改装前後の比較をしてみると、こうである。「前」は、新造完成時の常備状態のもの、「後」は、改装をすませたときの公試状態のものとする。

	前	後
全長	二〇八・一八メートル	二一六・〇〇メートル
最大幅	二八・六五メートル	三三・九〇メートル
水線幅	二八・六五メートル	三一・七五メートル
喫水	八・八六メートル	九・四五メートル
排水量	三二〇六三トン	四〇一六九トン
馬力	五六〇〇〇馬力	八〇〇〇〇馬力
速力	二三・六ノット	二四・五ノット

つまり、排水量が、改装前より八千トン以上も大きくなり（阿賀野クラス巡洋艦一隻をゴッソリ積んだ重さ）、艦の幅が水線の部分で三メートル、水中の最大部で五メートルもふくらんだことである。

蛇足だが、改装前の水線部と最大幅が等しかったことは、外舷がツルリとして、何も出っぱりがなかったことを意味し、改装後、水線部で一・五メートルだけ両舷に張り出しができ（バルジ）、水中では、さらに一メートルもふくらみを増しているということがわかるのである。

この改造で、私がかつて逃げまわっていた石炭の燃えカスは、もう落ちなくなった。つまり、石炭を燃すカマは全部撤去され、重油専焼のボイラー八基（一基の出力一万馬力）に置きかえられた。試運転をしたときの成績は、「日向」の場合、排水量四万七百六トン、軸馬力八万千五十馬力で、速力二十五・二六ノットを得た。

防御については、前にもちょっとふれたが、戦艦のポイントは、自分の持っているのと同じ大砲で、一番有効な距離から撃たれたときの命中弾に耐えられることを目標にするものだが、「伊勢」「日向」の場合は、三十六センチ砲弾を二万〜二万五千メートルから撃たれても安全だ、というところまで防御をする必要があった。

「伊勢」「日向」は、この形で、太平洋戦争に突入したのであった。

戦艦中心の思想

太平洋戦争に突入した日本海軍に、もっとも大きなショックを与えたのは、いうまでもなく、ミッドウェーの敗戦だった。ミッドウェーの敗戦が、日本海軍にどんな影響を及ぼしたか、よく調べてみるべきだが、今は割愛する。

ともあれ、空母の大増勢が、刻下の急務となった。

客船・出雲丸（飛鷹《ひよう》）、潜水母艦「大鯨《たいげい》」（龍鳳《りゅうほう》）、新田《にった》丸（沖鷹《ちゅうよう》）の空母改装を急がせ、あるぜんちな丸（海鷹《かいよう》）、シャルンホルスト号（神鷹《しんよう》）、水上機母艦「千歳《ちとせ》」「千代田」、ぶら志る丸（途中沈没で取り止められる）の改装を十八年度内に完了させる、飛龍型、大鳳型空母の建造を極力推進する、などと決めたが、これらは「改装」空母で、正規空母は昭和十九年になって、ようやく五隻でき上がるにすぎなかった。

この間に、米海軍では、勢いづいた大工業力を駆使して、空母の大増勢をしてくるにきまっている。なんとか、この間を塡《つ》める名案はないかと、見回っているうちに、開戦後、飛行機にすっかりおカブをとられて、働き場所のなさをカコっていた戦艦が目についた。

まず、金剛型高速戦艦を空母にできないだろうか、と軍令部から、艦政本部にたずねてきた。調べてみたが、とても手間ばかり食って、ダメだとわかった。

このときの軍令部の考え方が、いかにも日本らしかった。――戦艦はもう使うチャンスが少なくなった。十二隻の戦艦全部を空母に変えるのでなくとも、ミッドウェーで沈んだ主力空母「加賀」のように、何隻かの戦艦の上部構造物全部を取り払って、本格的空母に変えてしまおう――とはしなかった。まず、そのための時間がたりなかった。それとも、それ以上に、戦艦中心の思想を捨てきれない人たちが、ブレーキをかけた。

事実は、こうであった。

軍令部の要求は、航空母艦とはするが、主砲は六門残すこと。副砲は全部はずすが、そのかわり、対空砲火を画期的に強化すること。そして、なるべく多数の飛行機を積み、昭和十八年内、なるべく早く完成すること、というのだ。

物色した結果、その戦艦は、「伊勢」「日向」にきめられた。「日向」は、昭和十七年五月五日、伊予灘で主砲射撃訓練中、五番砲塔の爆発事故が起こり、同砲塔を取りはずしてあった。

そこでまず、五、六番砲塔を取りはずす。あとに格納庫をつくり、その上に射出甲板を広くとる。飛行機をできるだけたくさん積み、その射出甲板に射出機（カタパルト）二基をおく。飛行機は、カタパルトで射ち出す（現在、米英の第一線空母が蒸気カタパルトを使って飛行機を発艦させているのと、考え方が同じである。空母の飛行甲板から、艦上機をカタパルトで射ち出して発艦させるという着想は、日本が先だ）。そして、この飛行機（艦上爆撃機でなければならなかった）には、当時新しく出現した優秀機――彗星《すいせい》艦爆二二型（射出用に改造したもの）を使う。

この計画を、戦艦の建造中止でヒマになった艦政本部一部が、大車輪で実現していった。

副砲の撤去、高角砲四群十六門、機銃五十七梃に増強する工事は、着々と進んだ。カタパルトは、前述の近代空母と同じように、飛行甲板に埋め込まれ、飛行機を運ぶレールの面とカタパルトの面とが、同じ高さになる。こうして、連続二十二機を十五秒ごとに、左右交互に射ち、約五分間で全部を空中にあげられる計算だった。

ただし、そこまでのプランはいいのだが、戦艦二隻のまん中から後部を、すっかり空母に改装する工事は、造船関係だけで、一隻あたり二十万工数という、たいへんな人と時間と資材を食う結果になった。

おそるべきこのムダ

着想はよかった。しかし、二隻あわせて四十万工数をとった成果が、はたしてあっただろうか。

結果論でいえば、ムダだった。

計画し、実施した人たちの血と汗の結晶を、結果論で評価してしまうのは、いかにも酷であるが、歴史は、原因と結果の集積である。着想や努力、その心構えがいかに立派でも、あらわれた結果を左右することはできない。

いっそ、二隻の四十万工数をもって、当時もっとも必要とされた対潜護衛用艦艇でもつくっていれば、数隻は軽くできていたろう。

戦局不利、となると、だれしも狼狽する。それはわかる。が、それだからといって、思いつきで右往左往し、そのために貴重な人と資材と、なによりも時間をムダ使いすることは、ますます事態を悪化させるだけだ。とはいえ、こんなことは、今日だから私にもいえる。当時は、むろん私にはわからなかった。当時でも、そういうことがわかる人、すなわち、立派な指導者が日本に充分にあったならば、と思う。

私は、航空戦艦「伊勢」「日向」について、なお疑問をもっている。——いったい、「伊勢」「日向」を出た彗星艦爆は、どこに帰るのだろう。

計画としては、いったん艦を出たものは、そばにいる本モノの空母に着艦させ、そのあとでそこで作戦させる、とされている。が、それが果たして、どのくらいうまくいくだろう。それとも、一種の艦爆運搬艦をつくったつもりなのだろうか。だいいち、着艦できない飛行甲板しかもたない空母に、艦上機をどうやって積むのだ。平穏無事な港内なら知らず、波荒い作戦地ではどうなるのだ。

けっきょく、「伊勢」「日向」は、やはり水上機の爆撃機（瑞雲一一型）をこそ積むべきであったろう。そうして、空母部隊と分かれて行動すれば、あるいはその特徴が、ものすごく発揮され、敵の心胆をもっともっと寒からしめることができたかもしれない。

おそるべきファイト

いずれにせよ、「伊勢」「日向」は、第四航空戦隊（とは名ばかりで、飛行機は一機も積んでいない。彗星二二型が、戦局の急迫で間に合わなくなったのだ）を編成、松田千秋少将指揮の下、昭和十九年十月二十四日、決戦場であるルソン東北方海面に進出した。

任務は、小沢オトリ部隊の前衛部隊。

そして、その小沢オトリ部隊の任務は、みごとに達成された。ハルゼー艦隊は、栗田部隊を放り出して、全艦隊をあげて小沢部隊に殺到した。「瑞鶴」「瑞鳳」「千歳」「千代田」は、悲惨な、しかし誇り高い死を遂げた。

が、そのときになっても、「伊勢」と「日向」は、おそるべきファイトを燃やして戦っていた。

日本の空母四隻を撃沈したハルゼー艦隊は、空母五隻搭載機の全力をあげて（約百五十機になろうか）「伊勢」に襲いかかった。

ここからは、アメリカ海軍随一の戦史家モリソン博士の記述にまつ方がいいかもしれぬ。「伊勢」についての記述だが、「日向」も同じと考えてよい。

『五隻の米空母の搭載機全機をあげて、「伊勢」に集中殺到したが、至近弾三十四発（三十四ですぞ）を得ただけで、この頑強の戦艦を沈めることはできなかった。米国で撮った、「伊勢」が爆撃を回避している写真を見ると、その理由がよくわかる。「伊勢」は、すごい対空砲火を撃ち上げた。そしてまた、艦長の中瀬（泝）少将が、回避運動のエキスパートだったのだ』

もちろん、「回避のエキスパート」など、あるはずはない。

米海軍は、何でも自分たちが一番ウマくないと承知できないと見え、日本軍の方がウマかったりすると、悪たれをいう。

それでも、無条件に、ストレートに、日本海軍にカブトをぬいだものがある。九三式六十一センチ酸素魚雷を主兵器にした軽巡、駆逐艦部隊の夜戦の腕前だ。

わき道にそれるが、例をあげる。

十七年十一月三十日のルンガ沖夜戦では、袋の鼠にしたはずの日本駆逐艦部隊八隻が、圧倒的に優勢な米タスク・フォースを重巡四隻、軽巡一隻、駆逐艦六隻の締めつけを掻いくぐって反撃、闇の中に狙いをつけ、磨き上げたウデに物をいわせて雷撃、重巡一隻撃沈、三隻大破させ、風を巻いて去っていった。

この報告を聞いたニミッツ米太平洋艦隊司令長官は、地団駄を踏まぬばかりに叫んだ。

「訓練せよ。訓練せよ。もっと猛訓練するんだ」

そして戦後、回顧録でくり返した。

『ガダルカナル作戦で、日本軍が真の意味で一貫して米軍にまさっていたといえるものは、夜戦における水上部隊の戦闘技術だった。すばらしい性能の酸素魚雷を、全幅活用した日本海軍の得意ワザだった。――ルンガ沖夜戦の悲惨な事例は、一九四二年ころの連合軍水上部隊の戦闘の特性を示していた――』（『ニミッツの太平洋海戦史』）

そして、日本軍は撤退のエキスパートだという悪たれ口。

『……日本軍は絶好のタイミングと手ぎわのいい計画で、みごとにガダルカナルからの撤退作戦をやってのけた。……二月九日、日本軍を、ジャングルの中に閉じこめて全滅させようと、東西から挟み撃ちにした米軍大部隊が、予定地点で合同してみると、獲物はすでに網から洩れてしまっていた……』

また、十八年八月十五日のキスカ撤退作戦の場合。いまいましそうにいう。

『……八月十三日、多数の輸送船と百隻に近い軍艦で支援された大部隊は、アダックを出撃した。十五日の夜明け前、艦砲援護射撃艦船がキスカ沖に近接し、日本軍の要地に砲弾の雨を浴びせた。夜が明けはじめるや、戦車揚陸船（LST）、歩兵揚陸艇（LCI）および戦車揚陸艇（LCT）が着岸、上陸部隊を揚陸させた。だが、上陸してみると、なんということだ、日本兵は一人もいなかった。逃げることではいつも老練な日本軍は、すでに撤退を終わっていたのである』

「日向」艦長の手記

その後の戦闘について野村「日向」艦長の手記に、こうあった。

『「日向」と「伊勢」は、フィリピン沖海戦のあと、生き残った小沢部隊の艦艇、軽巡「大淀」、駆逐艦三隻（「朝霜」「霞」「初霜」）とともにリンガ泊地に入った。

が、ゆっくり傷を癒《いや》す間もなく軍務局長から、航空ガソリン、ゴム、錫などを積みこみ、なるべく速やかに内地に帰投せしめられる予定との内報を受けた。

そのころ、シンガポールから内地に向かう航路は、敵の潜水艦に封鎖されたも同然で、この二十年二月にもなると、危険がいっぱい。南方資源地帯と日本本土とは、事実上、断絶していた。

そのさなかの内報であった。積んでこいといわれたものは、内地では手に入らなくなった軍需物資であることは、よくわかるが、そうだからといって、無事、内地に帰着できる自信はまったくなかった。

二月七日、リンガからシンガポールに回航し、岸壁に横付けして、積み込みをはじめる。十日にかけて、航空ガソリン四千九百九十四ドラム、タンク積み百キロリットル。普通ガソリン三百二十六ドラム。ゴム五百十八トン、錫八百二十トン、タングステン四十七トン、水銀三十二トン、合計二千五百八十七トン。他に砂糖二百トン、人員四百四十名（主として油田開発技術員）。

ついでに、「伊勢」に積んだ物を書いておくと、航空ガソリン五千二百ドラム、タンク積み百キロリットル。ゴム八百五十トン、水銀十トン、タングステン四十七トン、錫九百トン、亜鉛三十二トン、合計二千八百八十八トン。人員五百五十一名。

その十日の午後、シンガポールの第十方面艦隊司令長官福留繁中将が、見送りのため旗艦「日向」に来艦、激励と訣別の訓示をした。

「諸官とは、もう二度と会えないだろう。敵の要地に突入するのは困難だが、これは、それ以上に困難な作戦である。切に諸官の善戦を祈る」

「日向」「伊勢」「大淀」「朝霜」「霞」「初霜」は、ここで「完《かん》部隊」を編成、この作戦を「北号《ほくごう》作戦」と呼ぶことにされた。

「日向」艦長野村留吉少将が、作戦部隊に代わって福留長官にお礼と決意を述べ、その夜、闇にまぎれて出港。一路北上。内地に向かう。

翌朝、背後のシンガポールに空襲警報が発令されるのを聞き、幸運に胸をなでおろした。だが、それから一時間もしないうちに、敵の浮上潜水艦に遭遇し、早くも敵に発見されてしまった。

翌十二日になると、敵の潜水艦四隻を発見。取り巻かれているらしかった。作戦方針として、できるだけ西側を、フィリピンから少しでも遠く離れて北上することにしていたが、それでも、敵は追跡の手をゆるめない。

四日目（十三日）は海南島に近づき、島にそって北上した。深夜、「日向」と「霞」は、雷探で別の、おそらく敵浮上潜水艦を探知。急速回避。夜が明けると、敵B24につけられているのを発見。敵の空襲がかならず来ると緊張しつつ、すぐ速力を上げ、対空戦闘用意をして身がまえた。

案の定、「日向」のレーダーで敵大編隊が右側から迫ってくるのを探知したが、艦隊は、うまくスコールに入ることができていたので、敵機は、発見できないらしく、三十分くらいウロウロして帰っていった。八十機程度はいたらしかった。

同じような大編隊を午後にも探知した。こんどもうまくスコールにとびこみ、同じように助かった。この日、敵潜三隻を発見したが、異状なし。

五日目（十四日）。六日目（十五日）。七日目（十六日）。

真夜中と正午ころ、魚雷の航跡を発見、うまく回避してホッとする。また、昼ころ、レーダーで敵大編隊を探知。このときも悪天候で、スコールに逃げこむことができた。こんどは敵機も約一時間ネバッていたが、あきらめたか引き揚げた。

敵の機動部隊がどこにいるかわからない。真夜中に白灯が見え、レーダーで、水上部隊の一群らしいものを探知し、それが敵の機動部隊ではないかと、蒼白になるほど緊張した。結局、これはジャンクだった。

台湾海峡にさしかかると、季節風が猛威をふるった。駆逐艦はもとよりだが、「日向」も動揺が激しく閉口。というのが、シンガポールを出るとき満タンにしてきた艦用燃料が、このあたりでほぼ半量を消費。一方、後甲板の飛行機格納庫に積み上げたドラム缶入り航空ガソリン約五千本はそのままなので、トップヘビーになったわけだ。だから、大きな舵をとると艦が傾いたまま、なかなか元にもどらない。いまにも転覆するのではないかと、冷汗をかくときさえあった。

八日目（十七日）。九日目（十八日）。

ようやく東シナ海から黄海に入った。季節風が衰え、久しぶりに太陽を見た。ちょうど敵機動部隊が関東地区に来襲していたので、中国大陸からできるだけ早く、遠く離れる作戦でいった。速力を二十ノットに上げ、黄海の入口あたりに入れた機雷堰を避けながら、一気に黄海を横断、朝鮮半島西岸に向かった。

十日目（十九日）。十一日目（二十日）。

敵機動部隊の動きを見きわめるため、前夜は朝鮮半島南岸に仮泊し、乗員は最後の頑張りをつくして、夜十時、水先人を乗せ、関門海峡に入った。

そして、二十日午前十時、ついに一隻の故障落伍もなく、無事、呉港外着。浮標に繋留を終わり、「北号作戦」任務を果たした。航程三千五百カイリ（六千五百キロ）。天佑、としかいえない大成功であった。

なお、積荷は二十一日夕刻までに全部を揚げ終わった。


さて、「日向」の最期について。

前に述べた「伊勢」の場合と同じ三月十九日に、呉港外にて、至近弾多数、命中弾一発をうけた。そして、七月二十四日には、敵機五、六十機が来襲、爆弾約二百発を投下した。命中弾十発、至近弾二、三十発。そして艦は、しだいに浸水の度を増し、着底した。

「伊勢」「日向」も、沈没の直接原因になったのは、装甲を厚く張った重要部に命中弾をうけたからではなく、装甲しない部分に突き刺さった無数の弾片の孔から入った海水が、艦を沈下させたせいだった。

戦艦とはいっても、不沈艦ではあり得ない。厚い装甲を艦全体に張れば、艦はたいへんな重さになり、したがって大きなものになりすぎる。実際の役には立たない。

はじめ「伊勢」「日向」の身になって、私は肩をそびやかしてはみたけれども、座ったカモは、しょせん、飛ぶカモではない。本土へ、本土へと向かう米全軍の進撃を、死をもって食いとめ、時間を稼ごうとしたかれらの誠実も、ここにその悲壮な花を咲かせて果てざるをえなかった。もって瞑すべきであろうか。

6　幸運の神
——航空母艦「瑞鶴」の強運

偉大なる主力空母

「瑞鶴」という航空母艦は、奇妙に、そのほんとうの大きさ、強さが知られていない。大きな空母——というと、だれでもまず、「赤城」「加賀」を思う。スーパーの名をかぶせて、「信濃」「大鳳」をいう。

が、その「赤城」「加賀」より、「瑞鶴」と同型艦の「翔鶴」の方が、トン数こそ小さくても、戦闘力は大きかったのだ。

いや、その「大鳳」ですら、「瑞鶴」をコピーして、ただ飛行甲板を厚くしただけだ、といったら、驚く方も多いかもしれない。

「瑞鶴」は、昭和十六年九月二十五日、神戸の川崎造船所でき上がった。

軍縮条約の有効期限が切れ、いわゆる無条約時代に入っての、第一艦である。どんな大きさ、どんな力のものをつくってもかまわない。ということになって、日英米、いっせいに建艦の火蓋を切った、その最初の作品である。

　となると、まずその出来栄えを、くらべてみたくなる。

「瑞鶴」　二万七千トン。速力三十四ノット
米・エセックス　二万七千トン。三十三ノット
英・フォーミダブル　二万三千トン。三十一ノット
　イギリスが、いささか小ぶりのようだが、お互い、秘密のうちに建造しながら、フタをあけてみると、考えていることは、ほとんど同じだった、という結果が出た。

　これは、ひじょうに面白いと思う。

　日本の場合、「赤城」「加賀」は、トン数こそ大きく、姿こそ膨大であったが、大型空母などというものを日本で造ったこともなく、いわば手探りで、それぞれ巡洋戦艦、戦艦を改造したものであったため、どうにもならぬ不工合な点が、いろいろあった。

　その経験をもとに、「蒼龍《そうりゅう》」「飛龍《ひりゅう》」をつくったが、これは軍縮条約が効力をもっていたときで、大きさに制約があった。

「瑞鶴」「翔鶴」は、制約といえば、まず費用の面だけ。あとは、当時は「理想的」と考えていたものを盛りこんで、雄大で強大な、すばらしい空母をつくり上げた。三度目の正直、というわけである。いまの言葉でいうと、日本空母のプロトタイプ（原型）が出来たのだ。

　基準排水量二万五千六百七十五トン、常備状態排水量二万九千八百トン、満載排水量三万二千百五トン。全長二百五十七・五メートル、最大幅二十九メートル。飛行甲板からキール

線までの深さ二十三メートル。公試状態の平均喫水八・八七メートル。

飛行甲板の大きさ、全長二百四十二・二メートル、最大幅二十九・五メートル、公試喫水線から飛行甲板までの高さ十四・一三メートル。

速力、全力で三十四ノット。航続力十八ノットで九千七百カイリ。十六万馬力。推進軸四軸。大艦は、主タービンと巡航タービンの二種類持っているが、「瑞鶴」は巡航用のタービンだけで二十六ノット出せる。こんな強力な巡航タービンは、おどろくべきだが、これには理由がある。

当時の艦載機は、重いもの（むろん「瑞鶴」に積んでいるもの）でも、風速十メートルの向かい風があれば飛び上がることができた。そこで、ぜんぜん無風のときでも、二十六ノットで走ると、秒速十三メートルになるので、飛行機は飛び上がれる。それを、ふだん用の巡航タービンでまかなえるようにしたところが、スゴイのだ。動いてさえいれば、いつでも、どんな風のない日でも、すぐ飛行機を出せる、ということは、「瑞鶴」の戦闘力を、いやが上にも引き上げた。

戦闘力といえば、搭載機は、零戦十八機（補用機二機）、九九式艦爆二十七機（補用五機）、九七艦攻二十七機（補用機五機）。計、常用機七十二機、補用機十二機。だが、この補用機はほかの空母と違い、すっかり分解してシマってあるのでなく、急げばすぐに組み立てて飛ばすことができるところまで準備がしてあった。むしろ常用機八十四機と考えた方が、真実に近い。

ここで、比較してみよう。

日本では、「赤城」と「加賀」は六十機（常用補用とも）、「蒼龍」「飛龍」は常五十七、補十六、計七十三機。その他、八十四機も積めるものは一隻もない（「大鳳」「信濃」がそれぞれ常補とも五十三機、四十七機で、ひどく少ないようだが、これは、「大鳳」「信濃」が小さいのでなく、搭載機が大型になったから機数が減った）。

アメリカの、さきほど比較したエセックス級正規空母は、搭載機約八十機。ホーネット八十一機、エンタプライズ八十一機、ヨークタウン八十五機、等々。

イギリスのフォーミダブル級は七十二機。

興味があるのは、搭載機数が、日本とイギリズとは似ており、アメリカがそれよりも多いことである（とくに注意していただきたい。「瑞鶴」より多く積んでいる艦は、同級艦で一隻もないことを）。

これには、理由がある。

日本とイギリスは、搭載機を艦の中にしまっておく——つまり、飛行甲板より下の格納庫甲板に飛行機をしまいこみ、雨風、汐風に当てぬようにするが、アメリカは飛行甲板上に、雨ざらしにする。アメリカは、空母の本体の上に、ビルの骨組みみたいなものをのせ、そこを修理工場とし、風通しがあると困るところだけ、外鈑をペタペタと張りつける。

日本は、格納庫甲板にだけ飛行機を格納するが、アメリカは、飛行甲板、プラス修理工場甲板に格納する。つまり、日本式の方が、飛行機こそ雨ざらしにならないが、余積がどうしても狭くなり、したがって搭載機数が減ってしまう。

こういう閉鎖的格納庫でありながら、「瑞鶴」が八十四機で世界一の名をあげたことは、艦の中が、どんなによくできていたかの証明にもなる。

ついでだから、ちょっと脱線しておきたいのは、戦後のフォレスタル級の巨大空母になって、日本式の閉鎖式格納庫の考え方が、大いにアメリカでとりいれられていることだ。飛行機が、今日のように大型、精巧、高価になると、雨ざらし、汐ざらしでは困る、というのだろうか。アイデアとしては、米式開放式格納庫の方が便利なのだが、戦後にいたってその日本式が、アメリカで返り咲いたというのもおもしろい。

完全無欠の第一級空母

「瑞鶴」と「大鳳」とをくらべてみると、「瑞鶴」では舷側から下を向いている大煙突が、「大鳳」では、アメリカ式にアイランド（島のように飛行甲板の横に立った艦橋構造物）から聳《そび》えているのに気づく。

これは「瑞鶴」の方が、パイロットたちにとって好ましい。飛行甲板に降りて来ようとして、高度をずっと下げてきたとき、煙突からの排気で気流をかき乱され、飛行機がアオられたら、閉口なのだ。それにもかかわらず、「大鳳」が上向きの煙突をつけたのは、飛行甲板を厚い装甲で張った結果、艦が重くなり、それだけ沈下して、水面から飛行甲板までの高さが低くなり、下向きの煙突をつけると、水をすくうおそれがあったからだ。飛行甲板の高さは、高ければ高いほど、いいのである。

話がコマかくなるが、「瑞鶴」の飛行甲板は、前の端が、艦首の突端より、ちょっと引っこんでいる。これには意味がある。

飛行機が発艦するとき、見ていると、トンと飛行甲板を蹴って飛び上がったすぐあと、すうっと沈むものがある。もちろん、水につくほどではないが、その場合、飛行甲板の前の方でそういう沈下をしても、そのため、艦のどこかに引っかかったりしないように工夫されたのが、「瑞鶴」であった。

飛行甲板の構造で、もう一つ二つ、おもしろい問題がある。

それは、リフトがこの型では三つあるが、その一番前のが、幅十六メートルあって、大型機——といっても艦攻だが——が、翼をいっぱいにひろげたまま、胴体を首尾線方向に向けて、リフトの上に乗ることができる。艦攻の出し入れに、いちいち翼端を折り畳まなければならなかったそれまでのリフトにくらべて、発着艦を迅速にする上で、大きな進歩である。ただし、中部と後部のリフトは、十四メートルであった。

また、この型の格納庫、つまり飛行甲板の下は二段になっていて、艦首から艦尾まで吹き抜けである。飛行甲板を支えているのは、支柱で、これが肋骨のように、これだけで十分飛行甲板をつかまえている。格納庫の外板は、薄い板を、風よけと波よけだけのために張ってある。簡単にいってしまえば、アメリカの開放式格納庫に近い。

理由は、格納庫の中で爆弾などが爆発したとき、すごい爆圧ができるが、それを外板を薄くすることで、上、つまり飛行甲板に抜けさせず、横、つまり外板をふきとばし、そちらへ抜けさせ、飛行甲板が破壊されるのを最少限度に食いとめようとしたことであった。

この着想は、なかなかよさそうだったが、実際に爆弾を食ってみると、外板も吹きとばされたが、ついでに飛行甲板も噴き上げられてしまった。「瑞鶴」の飛行甲板は、このアイデアを生かすには、少し弱すぎたのだ。

もっと飛行甲板を強くしなければならぬ。いっそ強くするなら、戦艦の舷側や、上甲板と同じように、厚い装甲鈑を張りめぐらして、下からの爆圧などでなく、上からの爆弾そのものをハネ返すようにしたらどうだ——というので出来たのが、「大鳳」だった。

ところが、万事ウマクいくことはなかなかむずかしい。あまりにもピチッと閉鎖できたのが禍いして、こんどはガソリンが艦内に充満し、それに火がついて、一度にドカンといってしまった。これは、みなさんご承知のとおりである。

さて、あまりにも飛行甲板ばかり言いすぎたが、「瑞鶴」には、対空砲火として、高角砲四十口径十二・七センチ連装砲が八基ある。これを四つのグループに分け、一グループに一個ずつ、高射装置を置いた。

高射装置は、望遠鏡と、計算装置と、通信装置が一つになったもので、あらかじめ風向きだとか、温度だとか、そういった要素を調定しておくと、あとは望遠鏡を敵機に向けるだけで、自動的に高角砲を向ける方向が、各砲のところに伝えられる。自動装置だ。引き金は、高射装置についており、その引き金を引くと、各砲のタマが出る。

この自動装置は、二十五ミリ機銃にもついていた。三連装十二基、三十六梃。射撃装置六基だから、二基ずつのグループをコントロールする。

ご参考までに、高角砲、機銃のもっているタマの数を書いておこう。これは、建造時のデータだが、高角砲一門につき二百六十二発、機銃一梃につき二千七百発。全部で何発くらい積んでいたか、一度に撃ち上げる弾幕とは、何発ぐらいのものか、ちょっと計算されるとわかるだろう。

飛行機と搭乗員

「瑞鶴」は、昭和十六年九月二十五日に完成した。「翔鶴」におくれること一ヵ月半。でき上がると、すぐ「翔鶴」と一緒に第五航空戦隊を編成した。

十六年の九月末といえば、太平洋戦争開戦の日の約二ヵ月前である。

どのくらい、この強大な「瑞鶴」の完成が待たれたか、想像以上であったろう。

開戦の起ち上がりは、真珠湾空襲であった。

「瑞鶴」「翔鶴」合わせて戦闘機三十六機、艦爆五十四機、艦攻五十四機。計百四十四機。

それまでの第一航空艦隊は、第一航空戦隊（これから一航戦と略する。そのほかも、同じ要領で略称する）「赤城」「加賀」。二航戦「蒼龍」「飛龍」。四航戦「龍驤」（小型空母）、計五隻で、常用機合計二百三十一機であった。

北太平洋を押しわたって、ハワイまで直航する場合、なによりも心配なのは、途中の洋上補給である。油を使い切った軍艦は、フィルムの切れたカメラなんてものではない。太平洋のまん中でエンコするのだ。

このためには、脚の長い——つまり、航続力の大きい、波に強い艦でないといけない。「赤城」の航続力は十六ノットで八千二百カイリ、「加賀」十六ノットで一万カイリ、「蒼龍」十八ノットで七千六百八十カイリ、「飛龍」十八ノットで七千六百七十カイリ。小型の「龍驤」は、足手まといになるばかりだから連れていかないこととして、十八ノットで九千七百カイリという最大の航続力を誇る「瑞鶴」「翔鶴」は、たいへんな強味をもつ。

その上に、百四十四機の搭載機である。「龍驤」を捨てた一航艦の搭載機が、二百四。「瑞鶴」「翔鶴」を加えるかどうかは、真珠湾空襲の飛行機が、二百四機のままか、三百四十八機にもなるかの境目だ。

日本の運命をかけた真珠湾空襲に、百四十四機の在否は、決定的だ。あとでこそ、予想外にうまくいった、などというが、決行前は、文字どおり必死だ。いささか、飛躍するが、そういう意味でいえば、「瑞鶴」「翔鶴」の出来上がりが、真珠湾攻撃を決定させた、ともいうことができるであろう。

このようにして「瑞鶴」の真珠湾攻撃参加が決められたが、問題はまだほかにもあった。

飛行機と、搭乗員だ。

一、二航戦は、前々から一航艦で、訓練に訓練を重ねている。いうならば、百戦練磨の士だ。折から、格段に性能のいい零戦が出現した。量産というが、当時の量産は、ケタ違いに少ない。

人もそうだ。真珠湾攻撃のような、離れ業をやってのけるには、よほどの達人を揃えねばならぬが、そのころの海軍航空隊の搭乗員教育は、いわば寺小屋式だ。規模も小さい。教官や教員が、一人について四、五人を教える。皆が皆、達人になるものではないから、大して人数はふえない。もちろん、急場の間には合わない。

そこで、引ッこぬきで五航戦を埋めた。ほかの部隊に予定してある零戦を、強引に五航戦に引っぱる。練度の高い、母艦に乗った経験のある搭乗員は、五航戦へ、五航戦へと転勤していく。ほかの部隊も、戦力を落としたくない。だいぶ頑張ったようだが、真珠湾の一大決戦を成功させるためには、各部隊も涙をのまなければならなかった。

真珠湾に突入す

「瑞鶴」「翔鶴」の参加で、世界最初の機動艦隊ができ上がった。源田実少佐（当時）の着想である。

空母六隻を中心として、二隻ずつに駆逐艦が四隻つく（トンボ吊りと俗称していた）。高速戦艦二隻、防空巡洋艦ともいえる最大航続力、最高速の重巡二隻、それに潜水艦を三隻もつける。

短時間に、最大の打撃力を発揮し、敵に反撃の余裕をあたえない――こういう着想は、当時、世界のどこにもなかった。

どうも、機動部隊というと、アメリカの専売みたいに考えられているようだが、それは誤解だ。

そのころ、こういった着想は、おそらく世界でもされていたと思われるが、攻撃力を集中するとともに、防御力も集中することで、空母の弱さ（飛行機を出してしまうと、防御のテがないこと。飛行甲板が非常に大きく、爆弾が命中しやすい上に、一発いいところに命中すると、穴があいたというだけでも、もう使いものにならなくなる、など）をカバーしようと考えた。

一隻で防空用に割《さ》ける戦闘機（攻撃隊の護衛にも行かねばならぬ）を五機としても、六隻集中すれば三十機になる。対空砲火でも、一隻ならば大したことはないが、六隻集まり、さらに対空火力の強い戦艦や重巡をそばに置くと、すごい弾幕が撃ち上げられる。

ただ、真珠湾で困ったのは、五航戦の訓練不足だった。搭乗員のアタマ数が揃って、やれやれ、と思ったトタン、十月一日からハワイを目標の猛訓練がはじまった。「瑞鶴」の完成は、九月二十五日である。新造艦だから、完成したといっても、まだ仕事の残りがあったりしてゴタゴタしている。発着艦訓練には、それだから「翔鶴」の飛行甲板を借りたりして、強行しなければならなかった。

日米開戦の、ほんとうの火蓋を切ったのは、「瑞鶴」から出た坂本明大尉の率いる九九艦爆隊二十七機だった。ホイラー飛行場に二百五十キロ爆弾を投下した午前三時二十五分（日本時間）が、日本の歴史を決定した一瞬だった。

第二波、「瑞鶴」飛行隊長嶋崎重和少佐の率いる九七艦攻隊二十七機は、ヒッカム飛行場攻撃に突入した。

そんなわけで、訓練不足の五航戦飛行機は、もっぱら飛行場攻撃に回された。むろん、練習不足といっても、戦争末期の訓練不足とは、ワケが違う。末期は、飛行時間そのものが不足していた。五航戦は、空母そのものに慣れていず、編隊で以心伝心とまでは、そのとき、いっていなかった、というだけのことだ。

ハワイ作戦が終わったあと、一航艦は、ラバウル、ポートダーウィン、チラチャップ、セイロンと、いわゆる大東亜共栄圏の外縁を掃除して回った。だが、ツラギ、ガダルカナル方面からのアメリカの反撃路を、早く潰してしまおうと焦っていた南洋部隊が、南方の掃蕩作戦を終わって帰ってきた一航艦から、五航戦を借り出すのに成功した。「瑞鶴」「翔鶴」はこうして、南東方面に出てきた。

この「瑞鶴」「翔鶴」は、昭和十七年五月七、八日、サンゴ海で、米空母二隻とぶつかった。空母二隻、戦艦一隻、軽巡一隻、駆逐艦六隻の米機動部隊が、日本の一航艦を小さくした形で、出現したのだ。

サンゴ海海戦は、空母対空母の、史上最初の戦闘である。戦闘の模様を述べている紙数はないが、両軍の飛行機隊が、両軍のまん中で、知らないうちにスレ違うという珍しい事実が起こったりした。結果、アメリカのレキシントン沈没、ヨークタウン大破、日本では「祥鳳」沈没、「翔鶴」中破。戦術的にいうと互角の戦闘だった。

「翔鶴」は、むろん内地で修理する必要があったが、この戦闘では、搭乗員の死傷が多く、

「瑞鶴」も、内地で搭乗員を補充する必要に迫られ、そうなると内地に帰ったあと、訓練のため、動けなくなった。

五航戦として、ミッドウェー海戦に参加できなかった理由は、こういうところにあった。

幸運の神

ミッドウェーで、一、二航戦が壊滅してから、真珠湾以来のベテランは、五航戦の二隻だけになった。

さすが、日本近代空母のプロトタイプというだけあって、「瑞鶴」「翔鶴」の使いよさは無類だった。舵もよく利くし、動揺も少ない。艦が使いよい、ということには、いろいろ意味があるが、なんにせよ、造船、造機部門で、すべてにバランスがうまくとれていた。

艦が重くて、エンジンを停めてもなかなか停まらないクセ。荒天で艦首を波に突っこむクセ。舵をとると、どちらかへひどく傾くクセ。なくて七クセという人間の場合と同じで、とかく個性的なクセが艦にもあるものだが、「瑞鶴」のクセは、非常に少なかった。

そのほか、「瑞鶴」には、すばらしい個性があった。ウンがいい。最初から、最後までいいのだ。

軍艦の建造には、相当の年月を要する。その間、足場から落ちた。重量物が落下した。そういう偶発事故のため、何人かが死傷する。それが「瑞鶴」の場合、一人もいなかった。

これは、エンギのいい艦だ――。

みんな、そう思ったが、サンゴ海海戦では、「翔鶴」が直撃弾三発をうけて、飛行甲板に大穴をあけられているとき、「瑞鶴」は目の前に垂れてきたスコールの中へ飛びこんで、まんまと雲遁の術に成功した。

つぎは、昭和十七年八月、南太平洋海戦に「翔鶴」とともに加わり、空母ホーネットと駆逐艦一隻を撃沈したが、このとき、味方が沈んだものは一隻もなかった。ただし、「翔鶴」は飛行甲板に爆弾をうけたが、「瑞鶴」はカスリ傷一つ負わなかった。べつに、スコールがあったわけでもなく、「翔鶴」とつい目と鼻の先にいた。ミッドウェー以来、なんとなく、航空母艦にいるとまっ先にやられる、といったノイローゼみたいな気分が、艦内にないわけではなく、「翔鶴」がやられるのを見て、乗員たちも、これに呑まれたようになったことは事実らしいが、懸命の反撃で、この危機さえも乗り越えた。

だが、マリアナ沖海戦では、さすがの幸運児も、直撃弾一発をうけねばならなかった。それにしても、一発だけだ。

昭和十九年六月まで、「瑞鶴」は横須賀、トラック間の軍需品輸送などに従ったが、ほとんど中部太平洋方面に出かけていた。

そして、サイパンに米軍の上陸を見るにいたって、「瑞鶴」は、ふたたび修理成った「翔鶴」とともに、勇躍、征途に就いた。

このときは、三万トン重装甲空母「大鳳」が完成していた。第三艦隊の空母陣には、一航戦に「大鳳」「瑞鶴」「翔鶴」、二航戦に「隼鷹《じゅんよう》」（橿原丸改造）「飛鷹《ひよう》」（出雲丸改造）

「龍鳳《りゅうほう》」（潜水母艦「大鯨《たいげい》」改造）、三航戦に「千歳《ちとせ》」「千代田」（二隻とも水上機母艦改造）「瑞鳳」（給油艦「高崎」改造）の九隻。だが、二、三航戦は、いずれも商船、潜水母艦、水上機母艦などを改造したもので、本来の主力空母は、「大鳳」「瑞鶴」「翔鶴」の三隻だけだ。

このとき日本艦隊は、空母九隻を中核にした七十隻余の大部隊。バランスのとれた艦隊としての、乾坤一擲の突撃であった。

米艦隊は、エセックス級の正規空母七隻、軽空母八隻を中心とした九十三隻。空母において、十五対九の優勢を誇ってはいたが、サイパンに金縛りにされた格好で、また、油断や手違いなどがあって、日本艦隊がどこにいるかわからず、なんとなく冴えないスチームローラーであった。

もし、日米の航空戦力が同等であったら、いや、飛行機と搭乗員の技量だけでいいから、日米同等であったならば、この戦闘は、日本の勝利に終わっていたろう。

だが、日本海軍は、飛行機と技量とが、マッチしていなかった。一航戦には、彗星艦爆、天山艦攻、零戦五二型といった、当時の最優秀な機材が充てられていたのに、技量がこれにともなわず、旧式機でガマンしなければならなかった二航戦の方に、老練なパイロットが多かった。

新しく出来上がった二航戦には、パイロットがいないために、真珠湾当時のように、陸上部隊にいたパイロットの古手をカキ集めた。だからベテランが多く、技量も高かった。そういう優秀な者こそ、一航戦の方にのせ、優秀機を当てがえば、天馬空を征く大作戦ができたはずだが、人事を扱う者と、機材の割り当てを扱う者とが、バラバラであった。

あるいは、新機材だから、正規空母に優先的に配り、追って全部配るつもりだったのが、間に合わないという、貧乏の悲しさと、役人的なアタマのカタさと、両方だったのかもしれない。しかも、作戦は、むずかしかった。プランとしては傑作だったが、やってみると、ウデがこれにともなわない。

最大の好機が、こうして、最悪の結果になった。その上に、攻撃を食って、びっくりした米軍機が、大挙して押し寄せてきた。その前に、不運が、水中から襲った。敵潜の魚雷四本をうけた「翔鶴」が、まず沈没した。「大鳳」が異様な大爆発を起こして、さらに二時間後に沈んだ。

大挙した敵機が、「瑞鶴」には約五十機突入してきた。空戦で四十機以上、対空砲火で七十機あまりを墜としたが、前述のとおり、艦橋の後ろに直撃弾一発、その他、至近弾六発をうけざるを得なかった。

が、この直撃弾は、ミッドウェーの惨禍は惹《ひ》き起こさなかった。戦闘航海支障なし。また、「瑞鶴」は幸運だった。このときの戦死者四十八名。

かくて太平洋に死す

マリアナ沖海戦を終えた「瑞鶴」——真珠湾以来の唯一の生き残り——は、呉に帰り、一ヵ月半にわたって、徹底的な不沈対策をやった。沈まないようにするために、徹底した手段がとられた。

軍艦というものは、戦闘をする艦であると同時に、長期にわたって人がその中で生活し、体力、気力を維持し、戦闘のときに最善を発揮できるものでなければならない。二ヵ月、三ヵ月と艦内生活をつづけるには、それ相当にユトリも必要だし、道具も要る。それを、全部否定してしまった。

戦局の悪化で、戦場は本土に近づいた。もう、長期行動することもない。ユトリもいらない。生活も考えない。内地を出て戦場まで、戦闘が終わるまで、もてばいい。それよりも、艦が沈まぬ工夫が第一だ。燃えぬ工夫が第一だ。

そこで、沈まぬ工夫として、舷窓をツブしてしまう。通路の扉は、便不便は考えず、必要やむを得ぬものだけ残して、あとはツブす。マンホールもツブす。そういう、浸水のとき危ないと思われるところは、全部ツブすなり、セメント詰めにしてしまうなり、防水弁をつけるなりして、一ヵ所の浸水が、ほかのところに漏れ出さないようにした。

一方、燃えやすいものは、全部、はずした。木でつくったものは、全部陸揚げし、兵員室は、食卓兼寝台を一つ残して、あとは陸揚げする。リノリュームは、特別なところだけ残して、全部剥がす。したがって兵員室では、鋼鉄板の上にアンペラのようなものを敷き、車座になって食事をし、その上に毛布をかぶってゴロ寝する。ハンモックも全部陸揚げである。吊床格納所は、セメントを塗って水槽にする（防火用水）。

士官の私室には、ベッドがあるが、これを取りはずして、ケンバスを張って折り畳み式ベッドとする。カーテン類は一切やめる。ペンキは燃えるので、これを剝がして、不燃性のものに換える。

これだけをすると、艦は、ひじょうに燃えにくくなり、また沈みにくくなった。

その上に、「瑞鶴」は、対空砲火を、大いに強化した。前述のとおり、建造当時は、十二・七センチ高角砲十六門、二十五ミリ機銃三十六梃をもっていたものを、マリアナ沖海戦のときには、十二・七センチ高角砲十六門、二十五ミリ機銃を七十梃にふやした。

それをさらに、高角砲はそのままながら、二十五ミリ機銃を九十六梃、十二センチロケット砲百六十八門に増備した。いわば、飛行甲板の両脇に、ハリネズミのように対空砲が据わったわけだ。

これをアメリカと比べてみると、質の差が目についた。たしかに砲火の数では、日本の方が多かった。だが、それは、たんに数を並べただけだった。だから、対空砲火による撃墜率は、アメリカの方が高かった。

アメリカでは、四十ミリ機銃以上の対空砲火は、レーダー射撃だった。その上に、タマを炸裂させる信管が、日本は十年一日のように機銃では着発信管と、高角砲では時計装置による時限信管一点張りだったのを、アメリカでは、目標のそばにいくと自動的に炸裂するVT信管を機銃に使い出した。

これならば、命中しなくとも、目標のそばを通りさえすれば炸裂する。点ではなく、飛行機を包む球体の中に入れればいいから、命中率は飛躍的に増す。

レイテに米軍が上陸してきた昭和十九年十月、飛行機をもたぬオトリ艦隊旗艦として、「瑞鶴」はフィリピン北東洋上に出撃した。

もともとは、オトリなどになるつもりは毛頭なく、ハルゼー艦隊と一戦を交える決意でいたのだが、その前の台湾沖航空戦で、粒々辛苦してつくり上げた搭乗員を供出させられた。そして、ほとんど丸坊主になった上に、レイテ沖海戦では、ハルゼー艦隊を吸い上げて、栗田部隊のレイテ湾突入を援《たす》けねばならぬことになった。

第三艦隊第三航空戦隊は、旗艦「瑞鶴」、「瑞鳳」「千歳」「千代田」の四隻。搭載機計百六機。

相対するハルゼー機動部隊、空母十二隻、護衛空母十八隻。搭載機千二百八十機。

真珠湾を襲い、さらに大東亜共栄圏の外縁を掃蕩し、世界を驚倒させた一航艦唯一の生き残り——幸運につきまとわれたゆえに生き残った「瑞鶴」の感慨は、どうだったろう。

戦場に近づくにつれ、搭載機を空襲に放ったが、着艦できる技量のパイロットが少なかったために、大部分は、そのまま陸上基地に飛び去った。このとき、「瑞鶴」は、何をすればいいだろうか。いわゆるオトリとして、身体を張ってハルゼーを吸い寄せるほかないではないか。

オトリ作戦は成功した。極言すれば、オトリ作戦だけが成功した。ハルゼー部隊は、栗田部隊を締め上げていた手を離し、北に向かって全力疾走、「瑞鶴」たちに襲いかかった。来襲する敵機、約百五十機。

十月二十五日午前八時二十五分。「瑞鶴」発砲。乗員は、夢中で撃った。もう、運不運の問題ではなかった。回避の上手下手、信管の有無など、あげつらう余裕すらなかった。魚雷七本が命中した。二本命中すれば沈むはずの船体に、である。不沈対策も、乗員の超人的努力も、とても支え切れなかった。爆弾が無数に命中した。

小沢治三郎中将の将旗をおろした「瑞鶴」は、ついに沈んだ。奮戦の歴史を、おそらくは瞬間のうちに、走馬燈のように回想しながら。

7　誇りと責任

——航空母艦「飛龍」の出撃

悔いなき働き

「飛龍」は、軍人の義務を、最後まで責任感と誇りをもって果たした。

ミッドウェー海戦で、「赤城」「加賀」「蒼龍」が敵弾をうけ、炎につつまれ、黒煙天に沖し、爆発につぐ爆発で焼けただれているとき、「飛龍」は、力をふりしぼって、敵機動部隊に体当りを加えていた。

一回——、二回——。

「飛龍」が、中型空母であり、艦載機の数が少ないのが、無念だった。

小林大尉の率いる急降下爆撃機十八機、戦闘機六機が飛び立った。

小林隊の戦闘機三機、急降下爆撃機五機が帰ってきた。

残った飛行機が集められた。雷撃機十機と戦闘機六機になった。

友永大尉を指揮官として、十六機が飛び出した。

雷撃機五機、戦闘機三機が帰った。

残った飛行機が集められた。急降下爆撃機五機、雷撃機四機、戦闘機六機が使えることがわかった。

これだけでは、少なすぎる。昼間空襲は、とてもむりだ。山口司令官は、夕方の攻撃を決意した。

だが、まもなく最後の空襲部隊を送り出そうとする「飛龍」の上空に、突然、米急降下爆撃機十三機が現われた。

「敵降爆編隊、直上、急降下っ」

と絶叫した声を境に、ただ一隻で獅子奮迅の働きをしていた「飛龍」は、「赤城」「加賀」「蒼龍」のあとを追い、その生涯を閉じねばならなくなった。

建艦うらばなし

昭和十一年七月八日、のちに空母「瑞鳳」に改装された給油艦「高崎」が、横須賀海軍工廠の第一船台で進水したあと、「飛龍」の龍骨が据えられた。

「飛龍」は、蒼龍型空母の二番艦として、ロンドン条約のワク内で計画された。そのころ、アメリカで航空巡洋艦を造ろうとしている、という報道があったので、日本でも、前々から研究中であった航空巡洋艦を、ここでつくることとした。太平洋戦争後半にあらわれた航空戦艦とはちがい、十五・五センチ砲五門を余分に持った航空母艦だ。

だが、この計画は、資材準備のところで、中止された。翌昭和九年に、「友鶴」の転覆事件が起こり、ただでさえ乾舷の高い空母に、重い大砲を五門もつけるのは、危険だというので、計画の根本的なやり直しをし、航空母艦オンリーの任務に就《つ》くようにされた。

これは、一番艦「蒼龍」のときに起こった問題だった。

折から、「加賀」の大改装が行なわれていて、艦首から艦尾まで伸びた一枚甲板を飛行甲板とし、艦橋を島型構造物として、飛行甲板ほぼ中央に、片舷に寄せてつくる形となった。そこで、蒼龍型も、そのようにすることにしたところ、飛行甲板の幅はどうしても二十七メートルないと困ることがわかった。

予定から一メートル伸ばすわけだが、その間にまた、第四艦隊事件が起こり、船体の強度を再検討する必要に迫られたりして、けっきょく、「飛龍」は「蒼龍」の生き写しでなく、あたらしく設計しなおすことになった。

つまり、「飛龍」は、はじめから船体を強くし、飛行甲板を大きく造られたものである。ところが、そうなると、排水量は自然に増し、喫水が深くなり、したがって、波に弱くなる。だから「飛龍」は、艦の幅が「蒼龍」よりすこし広くとってある。

「飛龍」の排水量は、それによって、「蒼龍」より千トン増となり、つまり一万九千トンで押さえられた。

細かいところは、そのくらいにして、「飛龍」と「蒼龍」が、外から見て一番違うのは、艦橋の位置だ。

「飛龍」は左舷で、「蒼龍」の艦橋は、右舷で、前から全長の約三分の一のところにある。約半分のところである。

艦橋を後ろに下げた理由は、艦載機の性能が向上し、大型高速化するので、滑走距離が長くなる。滑走路に大きな図体の艦橋があると、邪魔なのだ。またスタートラインから、あまりはずれると、指揮がしにくい。

その上、煙突が下向きになって右舷側に出るから、つくる方の立場からいうと、バランスの関係で、艦橋は右舷においた方が都合がいい。「蒼龍」「加賀」のときまでは、煙突も艦橋も右舷だったが、「飛龍」のとき、航空本部から、左で差し支えないといってきた。そこで、「蒼龍」よりも一段高い艦橋を、左舷ほぼ中央においた。

ついでながら、艦橋の話を、もう少し補足する。「飛龍」と同じころに大改装をしていた「赤城」の艦橋も左舷にしたところ、実際に「赤城」で飛行機を飛ばせてみると、いかにも飛行甲板上の気流が悪い。航空本部から、やはり右にしてくれ、といってくる。が、そのときは、「赤城」と「飛龍」の艦橋工事は左舷側に固定したあとだったので、やむを得ずそのままとなり、その後の空母は全部艦橋を右舷に置くことになった。

また艦橋の位置も、その後の飛行機の進歩がいちじるしく、着甲板が足りなくなった。そこでけっきょく、もとの「加賀」「蒼龍」式に一定されることになったので、日本海軍の空母で、艦橋が左舷ほぼ中央にあるのは、「飛龍」と「赤城」だけ、というわけだ。

未曾有の傑作

昭和十四年七月五日、「飛龍」は、全海軍の希望をになって、完成した。

「飛龍」は、「龍驤」につづく、本来の空母だが、「龍驤」どころでなく、理想的な中型空母となって誕生した。

基準排水量一万七千三百英トン、速力三十四・三ノット、飛行機常用五十七機、補用十六機、計七十三機を搭載できる。格納庫は二段。上段は飛行甲板のすぐ下にあり、前部の錨甲板の後ろから、後部は短艇甲板の前までブチ抜いていて、下段はその一つ下だが、前の方が士官の居住区なので、その分だけ縮まっていた。それと、飛行甲板とをつなぐリフトは、三基。前部と中部と後部にあった。前部のが一番大きく、中部、後部の順に小さくなった。

飛行機が七十三機も積めて、わずか一万七千トンそこそこで、しかも三十四ノット以上で突進できる航空母艦などは、どこにもなかった。すばらしい、日本技術陣の傑作だった。

が、欠点がないわけではない。「赤城」「加賀」が、三万トンに近いのに、ほぼ同数の飛行機しか積めぬ理由は、改造空母だったからでもあるが、防御が、もともと、それぞれ巡洋戦艦、戦艦として造られたものだけに、ガッチリしていた。「飛龍」は、それが薄かった。いうならば、日本海軍の白眉であった零戦が、防御がきわめて薄く、いずれかというとハダカで抜き身をかざした闘士であったにも似て、攻撃一点張り、といってもいい軽装の空母だった。

したがって、このあとにできた「翔鶴」「瑞鶴」は、艦としては「飛龍」を拡大したにすぎなかったが、排水量は約一万トン増えている。一番大きな差は、防御力の強さである。だが、これもまだ、飛行甲板そのものの防御は、別に考えられていなかったのだ。それと、燃料タンクだ。ギリギリの大きさに制限されると、どうしても航続距離がギセイになるのだ。

軍艦の運命を考える場合、その艦の持っている本来の長所と短所を、十分に心に入れておく必要がある。これは、人の場合と同じである。でないと、その艦の活躍や、苦闘やの本質を、知ることができない。本質を知らずして、その艦の生涯を理解することはむずかしいからだ。

「飛龍」は、完成すると、すぐ乗員をのせて訓練に入った。

昭和十五年の艦隊編制で、「飛龍」は「蒼龍」と組んで、第二航空戦隊をつくった。司令官は、山本元帥の後継者と目された、稀代の逸材、山口多聞少将であった。

「赤城」「加賀」で編成した第一航空戦隊とともに第一航空艦隊をつくる。

猛訓練につぐ猛訓練で、搭乗員の技量はぐんぐんのびた。

これに、開戦直前、五航戦を新たに編成した「翔鶴」「瑞鶴」が参加し、一航艦は、第一線の近代主力空母六隻、搭載常用機三百七十八機、補用機五十六機。「龍驤」、春日丸で編成する四航戦を加えると常用機四百十三機、補用機六十機の一大勢力となった。

ハワイ攻撃

「飛龍」「蒼龍」が、ハワイ攻撃部隊に加わるについては、一悶着《もんちゃく》が起こった。

すでに述べたように、この両艦は、航続力が短い。ハワイ攻撃に一番心配したのは、途中の洋上給油が果たしてできるかどうかの問題だった。

そうなると、必然的に脚の短い「飛龍」「蒼龍」は、遠征部隊からのぞかれる。

山口多聞少将は、憤然として軍令部と連合艦隊司令部に乗り込んだ。

「もっとも練達している二航戦を除くという法が、どこにあろう。洋上給油ができないためというならば、二航戦は、ハワイを空襲したあと、単独でマーシャル群島に帰る。乾坤一擲の作戦に、二航戦百二十機を加えるかどうかは、それだけの敵を一挙に掃滅しうるかいなかに連なる」と。

もちろん、二航戦は加わった。幸い、洋上給油もとどこおりなく終わり、十二月八日の未明、「飛龍」は勇躍、飛行機隊をハワイの空に放ったのである。

第一波には、楠美少佐の率いる九七式艦攻十機（八百キロ徹甲爆弾各一発搭載）、松林大尉の艦攻八機（八百キロ飛行機魚雷一）、岡島大尉の率いる零戦六機。第二波には小林大尉の九九式艦爆（急降下爆撃機）十八機（二百五十キロ通常爆弾各一発）、能野大尉の零戦九機。

「赤城」「加賀」「飛龍」「蒼龍」の、いわゆる「三年生」搭乗員は、もっぱら米戦艦、空母をねらい、いわゆる「一年生」の「翔鶴」「瑞鶴」隊は、航空基地を襲うことにされていた。そして、第一次の岡島零戦隊は、ホイラー、バーバース・ポイント飛行場の地上機を銃撃し、第二次の能野隊はホイラー、カネオへ飛行場の銃撃を行なった。

真珠湾攻撃の成果は、すでにいろいろ述べられているとおりである。

この空襲での被害。「飛龍」零戦二機、艦爆四機。搭乗員は落下傘を持たず、いわば生還を予期せぬ覚悟で出た。被害機は対空砲弾による直撃もあったろうが、タンク被弾で、ガソリンが漏れ、燃料不足となって海中に突っこんだものが多かった。

南雲部隊は、身をひるがえして戦場を避退した。途中、ミッドウェーを空襲し、これを徹底的に破壊せよと、連合艦隊命令が出ていたが、折からの台風でとりやめた。もし、このとき、ミッドウェーを空襲していたら、どんな結果になっていたか。あと、南雲部隊の生命とりになったミッドウェー海戦のツマズキが、まずミッドウェー基地攻撃の成果不充分という電報にあったことを思うと、研究問題として、考えてみる価値がある。

ブルドーザー作戦

当時の南雲部隊は、まったく、ブルドーザー的であった。木の根も、土の山もその前に立っては、ひとたまりもなく押し潰された。この巨大な力は、どう使うべきであったろう。真珠湾の戦果のなかに、米空母が一隻も入っていない。これにまず注目しなければならなかった。

だが、南雲部隊は、そういうふうには使われなかった。

真珠湾の帰途、「飛龍」「蒼龍」は、そのころ、苦戦中であったウェーキ攻略に派遣された。ウェーキのサンゴ礁の上で頑張る米兵たちも、当然、獅子の一撃の前にはひとたまりもなかった。

獅子は、広島湾の休息地に帰る前に、すでに南方へ打って出るよう決められていた。米空母との対決は、なんとなく延ばされた。こうして、延ばされた対決がどんな重大な結果を招いたかは、いまさらいうまでもないであろう。

実際の獅子の任務は、まずラバウルへの上陸作戦を支援することとされた。ラバウルやニューギニアの攻撃は、一撃にも値《あたい》しなかった。

そうしているうちに、二月一日、マーシャルに米機動部隊が来襲した。南雲部隊は、何かもほうり出して、米空母を追った。両者の距離が開きすぎていたので、追いつけるとは思えなかった。が、真珠湾で討ちもらした米空母との決戦が、日本とアメリカの雌雄を決する対戦になることを知っていた南雲部隊には、新しい時代の、厳しい風が吹いていた。連合艦隊や大本営は、春日遅々。占領地域の本命である蘭印の地固めに、余念がなかった。

獅子は、この地固め作業の、外回り役に使われたのだ。豪州のポートダーウィンを破壊して、北西へ、蘭印に向かって突き上げてくる拠点をつぶす。そのころ、五航戦「瑞鶴」「翔鶴」は、東太平洋に分派されて、米機動部隊の来襲に備えていたので、南雲部隊は、「三年生」の空母四隻だけだった。その「蒼龍」「飛龍」も、セレベスに下りてきて、ボルネオの油田攻略を手伝っていたところだった。

ポートダーウィン空襲には、したがって、この四隻の精鋭が当った。この空襲は、あとあとまで語り草になるほど、徹底的だった。

その次は、セイロン空襲だ。このときは、五航戦も復帰して、空母六隻。真珠湾と同じ鉄の陣容であった。当時、インド洋方面には、イギリスの空母二、戦艦二、重巡三、軽巡四〜七などがいるものと考えられていた。陸軍のビルマ進出にともない、この英艦隊を一掃する必要があった。

果たして、英重巡二、空母一が出現した。このときの攻撃は、歴史的なものだ。第一日の重巡二隻は、二十分で全滅した。爆弾の命中率九十パーセント。二日目の空母ハーミス撃沈は十五分。

南雲部隊として、油ののり切った時期、といっていいだろう。

東宝超々大作「太平洋の嵐」の一場面で、「飛龍」乗り組みの北見、松浦中尉が、こんなセリフをいうところがある。

松浦「聞けっ。開戦以来五ヵ月。わが機動部隊の征くところ、東はハワイ、西はセイロン、寒風吹き荒ぶ北海から、無風灼熱の南の果て。航程じつに五万カイリ。地球を二周と三分の一。挙げた戦果は数限りない！……技は熟して神に近く、見敵必殺の覇気《はき》に満つ」

北見「いまや日本艦隊の主力は、瀬戸内海柱島にノウノウと時を空費する戦艦群にあらず。空母を主体とするわが空母機動部隊である！　われらの向かうところ敵はなく、戦えばかならず勝つ！　宿敵米英の死命を制するは、もはや時間の問題である。不肖北見中尉、その栄光の日のために五尺の体を祖国に捧ぐ。貴様たちはどうだ！」

一同「ウォーッ！」

宿敵米英の死命を制する云々には、読者諸兄も多少の引っかかりを感じられるだろうが、そのほかの言葉、言葉の裏の気魄《きはく》は、おそらくそうであったろうと感じられるだろう。そしてまた、その中から、ある何か危ういもの、をも見出されるだろう。——そこなのである。そこをスパッとやられたのである。

「飛龍」の弱点

真珠湾で一敗地にまみれた米海軍は、日本海軍の暴れ回った、ものすごい嵐の力に、目を見張った。

これはどういうことなのだ。

短い混乱から立ちなおり、静かな海陸に残された無惨な艦や飛行機などの骸《むくろ》を見て、かれらは、日本が押し開いた近代戦の様相を、強烈に心に灼きつけた。

——戦艦が去り、空母が登場した。

飛行機多数の集中使用で、海軍のもつ破壊力は飛躍的に大きくなり、破壊圏は懸絶して拡大し、効果をあげるための所要時間が、比較にならぬほど短縮された。スピードとマスとパワーが、バネがはずれたように躍り上がったのだ。

当時、米海軍が太平洋にもっていた空母は、レキシントン、エンタプライズ、ヨークタウン、ホーネットの四隻だった。この四隻が、フルに動いて、神出鬼没しはじめた。

そして、四月十八日の帝都空襲である。

むろん、こればかりが原因ではない。しかし、山本連合艦隊長官の頭の中に、防衛第一線を東に進め、ミッドウェーとアリューシャンとの間に飛行偵察の網を張り、一隻の艦もこの間を通すまいとする着想が動いたことは、たしかであろう。

　もう一度、ここで、「飛龍」の弱点を振り返っておこう。

　かれは、防御が薄かった。飛行甲板の防御は、「赤城」「加賀」「蒼龍」とともに、考えられていなかった。開戦以来、いままでに、空母そのものにはカスリ傷一つうけていなかったのが、むしろ不思議であった。

　その危険がなかったわけではない。インド洋作戦のとき、セイロン沖で、ヒヤッとしたことが二度ばかりあった。

　第一次攻撃隊が基地攻撃に出たあと、第二次攻撃隊が出る前に、敵艦が出たことを偵察機から知らせてきたのだ。第一日目、コロンボを空襲したときは、「第二次攻撃の要なし」と空襲指揮官から報告してあったし、時間の余裕もあったから、なんの危な気もなく敵艦攻撃に転じられた。

　第二日、トリンコマリのときは、在泊艦船にたいし、「第二次攻撃の要あり」といってきたので、第二波が艦船攻撃準備をして飛び出そうとするすぐ前、偵察機が敵空母発見を報じた。そこで、危うく間に合ったが、もしこれが、「陸上基地にたいし第二波攻撃の要あり」といってくれれば、魚雷を陸用爆弾に積み替える作業が必要になる。また、もし第二波が発進したあとだったら、完全に虚をつかれる。

　読者もすでに気づかれたように、ミッドウェーの失敗は、その、第一の「もし」が、事実となったから起こった。そして、これに止めを制したのが、サンゴ海海戦で「翔鶴」がうけたのと同じ、急降下爆撃機による三発の二百五十キロ爆弾であった。サンゴ海の「翔鶴」が空襲をうけたのは、搭載機を発進させたあとだった。だから、大穴こそ開いたが、誘爆は起こらなかった。

ミッドウェーでは、第二次攻撃隊が発艦する直前であり、艦船用兵器、つまり魚雷と徹甲弾を搭載し、陸用爆弾は急いだために、弾庫におさめるヒマなく転がしてあり、さらにもう一つ、第一次攻撃隊が帰艦して、それが格納庫いっぱいにいて、艦船用兵器を積んだり、ガソリンを補給したりしていた。

私が、いまさらのように、こんなことをいうのは、ミッドウェーの失敗は、なんの前ぶれもなく、突然変異的に起こったものではない。ちゃんと気をつけていさえすれば、もしこういう条件が揃うと大失敗になるぞ、という警告がかけられていた。事実をもって、示されていたのだ。

が、どんなに事実がそこにあろうとも、心そこにあらざれば見るとも見えずで、その警告は見過ごされていた。問題は、そういう「心」だ。すでに述べた、北見中尉と松浦中尉がいう映画の中のセリフから、こういった「心」がなんであったか、見抜けないだろうか。そして、そのようななんとなく驕り高ぶった「心」に、われわれ日本人は、なりやすいのではないだろうか。

ミッドウェーでは「悲運」とか、「運命の五分間」とかいって、あの敗北を感傷化する扱いがされている。だが、それは間違っている。

戦争は、けっして感傷ではない。現実だ。フワッとしたものではなく、ドキドキする刃さきなのだ。血が流れ、戦友が吹きとばされ、艦に大穴がえぐりぬかれる。火と煙と血と汗。爆発。

それを貫いて、戦いうるものは人間の意志だ。理想だ。責任感であり、崩折れない民族の誇りなのだ。

友永機の出撃

「赤城」「加賀」「蒼龍」はすでに戦闘力を失って、硝煙と自失の間に残ったのは、「飛龍」ただ一隻であった。

山口司令官は、間髪をいれず、行動を起こした。

まず、第二次攻撃隊として「飛龍」に待機していた、小林大尉を指揮官とする艦爆十八機に、戦闘機六機をつけて、敵空母に向かわせた。「赤城」に敵急降下爆撃機の第一弾が命中してから、十六分後であった。

十六分後になった理由は、「飛龍」の大回避運動だ。一弾、二弾と身をかわす。艦首は右に左に振り回される。飛行機を出すには、風に立って、直進しなければならない。回避中、直進でもしようものなら、たちまち敵弾命中である。

十六分という必要最小限度の回避を果たして、「飛龍」機は、つぎつぎに舞い上がった。

ちょうど、襲撃に来た敵艦載機が、三々五々、かれらのネグラに向かって帰投中だった。

「おい、あれを尾《つ》けろ。敵機動部隊の上空までついていってやる」

敵空母にあと少し、というところで、戦闘機群の猛烈な反撃をうけた。が、温厚な小林大尉は、戦争のなんであるかを知っていた。ギセイにかまわず、突進した。肉迫攻撃だ。

空母は、ヨークタウンだった。このヨークタウンは、真珠湾空襲でタッチしなかった海軍工廠で、急速修理を終えて出てきた、サンゴ海海戦の討ち漏らしだった。「翔鶴」「瑞鶴」が損傷させせながら、撃沈にいたらなかった空母である。

小林隊は、三発の命中弾と、二発の至近弾を得た。ヨークタウンは動けなくなり、火炎につつまれた。が、応急修理が三十分間で果たされ、また動き出した。

山口少将は、第二回目の攻撃隊を出した。指揮官「飛龍」飛行隊長友永丈市大尉。兵力、雷撃機十機、戦闘機六機。「赤城」の雷撃機一機、「加賀」の戦闘機二機も一緒だった。

友永大尉機は、ミッドウェー攻撃のとき、片翼の燃料タンクを撃ち抜かれ、修理が間に合わなかった。だが、かれは、ふだんのような表情で、「いいよ、いいよ」と手を振りながら出ていった。

戦闘力をもっているのが「飛龍」だけだとなれば、一機でも多く敵空母に向け、これを撃滅しなければならない。

これは敵を討って国を安泰にしようとする軍人の、当然の任務であり、責任である。山口司令官に、頼まれたから行くのではない。国民の軍人にたいする倚託である。このきびしさは、山口司令官も、友永大尉も、部下たちも、みな心に銘じている。

「それで敵に届かないのじゃない。届くからには、行くのが当り前じゃないか」

ハワイのときですら、だれも落下傘をもっていかなかった。生還は、はじめから期していない。

「大丈夫。行けるよ」

かれは、還るなどとは、はじめから思っていない。ペアもそうだ。

「さァ、いっちょ、やるか」

かれらは、ものすごい防御砲火をかいくぐって突撃した。かれらの前に現われた空母は、奇《く》しくも、応急修理が終わって間もないヨークタウンだった。十六機のうち約半数が撃ち落とされた。魚雷発射に成功したもの、五機。うち二機の魚雷は回避されたが、三機は成功した。命中三本。宿敵ヨークタウンは、ここに沈んだ。

「飛龍」の乗員は、朝から飲まず食わずだった。戦の合間を見て、烹炊員心づくしのボタ餅が配られた。それから三十分、まさに次の攻撃に移ろうとする直前、十三機の米急降下爆撃機がとびこんできた。三発目までは回避した。が、あとからあとからと来る敵機に、二万トン近い船体の運動力ではついていけなかった。

直撃弾四発。

防御が薄い「飛龍」には、致命的だった。

「飛龍」は、ふたたび起たなかった。

8　連戦健闘
——重巡洋艦「妙高」の出陣

なつかしき回想

私が、「妙高」の高角砲分隊長で、東シナ海の封鎖に従っていたのは、昭和十四年のことだった。

十二・七センチ高角砲が八門あり、二連装の砲塔が、煙突付近の両舷に二基ずつあった。一万トン重巡の高雄クラスにくらべると、ずっと細くて、スマートな艦橋構造物だ。そのまん中あたり、すこし後寄りにある高角砲射撃指揮所に、私は立った。目の下に、ちょうど三階から見おろした歩道の店先のようなかたちで、二つの砲塔の砲尾が見え、すばしこく活躍する砲員たちの姿が見える。きびしく空の一角を指した砲口が、南海の陽に光って、いかにも頼もしかった。

いい艦だった。速くて、たくましくて、すばらしかった。ただし、高角砲のタマは、あたらなかった。分隊員である下士官や兵たちがマズいのではない。タマは、少しのよどみもなく出た。その弾着を、高めとか、下げとかいって、指導する私が下手だったからだ。

飛行機の曳く吹き流しにアテるのだが、その上に炸裂したり、下に炸裂したり。よォし、こんどこそ吹き流しをブチ切ってやるぞ、と思ったときは、タマがなかった。予定弾数を、撃ち終わったのだ。

教練射撃の成績は、分隊員の進級や上級学校の入学を左右する。私は、困り切って、なんといってかれらに詫びたものかと、頭をかかえた。

「分隊長。残念でした。あと一弾あれば、標的を撃ち抜いていました」

指揮所の、進級前の下士官が、慰め顔に、力んでくれた。

これはいけない。

あわてて、私は階段を駆けおり、砲台にとびこんだ。

「すまなかった。みんなはよくやったんだが」というと、こんど砲術学校の試験を受けようとしている三等下士官が、ニコッとした。

「分隊長。ご心配いりません。こんどやります」

そのときの私の気持を、ご想像ねがいたい。私は、かれらのために、全力をあげた。進級前の下士官は、無事進級した。砲術学校希望の下士官も、無事入校した。そして、「妙高」の高角砲分隊は、ますます士気があがり、ますますうまくなった。ひとつもウマくならない私だけは別であったが。

「妙高」は、そんな艦だった。

輝かしい誕生

大正十年秋、ワシントンで、日英米仏伊の五大海軍国が、海軍の軍縮について条約を結んだ。最大の目的は、そのころの主力艦であった戦艦と航空母艦の保有量を、日本が米英に勝てぬように制限し、一隻のトン数と、主砲の大きさに上限をつけることにあったが、巡洋艦も重要な補助艦だから、というので、トン数は一万トン、主砲は八インチ（二十センチ）以上の大きさのものは造ってはならぬ、と協定した。

「妙高」は、この条約巡洋艦の、第一艦だった。大正十三年十月、横須賀海軍工廠で起工された。呉、三菱長崎、神戸川崎で、同型艦の、「那智」「羽黒」「足柄」が、それぞれ前後して龍骨（キール）を据えた。

計画の主任は、有名な平賀譲博士。世界をあっといわせた、前作の古鷹クラスが条約前の艦で、七千百トン、二十センチ砲六門をもつ傑作であったが、やはり小さくまとめるには、それだけの無理がかかる。

たとえば、軍艦というものは、自分のもっている主砲砲弾を撃ち込まれたとき、これに耐えられるだけの防御力をもっているはずだが、古鷹クラスは、画期的な船体の構造を採用して、いちおう強い防御はしてあるけれども、その原則どおりまでには、できていなかった、というようなものである。

そんな弱点は、もちろん、「妙高」では、カバーされた。ある量の兵器を、できるだけ小さな艦に載せた「古鷹」と違って、一万トンという大きさの艦を、できるだけ完全に、できるだけ強力に造ったわけだ。各国とも、同じような狙いで、ほとんど同時にスタートして造ったから、はからずも、各国造船技術者の、かけ値なしのコンクールみたいになった。

公試状態の排水量一万二千三百七十四トン。三十五・五ノット。十三万馬力。二十センチ砲十門が五つの砲塔に収められ、十二センチ高角砲六門、六十一センチ三連装魚雷発射管四基が艦内に据えられ、カタパルト一基を持ち、水上偵察機二機を積んだ。

同時期にでき上がった各国の一万トン重巡とくらべると、イギリス、フランス、イタリアよりも主砲が二門多く、アメリカのものとは同数であったが、速力で、「妙高」は、断然他を押さえていた。三十五・五ノットといえば、一分間に千メートル以上を飛ばす。

一万トンの巨大な重巡が、そんな猛スピードで疾走する光景は、胸に血が躍るすばらしさだった。力の権化——正義の力の権化、と思われた。

私は、「妙高」の姿が、好きだった。簡素で、しかも美しい。高雄型も、同じころの一万トンだが、こちらの方は、華麗といえた。「妙高」の同型艦である「足柄」がイギリスにいったとき、世界の眼が、この力の権化に集まった。

艦首が、高くもち上がり、後にいくにつれ、坂になってくびれたところに、他の国の軍艦にない、背負い式の砲塔が、山型に三つかたまっている。艦橋が、屹立している。二本の大煙突が、おそろしく後に傾斜し、同じように傾斜した後マストが、飛行機用のデリックを添えて、根本の方がグッと太く見える。カタパルトが一つ。砲塔が二つ。そのあたりから甲板が削られて、軍艦旗の立つ艦尾まで、そいだように落ちている。

「波型の甲板をしている」

「どう猛な、狼みたいな艦だ」

「いまにも跳びかかってきそうだ」

ポーツマス軍港は、「足柄」の噂でもち切りだった。

「足柄」の乗員が、あとで私にいった。

「あたりまえさ。軍艦は戦うもんじゃないか。海上ホテルたァ、違うんだ」

なるほど、イギリスの重巡は、きれいに並んだ背の高い三本煙突と、これもひどく背の高い、一直線の上甲板線が特徴的だった。その上、塗色が銀鼠で、じつにきれいだ。軍艦——という感じがしないくらい。

アメリカも、負けずに、きれいだった。灰白色で、水線が黒。駆逐艦を大きくしたような形で、これは戦う気だな、と思わせたが、それでも「足柄」にくらべると、まだ、身なりばかりを気にしているように感じられた。

むろん、軍艦は、戦うものである。機能が大切である。美しくある必要はない。が、おもしろいもので、機能一点張りでもそれが徹底すれば、いうにいわれぬ調和の美、とでもいうべきものが、にじみ出てくる。「妙高」の姿が美しい、といったのも、こういう意味の美しさなのだ。

だから、逆にいうと、美しくないものは、どこかに欠陥があることになる。

たとえば、水雷艇の「友鶴」だ。改造前のものは頭デッカチで、重たそうな感じだった。転覆事件のあと、大改造をしたが、出来上がったのを見ると、こんどは、あまりにも索漠としてきた。むずかしいものである。

「妙高」の泣きどころ

昭和四年七月末に完成した「妙高」は、同型艦の「那智」（いちばん最初に完成した）、「羽黒」をあわせ、その後一ヵ月して出来上がった「足柄」とそろって、第五戦隊を編成した。すでに述べたように、英米に伍して、少しもヒケをとらないばかりか、すごい威力をもつ優秀艦ぞろいだった。

私たちは、そのころ、まだ海軍兵学校生徒だったが、江田島の古鷹山の上から、呉軍港に停泊する五戦隊を遠く眺め、一日も早くアレに乗ってみたいと、それぱかり念じたものだ。「見るからに」という言葉があるが、速そうだ、とか、強そうだ、とか、知っているだけの讃辞を並べて、その下にくっつけ、深呼吸をなんべんもくり返した。

が、それから三年目には、高雄クラスが、つぎつぎに完成した。さらに、スーパー高雄クラスである「最上」「三隈」「鈴谷」「熊野」が、進水した。この間にさきほど、ちょっと触れた「友鶴」転覆事件が突発（昭和九年三月）し、軽快艦艇の復原力の問題が、急にやかましくなった。

その翌年（十年九月）、四艦隊特型駆逐艦の首なし事件が起こった。台風に突っこんで、千七百トンの特型駆逐艦二隻の艦首部が、風浪のために、もぎとられてしまったのだ。復原力と船体の強度が、あわただしく再検討され、怪しいものは、片っぱしからドックにつながれ、大工事にとりかかった。

その上に、技術や兵器の進歩が、いちじるしかった。この時期は、日本海軍が米海軍に負けまいと、必死になって軍艦を造ったのだが、それだからこそ、さきほどの最上クラスと「妙高」とには、威力の差ができてしまった。

また、もう一つ、「妙高」で問題があった。魚雷兵装についてである。妙高クラスの設計者だった平賀博士は、重巡には、魚雷などいらぬ、発射管は、積む必要なし、と主張した。平賀博士の言葉には、千鈞の重味があった。なんとかして、魚雷を積ませようとした艦政本部の魚雷担当部も、不承不承、後退しなければならなかった。

この平賀博士の主張は、その後になって、アメリカで実現した。アメリカの重巡は、魚雷を一本も積まなくなった。イギリスも、そうだった。もっとも、イギリスの方は、少しばかりは積んでいたが。

折も折、平賀博士は、大正十二年からイギリスをはじめ、外国視察に出た。その留守に、シメた、とばかり、魚雷担当者が、造船担当部を口説き落とし、発射管を積むことにしてしまった。しかも、中甲板――つまり、上甲板の一つ下の甲板にである。

視察から帰国した平賀博士は、はじめてこれを知り、先見えのせぬ人たちの仕業を嘆いたが、コトは終わったあとだった。もし、あのとき、魚雷を撤廃することができていたら、その点でも、日本が世界の先鞭をつけたことになるはずであった。

この妙高クラスの魚雷は、そのほかにも厄介な問題を惹《ひ》き起こした。もし、敵弾がとんできて、魚雷が爆発するようなことが起こったとしたら、中甲板の、密閉した部屋の中のことだから、弾火薬庫の爆発にちかい大損害を、艦にあたえる。

「戦う艦だ、なんていっていながら、敵弾が命中することを勘定に入れないで、どうするんだ。危なくて、うっかり上甲板も通れやせん」

最後のセリフは、笑い話だろうが、はじめの言葉は、ホンモノだ。なんとか、早くしなければいけない。早く、上甲板にあげなければいかん、と考えている矢先、さきほどの兵器の進歩、技術の発達、転覆事件、首なし事件、が重なってきた。

日付は、ハッキリしないが、妙高クラスは、昭和九年末ころから、第一次改装に入った。

第一次改装

第一次改装の要点は、まず、発射管を上甲板にあげることだった。そのほか、水上偵察機が進歩したため、カタパルトや、デリックなども替えねばならず、これにともなって、対空射撃力もふやさねばならなかった。

はじめに、魚雷発射管だ。

そんなに危ない発射管なら、なぜ最初から上甲板に置かなかったかという疑問が出よう。これには、理由があった。魚雷そのものの強度、である。

魚雷を射つときは、たいていの場合、艦はほとんど全速力(三十五ノット)で走っている。一秒に、十七メートル、ふっとぶのだ。つまり魚雷は、水に落ちた瞬間、それだけの力で、横ざまにガッとねじられる。これで、魚雷が弱いとポキンと折れる。高いところから落とすと、落ちるときのショックが、これに合成される。頭部は、上へハネ上げる力と、横にヒネる力とを受ける。それまでの魚雷は、このすごい力に、耐えられなかった。それは、ボディーだけの問題でなく、複雑微妙なメカニズムについても、同じだった。

ところが、妙高クラスができた後、この問題が解決した。高雄クラスは、ぜんぶ上甲板に置いている。「妙高」から「高雄」までの、約三年の間の進歩であった。妙高クラスの発射管は、魚雷の強度が増加したおかげで、中甲板から上甲板に引き上げられることになった。陽の目を見たわけだ。しかも、高雄型より一歩進んで、発射管を真横に旋回すると、炸薬の充満した魚雷の頭部が、スッポリと舷側から外に、海の上に乗り出す。たとえタマがあたっても、舷外で爆発するなら、艦自体には影響がない。少なくとも、被害を最小限度にとどめられる。

細かいことをいうと、第一次改装では、発射管全部を上げたのでなく、その半分だけにとどまった。なぜだか、よくはわからないが、時間と経費の問題であったろう。

私が「妙高」に乗ったのは、この第一次改装を終わり、第二次改装に移る直前だった。いったい、なぜ、魚雷の半分を上甲板に出し、半分を中甲板にしまっておくのだろう、と疑ったものだった。

この発射管室というのが、妙だった。艦の全幅にわたり、煙突と四番砲塔との間に、広大な部屋（発射管室）があった。いちおう、その雨天体操場みたいな広っぱには、前後に扉があって、締めるようになっていたが、当然の話だが、発射管を九十度振り向けて、魚雷を発射できるようにするため、横に長い長方形の、大きな窓が舷側にあいていた。

そこから、シケると、どんどん海水が打ちこんでくる。中は、波打ち際のようになる。あるとき、発射管の手入れをしていた兵が、外から打ちこんできた波で、危うく舷外に持っていかれそうになった。発射管室の部屋の中にいるから、波にさらわれる心配はない、と思ったら大間違いなのである。

もう一つ、工合がわるいのは、広大なこの雨天体操場には、邪魔物がいっぱいあったことだ。もともと、こんな部屋がなかったところを部屋にしたので、たとえば通風筒、カタパルトの支基、高角砲の支基、後マストのアシなどが、わがもの顔に通せんぼをしていた。そこに机と腰掛けを置き、分隊員を集めて話をしているときでも、そんな邪魔物のカゲにかくれて、兵同士でコソコソいたずらをする者が出る仕末。

天井には、一回魚雷を射ったあと、すぐ次の魚雷を塡《こ》めるため、ホイストと、そのホイストを動かすレールが、縦横についていた。どうにも落ち着けない。私など、あるとき、あわてて発射管室を駆けぬけようとして、このホイストにしたたか頭をぶつけた。しばらくは脳ミソが全部、後頭部に寄ってしまったようで、ボヤッと毎日を過ごしたほどだ。

この改装で、魚雷は、例の九三魚雷（酸素魚雷）になった。九三魚雷というのは、ものすごく大きい。いつも見なれている高角砲のタマからすれば、化けもののように思われた。

「こんなヤツを食らったら、おしまいだナ」

と、私はそこを通るたびに、いつもそう思った。酸素魚雷だから、航跡は薄いし、発見しにくい。距離も、二万メートルは、平気だ。そして、五百キロの炸薬を、横っ腹にぶつけてくるから、たまらない。終戦後、英米の魚雷専門家が飛んできて、

「ワンダフル」を連発するのは当然としても、

「われわれより十年は進んでいる」

と評価したと聞いて、溜飲が下がったような気がしたものだ。

その高角砲も、第一次改装で、十二センチから十二・七センチ連装に替えられた。私が撃ったのは、この十二・七センチである。さらに、高射装置と称する、指揮装置がついた。私がいつも立っていた艦橋の後ろの高角砲指揮所のすぐ下前方に、缶詰のカンのような指揮装置があって、中に下士官のベテランが入って、飛行機を追いながら、グルグル回っていた。ここで、風向、風力、距離、高さ、速さ、などを調定し、ハンドルを回すと、その針の示度が、四つの砲台に電気的に伝えられた。

缶詰のカンがグルッと旋回すると、片舷の高角砲群が、サッとみな同じ方向を指すのは、いつ見ても楽しかった。今日でいえば、原子炉に使うマジックハンドと同じである。砲員がボンヤリしていると、砲が指揮装置の動きと違った動きをするので、すぐわかる。

そのときは、

「おいッ、二番砲。方向が違うぞッ」

とどなればいいのである。

このほか、発射管室の上が、飛行機の作業甲板となったことは、もう述べるまでもないと思うが、第一次改装で、カタパルトは、右舷に一基ずつ、計二基となった。飛行機は、カタパルトの上に一機ずつ、作業甲板の上に二機、計四機にふえた。

カタパルトを風上に向け、エンジンを全開にして、ドーンと射つ。飛行機を乗せていた台が、カタパルトの上を勢いよく滑って、端で止まる。飛行機は惰性《だ》で、そのまま空中にとび出し、ブーッと舞い上がる。台をすぐ、手前にもどす。カタパルトを回す。台の高さまで引き上げてあった次の飛行機を、台の上に滑らせ、またカタパルトを風上にまわして、ドーンと射つ。帰ってきた飛行機は、後檣のデリックで吊り上げる。

このとき、波風でも少しあると、飛行機が舷側にぶつかる。翼をこわしたりするので、神経をひどく使う。いちど、あっという間もなくイヤな波に叩かれて、フロートを折り、飛行機を逆立ちさせたことがあった。搭乗員は、デリックの端につかまって、危うくセーフではあったが。

このほか、居住区が広くなったり、通風装置をつけたりで、だいぶ住みよくなった。軍艦は戦うものだ、というので、とかく乗員は困苦欠乏に堪えねばならぬ、とされていたが、やはり長い間行動すると、毎日の疲れがたまり、大きな戦力の低下をきたす。だんだん、みんなの考え方もロジックに合ってきた。

もう一つの特徴は、防毒である。いまなら、さしずめ放射能を洗い落とす装置がつくのだろうが、そのころは、毒ガス攻撃に備えていた。とはいえ、妙高クラスのそれは、まだ多分に不徹底だった。部屋を密閉することは、あまり考えられず、除毒剤だとか、酸素放出装置を置く、といった程度だ。毒ガス攻撃が、現実に行なわれなかったからよかったが、もしほんとうに起こったら、対抗できなかったろう。どうも日本では、兵器や艦は大事にするが、人そのものの乗員の防御には、それほどの努力をしないようだ。飛行機の場合も、同じことがいえる。

いよいよ精強に

第二次改装に入る前に、四艦隊事件が起こった。この台風で、五戦隊も多少の被害をうけたが、「妙高」の上甲板に、鉄板と鉄板をつないだ鋲が折れたところができた。これは、たいへんな事故である。つまり、船体の強度が弱いということだ。

妙高クラスの設計は、非常によくできていて、強度には心配がない、と思われていた。それが、台風で鋲がとんだのだから、大騒ぎとなった。さっそく、上甲板の要所に、補強工事をやった。もう一枚、上から、鋼板を重ねて張ったのである。

こんなことで、艦の重さがふえた。第一次改装のときも重量がふえ、そのため、艦の喫水が深くなったので、もう少し浮力をつけようと、艦の両側、水線のところに、バルジをつけた。そのバルジを、もっと大規模のものにしようとする。同時に、そのバルジの中に、細い中空の鉄管を無数に入れる。

こうすると、魚雷が命中した場合、そのショックを軽くすることができる。だいたい、新造当時は、二百キロの炸薬をもった魚雷には耐えられたが、この改造で、二百五十キロまでは、十分になった。九三魚雷の炸薬は、前にも述べたとおり、五百キロだ。アメリカのものは、三百キロだった。あと五十キロ分の耐える力をふやしておけば、アメリカの魚雷（三百キロ）に耐えられたはずだった。

第二次改装では、発射管は全部上甲板に据えられ、十六門となった。飛行機は、第一次の場合、九五式水偵だったのが、零式の単葉双浮舟機に変わった。機銃も増備された。

忘れていたが、主砲は、第一次改装で、二百三ミリに変わり、仰角もふえ、タマも、水中弾（至近弾が、いったん水に落ちたら、そのまま水中を突進、敵艦の舷側に水中でぶつかり、大孔をあけようとするもの。このタマは、「大和」や九三魚雷と同じで、軍としての最高機密、つまり「軍機」であった）を使うことになった。

その他の重要な点は、応急装置、急速注排水装置ができたことだ。敵弾に孔をあけられ、艦内に浸水する。そうすると、第一に大砲が撃てなくなるし、艦そのものの運命も危険となる。そんな場合、損傷箇所の応急修理をすると同時に、艦内の損所と反対舷に水を入れ、艦の傾斜を直す。ある場合は、左舷の水を右舷に移す。そして、艦を水平にする。

この装置は、前にも述べたように、第一次世界大戦中のジャットランド海戦の戦訓としてドイツ海軍の開発したダメージ・コントロール・システムを、アメリカ海軍が、戦後、すぐに採り入れたもの。沈めたつもりのアメリカの艦が、案外に沈まなかったのも、このせいだった。

こうして、バルジをつけたり、艦の重量が増したりすると、一番先に響いてくるのは、速力である。新造時三十五・五ノットだった「妙高」も、三十三ノット強しか出なくなった。いわば、速力において、アメリカ並みになったわけだ。

こういう「妙高」に、乗員は、改装後、士官六十二名、下士官・兵八百二十九名が乗り組んでいた。いよいよ、昭和十六年十二月八日、これらの人々は、祖国のため、勇躍、出撃したのである。太平洋を東に向かって。

連戦健闘

戦場にあらわれた「妙高」は、いまの言葉でいえば、ツイてる艦だった。

まず、開戦当初は、東方部隊に、五戦隊を挙げて参加した。利根クラスの最新鋭は、真珠湾にとび出していったが、それに比べると、なんといっても旧《ふる》い。第一線とはいいながら、蘭印攻略にまわった。

僚艦「足柄」が、第三艦隊司令長官高橋伊望中将の将旗をひるがえし、「妙高」は、五戦隊旗艦（高木武雄少将）として、「那智」「羽黒」をしたがえ、メナド、ケンダリー、アンボンの攻略作戦を支援した。

ついでながら、このときの重巡隊は、最上クラス四隻と「鳥海」がマレー方面、愛宕クラス三隻が南方作戦の本隊にいて、それぞれ主力として勇壮無比な戦闘に従事したものであった。

「妙高」は、メナド攻略部隊を乗せた輸送船六隻を支援しながら、ダバオを、十七年一月九日、出撃した。終わって、二十一日にケンダリー（セレベス島）に向かった。

二月二十七日に戦われたジャワ海の海戦では、「妙高」は高橋中将の指揮下に入り、直接戦闘には加わらなかったが、三月一日朝、英巡洋艦エクゼターと駆逐艦二隻に出会い、砲撃戦の末、これを撃沈した。

五月七日のサンゴ海海戦では、高木中将の旗艦として、空母「瑞鶴」「翔鶴」とともに機動部隊となり、攻略部隊の外側を、大きく南下した。速力二十五ノット。

この海戦は、日米双方ともに、はなはだ奇妙な立ち上がりだった。前日、日米両機動部隊が、わずか七十カイリ離れただけのところで、双方とも敵がすぐそばにいることを知らず、南海の陽光のもとで、洋上補給をやった。

翌七日、双方とも、主隊を発見できず、しばらくは、日本はアメリカのタンカーをやっつけ、アメリカは軽空母「祥鳳」を撃沈したりして、時間をつぶしてしまった。

翌五月八日の戦闘は、新時代の海戦であった。相手の艦艇の姿を全然見ず、飛行機だけで勝敗のきまるものであった。アメリカは、空母レキシントン沈没、ヨークタウン大破。日本は、「翔鶴」大破、「瑞鶴」はかすり傷一つ負わなかった。

ミッドウェー海戦には、「妙高」は、攻略部隊である五戦隊の旗艦として、近藤信竹中将の全般指揮のもとにあった。攻略部隊は、六月五日、日本の空母四隻が撃沈されたことを聞き、おッとり刀で、現場にかけ向かった。しかし、途中で、山本連合艦隊長官よりの「引き返せ」の命令で、涙をのんで針路を反転した。

さて、「妙高」は、つぎは、十月二十五日から二十六日に戦われた南太平洋海戦に、やはり第五戦隊旗艦として、参加した。この場合も、いぜんとして、近代海戦としての航空戦であった。

こうして、ガダルカナルで火をふいた戦況は、刻々悪化の途をたどった。

「妙高」のつぎの作戦は、昭和十八年十一月一日、二日の、ブーゲンビル島沖海戦だった。米軍が、ブーゲンビル島に上陸したのをキッカケに、大森仙太郎少将の率いる第五戦隊「妙高」「羽黒」は、軽巡「阿賀野」、第三水雷戦隊軽巡一、駆逐艦六隻とともに、ラバウル発、トロキナ岬沖に突進した。

このころから、アメリカの新鋭レーダーが、猛威をふるった。こちらが敵を発見する以前に、レーダーで発見され、つけられた。つけられるだけでなく、魚雷までも発射された。

暗夜の全速力運動は、危険きわまりない。敵を攻撃する一方、魚雷を回避し、さらに味方艦艇の動きを見張らねばならない。駆逐艦「五月雨」と「白露」は、魚雷と砲火を避けようとして、衝突した。「妙高」もまた、アメリカの砲火を避けようとして転舵中、駆逐艦「初風」と衝突した。

「妙高」の損傷は、大したことはなかったが、「初風」がたいへんだった。速力がグッと落ちた。そこを狙って、アメリカが砲撃を集中してきた。ペコペコの（とわれわれがいっていたほど、鋼板が薄い）「初風」に、どうして耐えられよう。しばらくするうちに、「初風」は沈没した。

レーダーのない日本としては、星弾を射ち上げるか、探照燈を点けるかしなければ、敵情はわからない。その二つとも、その夜の低くたれこめた密雲にさまたげられた。やんぬるかな、である。

マリアナ海戦が、十九年六月十九日から二十日にかけて起こった。戦局は、ついにドンづまりまで来たのだった。サイパンをとられたら、日本の大部は、B29の攻撃射程距離内に入る。「妙高」は、「羽黒」とともに、主力である甲部隊に加わった。

紙数がないので、詳しい叙述はやめよう。

ともかくこの作戦は、計画に勝って、実施で敗れた。おそらく、海軍士官のだれでもが、こんどこそ敵にヒト泡ふかすぞ、といっているとき、その足許から、ガラガラと楼閣が崩れたのだ。勝敗は、いうまでもなかった。

そして、十月二十五日の、レイテ海戦になるのである。

レイテ戦は、海軍にとって、もはや必死の一戦だった。マリアナの場合は、質が落ちているとはいえ、いちおうは、空母もあれば、空母機も搭乗員もいた。連合艦隊らしい、いちおう、形のついた艦隊だった。ところが、レイテ戦では、先行きの見込みが、ほとんどなかった。頼むのは、できるだけ米軍を殺傷して、戦意をくじく。そして、本土来攻を遅らせ、時をかせぐしかなかった。

空母は、艦だけはあっても、飛行機が、なんとも頼りない。陸上機すら、低気圧にともなう前線がくぐりぬけられず、しかも、その数は、どうにもならぬほど、少なかった。

「妙高」は、僚艦「羽黒」とともに、五戦隊として栗田部隊に加わった。「大和」「武蔵」の、両マンモス戦艦のすぐ前にあって、海軍の名を残さんがため、ともいえる戦いに出ていった。

だが、シブヤン海での空襲で、「妙高」は雷撃機の魚雷を食い、右艦尾に大穴をあけられた。速力は、十五ノットしか出ない。将旗は「羽黒」に移った。後事を「羽黒」に託しながら、「妙高」はブルネイ湾（ボルネオ島）に回航を命じられた。

ブルネイ湾で応急修理をすませ、のち、内地に引き揚げようとする途中、十二月十三日、サイゴンの南西方で、アメリカ潜水艦の雷撃をうけ、大破した。沈まなかったのが、せめてもの慰めであった。

9　悲憤慷慨

——重巡洋艦「愛宕」の運命

輝かしき誕生

「愛宕」は、昭和五年六月十六日、呉工廠で進水した。妙高クラスを改良した一万トン重巡「高雄」「摩耶」「鳥海」「愛宕」四隻のうちの一隻である。

日本海軍は、ワシントン、ロンドン両軍縮条約時代に、せいいっぱいの努力で巡洋艦を造った。許された量いっぱいに造った。アメリカよりも長い時間をかけて、一隻、一隻、磨き上げるようにしてつくった。いらないところは、一グラムの重さでも減らせ、というほどの気の配りかたであった。個艦優越主義——一隻ずつ相手の国の同種の艦とくらべると、どれをとっても、相手に打ち勝つだけの力を持たせた。

ところが、昭和二年頃から、アメリカが急に巡洋艦を、ゴソッ、ゴソッと造りはじめた。日本では四年くらいかけているのを、二年ほどでかたづけた。第二次大戦がはじまると、ものすごいことになった。昭和十八年を例にとってみると、日本は三隻の巡洋艦しか造っていなかったのに、アメリカでは三十八隻がヘサキを並べて造られていた。

もちろん、これだけで日米をくらべるわけにはいかない。戦艦、空母、巡洋艦、駆逐艦、潜水艦――そういうもの全部をひっくるめて、くらべなければならない。ことに、太平洋戦争がはじまると、空母と小型艦艇、まず駆逐艦、輸送艦などが急に不足し、損傷艦の修理や改造が立てこんで、どこの造船所も手いっぱいになった。建造した艦艇を調べてみると、平時には思いもよらないほど多数にのぼった。

造船所の幹部や工員たちは、ほとんど不眠不休であった。過労で倒れる。病気を惹き起こして倒れる。しかし、それほどにも身を粉にしてさえ、アメリカの膨大な工業力にはかなわなかった。

「愛宕」は、アメリカでいうと、ペンサコラからポートランドにいたる重巡グループにあたる。主砲はどちらも二十センチ砲だが、「愛宕」の方が一門多く、高角砲が少ないようにみえるが、主砲で飛行機も撃てるから大丈夫だ。アメリカが戦争中、非常に怖がった九三式酸素魚雷は、発射管二連装四基から射ち出す（アメリカの巡洋艦には魚雷はない）。つまり個艦優越主義は、技術者たちの努力で、もののみごとに実現していたのである。

スピードと力の世界

私が「愛宕」に乗り組んだのは、まだ少尉になったばかりの時だった。昭和八年だから、艦も出来立てなら、私もホヤホヤ。乗ってみると甲板はみなリノリューム張りで、まるでピカピカ。ネズミ色のペンキが日に輝いていて、なんともいえぬ美しさだった。

そこでまず驚いたのは、お城のような艦橋だった。上甲板からテッペンまで、数え方にもよるが、十段はあった。上甲板から、高角砲甲板、下部艦橋、中部艦橋、上部艦橋、羅針艦橋、測的所、主砲指揮所、主砲射撃所と積み上げられ、いちばん上に測距儀が載る。そのお城の両側にはクリスマス・ツリーの飾電燈のように、メガネや射撃装置や、そんなゴチャゴチャした兵器が、いっぱいにちりばめられる。

一万トンの、長い、大きな船体が、下から九段目のその主砲射撃所にあがってみると、目がくらみそうに、前に後に延びている。

いや、大切なことを忘れた。砲塔である。前に三砲塔。ビューンといいそうな勢いで旋回して、旋回しながら、二十センチ砲六門が、いっせいに空を指す。

まッ青な太平洋の海原が、見渡すかぎり連なり、その主砲砲塔をのせた艦首が、グーッと突き出し、白波を右と左に斜めに曳く。

どこからか、船体を伝わって、かすかにエンジンの響を足に感じる。振動しているのではない。なんとなく、そんな気持がするだけだ。静かである。艦は太平洋を切って突進する。艦橋の大きな城は、私の立っている主砲射撃所をふくめて、すがすがしい海の空気を割っていく。

風がすごい。あわてて、帽子のアゴヒモをかける。目の端から、涙みたいな水っぽいものが、風にふきとばされるのを感じる。マツ毛があることを、生まれてはじめて思い知らされる。マツ毛が吹きつけられて、目の中に入ってきてコロコロするのだ。

快適である。ウワーッ、とでも叫びたくなる。腕組みをしていたが、たまらなくなって手スリにしがみつく。

真下に見える白波につられて、頭をまわす。艦橋の足もとから、せり上がってきた巨大な煙突が、目の下に黒い口をポッカリ開ける。後向きに傾いている。グオーッという物音。あの奥の方で、火が、すさまじく燃えさかっているのだ。ボイラーのハラの中に吹きつける重油の火。ほとんど完全燃焼しているとみえて、煙はまったく出ない。ただ、その煙突の向こうに見えるものが、雨の打つガラス窓から外を見るように、モヤモヤとヘンにふるえているだけだ。

二番煙突、後ろのマスト、後艦橋などが、ゆらめく。そしてさらにその向こう、水平線ちかくまで連なったまっ白な波の帯――ウエーキが、艦尾から噴き上げ、渦巻き、巻き返してふッとんでいくのだ。

私は、息をつめた。頭がボーッとして、私一人、人間世界から切り離され、スピードと力の世界に放り出されてしまったように思われた。足がガクガクしてくる。肩のあたりまでピリピリする。と、急に人間の顔が、階段の入口からのぞいた。

「甲板士官。副長がお呼びです」

びっくりして羅針艦橋に降りていき、ようやく人心地ついた。八畳くらいの部屋。まわりがずうっと窓だ。まん中に羅針儀《コンパス》。両袖に大きな望遠鏡が一つずつ。正面の窓の上には、時計を中心に、左右にゲージやメーターがギッシリ並ぶ。

右正面の窓ぎわに、艦長が腰かける。航海長と当直将校が羅針儀のそばに。副長が艦長のところで何やら話している。

「副長——」

静かな艦橋の雰囲気をこわさぬように、低い声で私は呼びかけた。ひょいと振り返った副長の目が、少しばかり笑った。

「オ、生きとったか。どこにもおらんから、海にコボレたかといっとったとこだ。間もなく全力運転が終わる。そしたら溺者救助教練をやる。罪亡ぼしに艇指揮でいけ」

「ハッ」と(いわなきゃいけないから)いったものの、これはエラいことになったぞと思った。

全力運転を終わったとしても、目が回りそうなスピードで走っている。教練だから、人のかわりに旗をつけたタルを落とすのだが、そのタルを見つけた番兵が大急ぎで艦橋に知らせる。その時点からスタートして、できるだけ早く艦を停め、ボートを卸《おろ》して拾いにいく。

ところが、人の命を助けに行く教練だから、一分一秒を争う。艦がストップする前にボートを卸してしまう。ゆっくり走っているときは、それでも大したことはないが、大高速のときは、ムリしてつい早目にしてしまう。まだ艦には相当のスピートがあるにもかかわらず。

実際にそれをやってしまった。途中までは、すべてウマくいったが、最後のところで、ボートを吊った二本の綱の後の綱についていた者が、綱を少し早く手から離してしまった。ちょっとした錯覚からなのだろうが、ガラガラと無制限に滑車が回り出したからタマらない。

あっという間に、ボートは肉屋の牛肉みたいにブラ下がった。みんな危うく綱やボートにしがみついたが、ヒトの心配ばかりしていた私は、もののみごとに海に放り出された。

「ホンモノの人が落ちたあ。これは訓練じゃない……」

開戦後だったら、ハワイ空襲のときのアメリカみたいな、妙な号令がかかったというところだろうが、これはズブ濡れの私が拾い上げられて艦に帰ったあと聞いた、そのときの珍号令である。

誉れの出陣

「愛宕」の一生に話をもどそう。

昭和七年の完成だから、「愛宕」は平時、連合艦隊の一員として、大いに威容を誇った。

日本海軍は、もともとアメリカ艦隊が大挙して太平洋を押し渡ってくるのを艦隊決戦で打ち破るのを、いちばん大きな目的としていた。そのころ、海戦の勝敗は、大仕掛けの砲撃戦で決まるとされた。大砲の撃ち合いである。大きな大砲の方が遠くへ飛ぶし、一発命中すると、たいへんな損害を敵にあたえる。そういう大砲を持つものを主力艦といっていた。戦艦がそれである。その主力艦が、存分に働けるように、スピードの速い補助艦艇を、ずっと前方に出しておく。

前進部隊だ。これが、主力艦同志のぶつかり合いの前に、敵主力艦隊にとびかかり、何隻かを食ってしまう。前進部隊は重巡以下だから、大砲では戦艦に負ける。そこで、武器は魚雷だ。アメリカ戦艦の大砲が届かないほどの遠距離から、直径六十一センチ、長さ八メートルという巨大な魚雷――日本独特の酸素魚雷を叩き込む。火薬の量が五百キロ。「大和」の砲弾の十五倍、「長門」の砲弾の三十四倍の火薬量である。

前進部隊の主力は、一万トン重巡だ。「愛宕」はその第一線。アメリカの重巡には魚雷も積んでいないのに、「愛宕」には魚雷も二十センチ砲ももっていた理由はそこにある。

私が「愛宕」に乗り組んだのは、連合艦隊のうち第二艦隊（前進部隊）の主力として活躍していたころのことであった。

なにしろ強い。魚雷と大砲の二刀流で、モサッとした戦艦ドモが大きな図体を闇に浮かべているとき、こっちは全灯火を消し、三十ノット以上の速力で肉迫する。無風のときでも、三十ノットで走ると、秒速十五メートルの向かい風になる。海の上では、十メートルくらいの風は毎度のことなので、たちまち風速二十五メートルになる。私が、艦橋のテッペンで、手スリにつかまらないといられなかったのは、水面上二十五メートルという高いところなので、コワくなったせいでは少しもない。この風である。吹きとばされそうになったからだ。ほんとうなのだ。

グイグイ戦艦どもを追い越していって、グルリと反転。いっせいに魚雷を射つ。「愛宕」八本。「高雄」「鳥海」「摩耶」それぞれ八本。水雷戦隊百三十本。計百六十本あまりの酸素魚雷が、猛然と水中を突進する。戦艦群は、もはや袋のネズミだ。どっちに舵をとって逃げようと、かならず命中する。そのように射ち方を調定してある。火薬は五百キロである。

豪快——というのが、これであろう。こんなことをしていると、われわれの方で敵戦艦全部を仕留める。味方の戦艦にはエサの配給がなくなってしまうぞ、などと、胸を叩いていたものである。

原因こそ違うが、アメリカの戦艦が、開戦と同時に全部ツブれてしまおうとは、だれしも予想していなかった。日本の戦艦には、四つに組むべき相手がいなくなった。そこで戦場は「愛宕」以下の独壇場になった。「大和」「長門」などが、手持ち無沙汰で内地にクサっている間に、「愛宕」たちは、新しい戦場——戦艦のいない、それでいて戦艦以上に強力な空母と空母機が暴れ回る戦場で、懸命の奮戦に努めるのである。

開戦の、昭和十六年十二月八日には、「愛宕」は、「高雄」「摩耶」をしたがえ、南方部隊（フィリピン、マレー方面から蘭印攻略を任務にした部隊）の旗艦として、南シナ海にいた。洋上である。

愛宕部隊は、重巡三隻、高速戦艦「榛名」「金剛」、駆逐艦十隻。イギリス戦艦プリンス・オブ・ウェールズとレパルスが出た、というので、それっと現場に駈け向かったが、着かないうちに、文字どおり、トンビに油揚げをさらわれてしまった。第二十二航空戦隊の中攻群に、世界はじめての大戦果をあげられたのだ。航行中の大戦艦二隻のうち一隻は最新式のものだったが、飛行機からの魚雷と爆弾だけで沈んでしまった。

真珠湾では、日本は、空母の飛行機を大量集中して使うと、驚くほどの力を出すことを示したし、マレー沖では、真珠湾は不意討ちだから論外だとしていた世界に、戦艦は自由に航海していても、飛行機の雷爆撃にはカナわないことを知らせた。

世界は、仰天した。いままで戦艦は、戦艦同士が大砲を撃ち合わないと沈めることができない、と思いこんでいた。ところが、その戦艦が多数の飛行機を使いさえすれば、二十分足らずのうちに沈んでしまうことが証明された。いままでの考え方を、足もとからひっくり返す大変化、大革命だ。それを日本が、みごとにやってのけた。

アメリカもイギリスもへたへたと座りこんだ。これはいけない。全部、やり直しだ。アメリカもイギリスも——日本も同じだが——それまで戦艦を主力艦と考えてきた。戦艦を中心とする艦隊決戦を土台にしてきた。ところが、その王座が、豆ツブみたいな飛行機のために打ちこわされた。幸か不幸かアメリカは、真珠湾で戦艦が一掃されている。

そこで必死になって、飛行機と空母の大増産をはじめた。日本よりも弱い位置から、猛烈なスパートをかけて追いかけてくる。だが、追いつく間しばらくは、手も足も出ない。

「愛宕」は、マレー沖からボルネオ攻略作戦、フィリピン上陸作戦、ジャワ攻略作戦、東インド洋機動戦（ジャワ南方作戦）、インド洋作戦と、内地には一度帰っただけで、六ヵ月間、立てつづけに駈け回った。無人の野をいくのと同じで、敵らしい敵は一隻もいない。いや、太平洋の運命を決したといわれるミッドウェー海戦にも出たが、敵の影さえ「愛宕」には見えなかった。

第三次ソロモン海戦の火蓋

「愛宕」の乗員九百四十名あまりは、悲憤慷慨した。日本海軍の軍人は、戦争が始まれば、生きて帰ろうなどとは考えていない。それより、自分自身、敵にぶつかっていって、敵を叩き潰し、日本を勝たせようと望んでいる。そのときもし敵が、ものすごく強力であれば、命を捨てて、差し違えるだけだ。体当たりである。ナニクソ！

しかし、「愛宕」は、いっこうに敵にぶつからなかった。「愛宕」乗員は、司令部が少しも敵を配給してくれない、と思った。われわれが出さえすれば、いや、敵にぶつかりさえすれば、かならず敵を仕留めてみせるのに、まるで敵にぶつからない。ぶつからないうちに、日本の旗色が悪くなってくるのが、たまらなかった。

が——間もなく「愛宕」は、その機会に恵まれた。ガダルカナルの敵飛行場を奪い返すため、前進部隊が大挙して飛行場砲撃に乗り込む、というのだ。

乗員は、コオドリした。十代の少年兵も腕を撫した。これこそ男児一生の本懐である。昭和十七年十一月十二日だった。

高速戦艦「比叡」と「霧島」が、水雷戦隊に護られて、ガダルカナル水域に突っ込んだ。第三次ソロモン海戦の火蓋が切られた。

この第一回戦で、日本は「比叡」と駆逐艦二隻を失った。しかし、アメリカは、巡洋艦五隻、駆逐艦七隻が沈没、または使えなくなり、これで南太平洋にある米巡洋艦部隊は全滅、残るのは駆逐艦一隻というドン底につき落とされた。

チャンスが来た。「鳥海」と「摩耶」が、次の日、中心になってとび込んでいった。が、この第二回戦ではガダルカナル飛行場砲撃には成功したけれども、重巡の二十センチ砲程度では、その息の根をとめるまでにはいたらない。その上、帰る途中をガダルカナル飛行場から飛んできた敵機に襲われ、重巡「衣笠」沈没の憂き目さえ見た。

「愛宕」が立ち上がった。「愛宕」を旗艦とする第二艦隊司令長官自身、「霧島」「高雄」、軽巡二隻、駆逐艦九隻を率いて突撃した。

激突は、この愛宕部隊と、敵の新式戦艦ワシントン、サウスダコタの間で起こった。巡洋艦がなくなったので、ハルゼー大将が自分の機動部隊の、しかも虎の子の戦艦、日本でいえば「大和」「武蔵」にあたる二隻を押し出した。苦しまぎれだ。第三回戦には、かれらはこうするほか、手がなかったのだ。

夜戦で、敵の新造艦にはじめて出てこられると、苦手である。そんな艦がいることは知らないから、それまでにわかっている艦だろうと思ってしまう。しかも闇の中でボウッと輪郭がわかるだけだ。

いちばん先頭に出ていた駆逐艦からは、「敵ハ新型巡洋艦ナリ」といってきた。軽巡「川内」からは、「巡洋艦オヨビ駆逐艦ナリ」といってくる。「高雄」までが、「巡洋艦一隻、駆逐艦三隻見ユ」という（この巡洋艦が、戦艦を指しているかどうか、やや疑問だが）。

ほんとうにこの怪しいヤツが戦艦だとわかったのは、敵の六キロにまで迫って、「愛宕」が探照灯を点けたときだ。

当時の公式記録を見ると、艦長伊集院松治大佐は、「偉大ナル敵新式戦艦ナリ」と書いている。艦長が、公式にこう書く事実は、そのときの実情に翻訳すると、「うわァ、すげえ艦だ。これはドエラい戦艦だぞ。新式の超戦艦だ!」となるであろう。

士気が爆発したのは「愛宕」である。それっと、魚雷を射つ、とりあえず二十センチ砲のツルベ撃ちを食わせる。高角砲も、機銃も撃ちまくる。六キロというと、海上では手が届きそうに思われる。主砲も高角砲も、初弾命中。カッと光が、敵戦艦にあがる。「愛宕」の速力三十四ノット。たちまちに敵戦艦のそばを通りぬける。反転。逃がすものかと追い迫る。そのとき、敵戦艦に高く水柱があがった。魚雷命中だ。よし。こんども射つぞ。左舷の巨大な酸素魚雷八本は、敵に第二撃をあたえようと、手グスネ引く。

もちろん、敵弾は、豪雨のように降っていた。艦の右に左に、ものすごい大水柱が立つ。が、あたらない。戦艦にとっては、あまりにも距離が近すぎて、体勢の変化が早すぎ、上手にタマが撃てないのだ。一ノットでは、一秒に〇・五メートル走る。三十ノットならば十五メートル。たがいにスレ違う場合は秒間三十メートル離れるから、十秒たてば三百メートル距離が開いてしまう。

まっ暗な中である。いたるところに水柱が立ち、いたるところ無数の火の矢。暗黒の林の中を、右に左に秒速十五メートルで駈け違うことを思えばいい。夜間の接近戦はこんなものだ。息も継げない。

「愛宕」は、六分後、左艦首方向十キロに敵戦艦を見つけ、左魚雷八本を射つ。これが、敵戦艦の二番艦に命中した。敵戦艦が手負いの獅子のように追ってくるのをめがけて、さらに三本射った。八本と八本、それに次のを装塡《てん》して三本計十九本である。戦艦と戦う重巡の武器は、前にも述べたとおり魚雷である。

ところが、敵もさるもの。どんどん追撃してくる。こいつァいけない。魚雷を射つにも具合が悪いし、それかといって大砲をふりまわしても、効き目はない。横合いから味方の水雷戦隊が食い下がっているようだから、このまま追わせるに限る。敵がまっすぐ一直線を走っていると、魚雷を射ちやすい。

「愛宕」は、後を見い見い駈け出した。三十一ノットにして、様子を見ながら煙幕を張る。三分たった。味方水雷戦隊に狙われているのに気づいたのか、敵はぐるりと引っ返した。

そこで、全艦隊に総引き揚げの命令が出されたが、調べてみると、「愛宕」は小さな被害二ヵ所をうけただけで、乗員はだれ一人、カスリ傷すら負っていなかった。ツイていた。悪夢のような暗夜の激戦で、あの壮絶なぶつかり合いの中で、敵弾に醤油のタルがつぶされ、そこら一面、醤油だらけになったのが一つ。もう一つは至近弾で、バルジ（艦の外側に主として浮力つけのために張った空室）の後の方に水が入った（したがって艦内は、なんともない）のが、被害の全部だったから、ツイていた、というより仕方がない。

改装されて

第三次ソロモン海戦で「愛宕」は感状をもらった。自信をつけた乗員たちは、まさに勇気リンリン。バルジと醤油庫の修理のため、いったん呉に帰ったが、約一ヵ月で、またトラックに出ていった。呉入渠が十七年十二月十七日で、出渠が十八年一月二十日だから、開戦第二回目の正月を、はからずも内地で迎えることができたわけだ。これは、大へんなご褒美である。まさか戦争中、お正月を内地で迎えようとは、だれも思っていなかった。

話はとぶが、「愛宕」は十九年の正月も、うまい工合に内地に帰っている。これは「愛宕」が十八年正月の入渠修理を終わって、トラックに引き返し、ソロモン作戦の中核体として全般作戦を援けていたころの話である。

戦局利あらず、ガダルカナル撤収となったときも、「愛宕」はこれを支援、八月から十一月ころには、横須賀、トラック、ラバウル間の人運びまでやり、その間、九月と十月、東太平洋に出はじめた敵機動部隊を追っかけて、ブラウン方面にまで進出もした。鳴かず飛ばずで、必死になって飛行機と空母をつくりつつあったアメリカの大工業力が、急速にその結果をあらわしはじめたわけである。

そのとき、連合艦隊では、ジリジリと押されてくるソロモン戦局を立てなおすため、海軍の飛行機を全部集めて、一気に押し返そうという作戦に出た。「愛宕」以下の艦艇多数が、ラバウルに進出した。

十八年十一月五日であったが、突如、そのラバウルに、敵機動部隊の飛行機約百五十機が殺到。どういうわけか、不意を討たれ、重巡、軽巡、駆逐艦などが大小の損害をうけた。「愛宕」も、奮戦大いに努めたが、小破。戦死二十二名を出し、あのものすごかった第三次ソロモン海戦以上の損失をうけた。

そこで、全艦艇は、ふたたびトラックに引き返したが、損傷をうけた「愛宕」は、横須賀に帰って入渠修理。十一月十五日から翌十九年一月五日まで、東京湾にいた。おそらく、前年の正月みたいには意気があがらなかったろうと思うが、ともかく「愛宕」は、十八年、十九年と、戦争中の三度の正月のうち二度までも内地で迎えることができたのである。

「愛宕」は、この入渠後、パラオに行き（三月一杯）、さらにリンガで待機、「あ」号作戦（マリアナ沖海戦）に出た。だが、この「あ」号作戦は「愛宕」の乗員の期待にもかかわらず、ミッドウェーなどと同じように、あまり敵を見ずにすんでしまった。

「あ」号作戦が終わると、一度全艦隊は内地に引き揚げた。「愛宕」はこのときに、対空防御を大いに強化した。高角砲を四門から八門に、二十五ミリ機銃を二十五梃から六十梃に。全艦いたるところ対空砲が頑張り、どんな空襲を食っても、逆にこちらから叩き落としてしまおうという構えである。

「愛宕」は、この前にも大改装をうけている。いまここで、対空砲の増加などといっても、建造当時の基準が違ってきてるのだから話がもつれる。そこでいささか話がもどるが、「愛宕」の大改装について簡単に触れておこう。

「愛宕」ができたのは、昭和七年。妙高型の着工から「愛宕」完成までに、アメリカでも、ペンサコラ型、ノーサンプトン型、ポートランド型、ニューオーリーンズ型の計十五隻ができている。また日本では最上型も着工された。オマハ型くらいだと、「愛宕」も圧倒的に勝てたが、それ以後の型に圧勝するには、最上クラスの近代装備が必要である。個艦優越主義は、たえまない改装と近代化を要求する。でなければ、たちまち蹴落とされる。

そこで、大改装となるのだが、まず高角砲を十二センチから十二・七センチに引き上げ（これだけは開戦直後にやったが）、機銃を二十五ミリ八基にした。つぎに魚雷は九三式四連装四基を両舷に振り分けて置いた。次発装塡装置も改造し、もっている魚雷の数を二十四本としたが、第三次ソロモン海戦で、最初に右舷八本、つぎに左舷八本を射ち、あとまた三本を射ったのは、この装塡装置がつけられてから可能となった。

また、外見も変わってきた。あの、私が乗り組んだころ、びっくりしたお城みたいな前檣楼は、だいぶ小さくなっていた。なにしろ、水平線にいちばん最初に見えるのが、この巨大な金銭登録器のような艦橋なのだから、これをできるだけ小さくする必要は、どうしてもあったのだ。

「愛宕」と「最上」とくらべると、「最上」のが、バカに小さく見える。別にムダなものをつけたわけではないが、砲術、水雷、航海、通信などの専門家がアレも必要、コレも要る、といい、それをみんな積んだら、あんな膨大なものになってしまった。大改装で、それを「最上」なみに、思い切って小さくしたのだ。

つぎに、後マストとカタパルト（飛行機射出機）の位置が入れかわり、後マストが四番砲塔のすぐ前に、後マストと二番煙突との間にカタパルトが来た。つまり煙突と後マストとの間が、前はキュッと詰まっていたのが、ずっと延びてしまった。

そのほか、船体の両側に、艦首付近から艦尾付近にいたるバルジをつけた。これは以上のような（このほかにも機械その他の改造があるが、省略した）改造で、重量が増し、艦が沈みすぎるので、浮力をつけるのが主目的だ。第三次ソロモン海戦で、バルジの後部が至近弾で浸水したが、それは、このときの改装でつけられたものであった。そこで、艦の幅が、前は十八メートルあまりであったものが、十九・五メートルにひろがった。幅がひろがると、当然速力が落ちる。馬力は少し増やされたが、つまるところ、約一ノット（三十五・五ノット弱から三十四ノット強へ）落ちた。

艦と人の最後

さて、「愛宕」の一生も、いよいよその終わりに近づいた。捷作戦（フィリピン沖海戦）が迫ったのだ。捷作戦は、これを詳しく述べていくと、それなりに興味がふかいが、ここでは目的が違うから割愛しよう。

「愛宕」は昭和十九年十月二十二日午前八時、第二艦隊旗艦として、ブルネイを出撃した。従ってくるもの、愛宕クラス重巡四隻——あれだけの大戦争をしながら、一隻も欠けていなかったのは、運の強さもあろうが、艦そのものが強かったことももちろんである——超戦艦「大和」「武蔵」「長門」、重巡「妙高」「羽黒」、高速戦艦「金剛」「榛名」、新鋭重巡「熊野」「鈴谷」「利根」「筑摩」、そのほか二コ水雷戦隊軽巡二隻、駆逐艦十五隻。まことに威風あたりを払う堂々の陣容であった。

が、はじめにも述べたように、戦いの姿は一変していた。水面に浮かぶ陣容がいかに堂々としていようと、飛行機が大挙集中攻撃をしてくれば、かのプリンス・オブ・ウェールズのように、いや、ラバウルで前進部隊が大小の損害をうけたように、いやいや、その後の海戦が教えるように、水上艦艇は、しょせん有効な戦いはできかねる時代になっていた。

まだある。アメリカの潜水艦だ。開戦からしばらくは、アメリカの魚雷の質が悪くて、攻撃されても、実害はほとんどうけなかった。ある商船は、まさに轟沈かと思われる絶好の雷撃をうけながら、沈まなかった。魚雷が二本、横っ腹に突き刺さりながら爆発せず、うまく孔に栓をしたような格好で、大した水漏れもなく、内地に帰った。そんな話さえあった。

が、十九年になると、ずいぶん変わってきた。魚雷がよくなり、敵潜水艦の技量も上達した。その上に、アメリカ人らしい冒険精神が、どんな危険をも勇敢に冒させた。定置網を仕掛けたように、ビッシリ敷設した日本の機雷堰を突破するかと思うと、海岸のすぐそばにまで接近して、鉄橋の爆破を試みる。容易ならぬ威力を示してきた。

「愛宕」は、パラワン島のそばにさしかかった。運命の二十三日の朝が明ける。明けるといっても、艦の隅々にはまだ夜の闇が残る。日の出二十六分前——午前六時三十分であった。

朝は、危ない。艦内は、異常な緊張に包まれていた。之字《のじ》運動（潜水艦の攻撃を避けるためのジグザグ航行）が開始され、「愛宕」は舵をとって、ほぼ北（真針路十度）にピタリと艦首を据えた、そのときだった。

右舷高角砲指揮官と見張員の何人かが、右前方六百メートルばかりのところ、油を流したような海面に、ちょうど小さな渦が巻いているような、水面がちょっと凹んでクルクルとまわっている妙なものを見つけた。

おかしいぞ、と目を凝《こ》らすうち、突然、背筋に冷水を浴びせられたような感じが走った。

「魚雷！」

とっさに艦橋に報告しようとした瞬間、右艦首にドシンと何かぶつかった衝撃を感じた。つづいて、爆音と大震動が、艦全体をゆるがせた。しまった、と面舵一杯がとられたが、その舵が利いて、艦首が右に回りはじめる前、時間にして十秒後には、第二、第三の魚雷が、艦橋の下、二番煙突の下に命中、それからちょっと間があって、後部砲塔の下あたりに、また一本が命中した。

即刻、防水のブザーが鳴り、乗員は、艦を救うために全力をあげた。第一撃で、艦は右へ六度ばかり傾いている。艦長は、敵潜水艦に体当りしようと、必死に艦を向けなおそうとするが、舵がなかなかいうことを聞かない。

第二撃と第三撃は、ほとんど同時のように思われた。傾斜右へ二十三度。艦内は、電灯が消え、暗黒。その中を懐中電灯の光が交錯し、全力をあげた防水作業がつづけられる。二十三度の傾斜といえば、今にも転覆しそうな恐怖感におそわれるが、乗員は、だれ一人として防水の手を休めない。艦を救わねばならぬ。沈めてはならぬ。艦にたいする愛情は、こういう場合、かれらの足を釘付けにする。

傾斜は、しかし、三十二度になり、四十二度になった。さらに傾斜は増していく。

「総員上へ」の号令がかけられ、軍艦旗卸せの号令もかかる。あらゆる通信装置は不通となり、号令は、口伝えに伝令が走るのみだ。傾斜五十四度。栗田艦隊司令部は駆逐艦に移乗を終わる。前甲板はすでに水面下にあって、艦内はとても立っては歩けない。

中から匍い出してきた乗員たちは、艦の横腹を辷《すべ》り、重油でまっ黒になった水中に泳ぎ出す。火災は、起こらなかった。もし火災が起こって、この重油に火がつくと、生きのびた者まで焼き殺されてしまう。いや、「愛宕」は、爆発も起こさなかった。第一撃をうけてから二十分。まことに呆気ないほどの時間に「愛宕」の巨体は、するすると水中に引き込まれていった。

救助された乗員約七百名。戦死約三百六十名。戦死者が多く、機関科の乗員が多く戦死したのは、雷撃を艦の各部にわたって四本もうけ、前部、第一缶室、第六缶室、右後部機械室に命中した上、沈むまでの時間がひじょうに短かったせいだ。なんとしても、痛嘆にたえない、艦と人との最後であった。

10　好機到来
——重巡洋艦「利根」の秘密

ふしぎな姿の艦

「利根」をみて、いちばんに気づくのは、そのふしぎな姿である。——一本の大煙突が、艦の長さのまん中あたりに聳《そび》え立ち、長大な前甲板に、四基の砲塔が全部集められる。しかも後部に、飛行機が五機も積まれている。つまり、重巡でありながら、水上機母艦でもあった艦だ。

私たちは、軍艦といえば、砲塔が前甲板と後甲板に振り分けられ、まん中あたりに艦橋と煙突があって、こんもり高くなり、うまくつり合いがとれているものをイメージしている。それだからこそ軍艦は美しく、かつ勇壮でかぎりない威力を秘めているように思うのだが、「利根」は、そのうちでも、もっとも新鋭の重巡でありながら、なにか途方もない艦だ、といいたくなるような、異様な格好をしているのである。

むろん、これには、理由がある。

もともと船体は最上型と同じだけれども、ますます海戦に飛行機が決定的な役割を果たすようになって、最上型の四機では足りず五機にふやした。

だが、この場合、最上型と同じ格好にしておくと、後部砲塔が射撃するとき、発射のときに起こる爆風で、飛行機に強い衝撃をあたえ、翼をちぎったり、ひっくり返したりすることになる。飛行機を積んでいると、後部砲塔はまるで射撃ができないのだ。それでは困る。いっそ思いきって飛行機に重点を置き、そんな事故が起こらぬように、はじめから大砲を全部前の方に集めてしまったらどうだろう。

前部に砲塔を集めると、こんどは、後ろから来る敵を撃つことができなくなるおそれがある。そこで大苦心をした。「利根」の二番砲塔をヒョイと高くした。もともと後ろ向きの三番、四番砲塔の肩越しに、二番砲塔も後ろを撃てる。計六門だ。といっても、後部に二砲塔を置いた場合のように、真後ろは撃てない（そのときは、ちょっと艦のアタマをヒネれば撃てることは撃てる）。

最上型二十センチ十門を八門にしたこと、それに、いま述べた真後ろが撃てないことは、飛行機の優勢にもかかわらず、確かに利根型（「筑摩」と二隻だけ）の欠点には違いない。

しかし、利根型の欠点は、かならずそれを上回る利点で償われているはずである。

利根型の長所は、まず前述の、飛行機が五機も積めること。つぎに重い砲塔や、それにつながる弾薬庫などが一つ少なくてすんでいるから、四つの砲塔関係に、最上型よりもひとまわり丈夫な防御ができたこと。

たとえば、一発タマが飛びこんだら最後、ものすごい誘爆を起こし、艦が二つに割れてしまうほどの弾火薬庫には、最上型は天井に四十ミリの装甲鈑しか置けなかったが、五十六ミリもの鋼鉄を張ることができている。そうした防御を強くしたほか、燃料タンクが余分につくられて、最上型が、十四ノットで八千カイリの航続力しかもてなかったものが、三割増しの、十八ノットで八千カイリをノン・ストップで走れるようになっていた。

この航続力が大きいことは、本隊から離れて、先の方にとび出し、縦横無尽の奮戦をしなければならぬ重巡にとって、ひじょうに大切である。たとえばハワイ作戦をするにしても、途中で油を補給しなければならぬかどうかは、給油艦が、とかく速力の遅いタンカーであるだけに、致命的な欠陥となりうるのである。

一言でいえば、「利根」は、日本の重巡の中でも、もっとも完成されたタイプの艦で、しかも、日本海軍が考えていた近代海戦の要求に、もっとも適合した巡洋艦だ、とすることができるだろう。

「利根」要目

公試排水量	一三三二〇トン
長さ（水線長）	一九八・〇〇メートル
幅（最大）	一八・五〇メートル
深さ	六・二三メートル
馬力	一五二〇〇〇馬力

速力　三五・〇ノット
備砲　二〇センチ砲八門（連装砲塔四基）
　　　一二・七センチ高角砲八門（四基）
発射管　六一センチ一二門（三連装四基）
飛行機　カタパルト二基、水偵五機
主機械　艦本式タービン四基
缶　ロ号艦本式八基
推進機軸　四軸
起工　昭和九年十二月一日
進水　昭和十二年十一月二十一日
完成　昭和十三年十一月二十日
建造所　三菱長崎造船所

すばらしい艦

「利根」は、このようにして完成したが、まことにすばらしい艦であった。艦にも人と同じように、クセがあるが、「利根」は申し分なかった。

連合艦隊では同型艦「筑摩」とともに、第八戦隊として、第二艦隊に配属された。

第二艦隊は、前進部隊というので、第一艦隊（主力部隊）のずっと前に出ばっていき、攻めてくる敵に夜戦をしかけ、主力部隊が最後の大砲撃戦をする前に、敵艦隊を食えるだけ食ってしまおう、という狙いであった。

まだそのころは、空母中心の機動部隊という新しい戦法は考えられていず、前からの、やはり戦艦とその大砲の力を中心にした艦隊決戦計画が組み立てられていた。

そこで、数の少ない日本海軍が、数の多いアメリカ艦隊に対抗する方法として、主力部隊が撃ち合うときまでに、アメリカ艦隊を、日本がかならず勝てるところまで減らしてしまう——漸減作戦が考えられた。

戦艦とまっ昼間戦うには、どうしても戦艦が必要である。ところが、ワシントン条約で、五隻の米戦艦が三隻のわが戦艦に対抗するよう、兵力量を制限された。それでは、戦争は戦う前に決まってしまう。だから、「夜というカクレミノ」を着せて強くした重巡、駆逐艦部隊に、魚雷を射たせる。「夜」プラス「魚雷」プラス「速力」で、重巡は、戦艦の「大砲」プラス「装甲」に勝てるのである。

ついでながら、前進部隊のもう一つ敵側に、先遣部隊という名前で、潜水艦が進出する。いまの筆法でいくと、「海というカクレミノ」プラス「魚雷」で、潜水艦は、戦艦、重巡部隊に対抗できるわけになる。

こう述べてくると、重巡戦隊の戦闘が、なぜ壮烈なのか、なぜ壮烈なのが本質であるか、おわかりになるだろう。

戦艦の四十センチとか、三十六センチとかいう大砲弾を食っては、重巡はひとたまりもない。弾火薬庫の天井が、四十ミリから五十六ミリにふえたところで、この場合、大した影響はない。「大和」の防御甲板の厚さは、舷側の水線で四百十ミリ、中甲板の平らなところで二百ミリ、砲塔の丸い部分が五百六十ミリである。これではじめて食い止められる砲弾なのだ。五十六ミリで、なにができよう。

ところが——前にも述べたように、日本の重巡群は、おどろくほど沈まなかった。ことに「利根」は、武運長久。各作戦には獅子奮迅の戦いぶりをしながら、レイテ作戦にも生き残り、終戦直前の呉大空襲で命中弾六発、至近弾十四発を受けながら、それでも沈まず、浅瀬にひかれてノシ上げ、軍艦旗を最後までひるがえしていた。大したものであった。

真珠湾奇襲に出陣

太平洋戦争がはじまったとき、「利根」は僚艦「筑摩」と共に、ハワイ空襲に参加した。日本海軍の中から、一粒選りの最精鋭部隊をつくったのだから、「利根」と「筑摩」が入らないわけはない。

「赤城」「加賀」「瑞鶴」の左七キロに「蒼龍」「飛龍」「翔鶴」が並び、「赤城」と「蒼龍」の外側十キロに、それぞれ「比叡」と「霧島」の高速戦艦、「瑞鶴」と「翔鶴」の外側十キロに、同じく「利根」と「筑摩」が進む。いわばIIの字型の陣構え。速力十二ないし十四ノットで、ひそかに太平洋を東へと押し渡った。

十二月四日、機動部隊は、ハワイ北方で針路を南東に転じた。すでに、十二月二日には、十二月八日を期して武力を発動せよという「新高山登れ」の隠語電報が到着していた。

十二月五日、「日米交渉は妥結の見込みなし」といってくる。戦機は刻々に熟し、オアフ島も、時間の刻みとともに近づいてくる。

十二月六日、最後の燃料補給を終わり、七日、駆逐艦への補給をすませると、タンカーは引き返させ、正午、二十四ノットに増速、一路オアフ島に向かい、突撃した。

十二月八日が、音もなく明けようとしていた。風がやや強く、うねりがあり、艦は相当ブッていた。日の出一時間前、「利根」と「筑摩」のカタパルトから、轟然、水偵一機ずつが射出された。真珠湾一番乗りだ。上甲板のあちこちに立った人たちが、力いっぱい手をふる。残月が、雲間にあった。その月を横に、二機の機影は、まもなく雲中に消えて、見えなくなった。

海が、少しずつ明るくなる。日の出だ。が、乗員は、いつもなら荘厳な日の出に、しばらくわれを忘れて見入るものだが、だれも見ようとしなかった。空母群が、めいめい風に向かって走りはじめたのだ。

手が汗ばんでくる。ただ無言である。飛行甲板の上に並ぶ黒く小さな飛行機が、すぐ頭の上を飛んでいるように大きく見える。聞こえるはずのない爆音が、耳の奥で、ごうごうと響きわたる。

「おッ。飛んだっ」

だれか――いや、みんなが叫んだ。声にならぬ声が、艦内にワーンと渦巻いた。

Z旗が、檣頭高く揚がっている。総員配置について、砲員は砲で、水雷科員は発射管で、がんばっているが、みな、なんとかしてこの壮大な瞬間を見ようと首を伸ばす。

五機、十機、五十機、百機、百五十機と、頭の上は、爆音と味方機の翼に描かれた真紅の日の丸で埋まった。と、みるみるうちにその百八十三機の飛行機群が編隊を組んだ。堅く、あざやかな大編隊を組んで真一文字に南へ、真珠湾へ飛び去った。「利根」からは、第二、第三の水偵が、射ち出された。機動部隊の東と西の海面を、できるだけ広く捜し、敵部隊と飛行機を偵察するためである。

間もなく、空母からは、第二波の百六十七機がとび出し、第一次攻撃隊のあとを追った。

飛行機を出したあとの機動部隊は、ひっそりと静まりかえった。敵の来襲を警戒して、キュッと引きしめた隊形になる。上空、雲間に見えかくれする味方戦闘機は、敵が来たら、即座に飛びかかろうとする身構えである。

だが、なんとしても、真珠湾に出した飛行機隊が心配だ。イチかバチかの戦闘であるだけに、飛行機の半分ちかくがやられる懸念もある。

機動部隊は、予定にはなかったが、たまらなくなって、さらに南へ、真珠湾にむかって二十ノットで進撃した。艦が、真珠湾軍港に近づけば、それだけ攻撃をうける危険が多くなるのは当然だが、それよりも、傷ついて帰ってくるに相違ない味方機を、一機でも多く救いたいと考えた。

「利根」が間もなく、空襲部隊総指揮官機から打った「われ奇襲に成功せり」の電報をうけて、艦内どッと歓声に湧いたのは、いうまでもなかった。

機動部隊は、真珠湾から約百六十カイリのところまで近よった。自殺的行為ともいわれるくらいの近さだったが、それでも燃料不足のため、「われ洋上に自爆す」と悲壮な電報を打って、ふたたび還らなかった飛行機が二、三機あった。

ハワイ奇襲は、こうして、大成功のうちに終わった。米戦艦八隻、巡洋艦三隻、駆逐艦三隻、その他四隻が、沈没ないし大破し、米飛行機約四百六十二機が撃破または使用不能となった。

「利根」は、「筑摩」とともに、途中から機動部隊と分かれ、ウェーキ島攻略に参加、必死に戦った米ウェーキ島守備隊の死命を制した。「利根」後年の奮戦ぶりから見ると、これなど朝飯前のわざだったかもしれないが、ハワイからウェーキにいたる開戦当初の一戦は、いかにも「利根」の底力の大きさを思わせるものがあった。

ミッドウェーの悲運

その後も「利根」は、日本海軍唯一最大の強打力であった機動部隊とともに行動した。正式の名前は、機動部隊の「支援隊」だった。まったく大変な用心棒だ。「瑞鶴」「翔鶴」の最優秀空母と大差ない航続力をもって、どこまでも、とばしていった（航続力、瑞鶴級十八ノット、九千七百カイリ。利根級十八ノット、八千カイリ）。

かれらは、ウェーキから内地へ、内地からアンボン、ラバウル、さらに一躍して、豪州北西端のポートダーウィンに襲いかかった（十七年二月十九日）。この空襲は、もののみごとに運ばれた。ダーウィンは、その後、連合国側が放棄せざるを得なくなったほどの、すさまじい、また的確な破壊だった。

つづいて、ジャワ南方の港、チラチャップを衝き、ジャワから夢中で逃げ出そうとしていた敵を一掃。四月に入ってさらに一転、インド洋に進出。あたかもブルドーザーのように、目に入った敵をことごとく薙《な》ぎ倒してしまった。向かうところ、敵なしだった。

だが、ミッドウェー海戦（六月五日）には、失敗した。失敗といっても、「利根」のカタパルト（射出機）の故障である。そのため、水上偵察機が射ち出せない。「榛名」の飛行機は、すでに飛び出した。「赤城」からも出た。「利根」の一機は出た。が、もう一機が出ない。そして、故障がなおり、パンと勢いよく「利根」機がとび出したときは、予定時間から三十分遅れていた。

不運が日本海軍の頭上に、黒い爪をひろげていた。三十分遅れて出た「利根」の一機は、ちょうど東に向かった捜索線のまんなかの部分、いちばん重要な部分を捜す役目であった。その上、遅れた「利根」機のすぐ北隣を捜す役目の「筑摩」の一番機までが、エンジンの調子が悪くて、なかなか飛び出せず、飛び出したあとも、エンジンの調子がよくならず、天候不良も手伝って、途中から引き返してしまった。

敵機動部隊は、この「筑摩」機と「利根」機の飛ぶ下を、北から南へ進んできた。まず「筑摩」一機が見つけねばならなかったはずなのに見逃した。しかも途中から、前述のエンジン不調で引き返した。一方、出発の三十分遅れた「利根」の飛行機は、したがって敵発見が三十分遅れた。その三十分遅れた敵発見の電報——重要も重要、命とりの重要電報が飛行機から「利根」へ、「利根」から「赤城」へと転電され、その間に時間がかかり、さらに約三十分も遅れて南雲長官の手許に届けられた。つまり、出るのが三十分遅れ、見つけて打った電報が、途中で三十分、さらに遅れをふやした。大ざっぱないい方だが、図らずも一時間の遅れが出たわけである。

戦場の一時間が、どのくらい戦いの勝敗を左右するか、いうだけ無駄だ。七分間のグズグズで、戦闘を失った米艦隊司令官が二人もいる。

ミッドウェー海戦で、よく、運命の五分間という言葉が使われる。味方の全機が発艦準備ができるまで、あと五分というときに、米空母機が突如、雲間から降ってきて、あっという間に「赤城」も「加賀」も「蒼龍」も数発ずつの命中弾を食ってしまった、という。が、その五分間は、ほんとうは原因の一端なのであって、実際は、いま述べた一時間の空費がポイントである。

五分ならば、いかにも「残念、無念」で、もうちょっと何とかしていれば、うまくいったような気がするが、「一時間」である。ちょっとした「何か」では救われない、大きな大きな手ヌカリ。その手ヌカリとは、カタパルトの整備不良というよりも、敵情を知ろうとする努力が足りず、そのうえ、飛行機から司令部への意志の疎通が、うまくできなかったことによる。

シマッタ！　と、「利根」は、奮迅の武者ぶりで戦った。はらわたを断つ思いで、襲いかかる敵空母機を撃ちまくった。「赤城」「加賀」「蒼龍」、いずれも命中弾をうけて黒煙天に沖していた。一隻、損害をまぬがれた「飛龍」の孤軍奮闘。

その「飛龍」も、敵の第二次攻撃に潰えるのだが、そのとき、「利根」にも十二機の急降下爆撃機と三機の攻撃機が、突っこんできた。しかし、猛烈に撃ち上げる弾幕に、アメリカの操縦者もヘキエキしたのか、ついに一発も命中しない。「筑摩」も十三機に取り囲まれたが、これも無事であった。

おそろしいことだ。天下無敵を誇った南雲機動部隊は、中核空母四隻を一時に失い、ハワイ以来の神わざ搭乗員多数を死なせてしまった。

いったい、これはどうしたのか。

南雲部隊は、歴戦の空母四隻と、優秀きわまる搭乗員をもっていた。出てきた米空母は、三隻にすぎない。しかも、日本の飛行機は第一次攻撃隊百八機、第二次攻撃隊百八機で、二百十六機を動かしたのに、米空母は、第一次百十七機、第二次四十機だけであった。技量では、いうまでもなかった。あらゆる点で、日本の方が優勢だった。それが、四隻とも全滅したのである。一時間の遅れと、その遅れをつくった理由のために。

――いや。「利根」を述べるのに、ミッドウェーばかりに熱を入れているわけにはいかない。が、ミッドウェーは、日本海軍の運命にたいする重大転機だった。だからこそ「利根」にとっても、たしかにその生涯を支配する、見過ごすことのできないエポックだった、というべきだろうか。

レイテ沖奮戦

「利根」が、その生涯を通じて、もっとも痛快な活躍をしたのは、レイテ沖海戦であったろう。むろん、ミッドウェーからレイテまでの間には、第二次ソロモン海戦（十七年八月二十五日）、南太平洋海戦（同十月二十五――二十六日）、第一次ラバウル空襲（十八年十一月五日）、「あ」号作戦（サイパン沖、十九年六月）などに参加したが、さすがにレイテ沖の奮戦に匹敵するものはなかった。

戦闘のすがたが、すっかり変わっており、戦いは空母から飛び立った飛行機と相手の空母との間に戦われ、その空母機動部隊――日本海軍で、そのときどきに、もっとも強力な部隊の警戒に当たっていた「利根」は、ソロモンでの一騎討ちの機会もなく、敵艦の姿をほとんど見ぬまま海戦の勝敗がきまるありさまに、どちらかというと、髀肉の嘆に堪えぬ、というところだった。

が、その「利根」にも、すばらしいチャンスが来た。

昭和十九年十月二十二日、ボルネオを出発した栗田艦隊の第二部隊に「利根」は属した。第一部隊には、重巡「愛宕」「高雄」「摩耶」「鳥海」「妙高」があり、超戦艦「大和」「武蔵」と「長門」が加わり、第二部隊には「利根」「筑摩」「熊野」「鈴谷」に高速戦艦「金剛」「榛名」が入っていた。いわば、日本海軍の総力をあげた一大決戦であった。

ただし、残念ながら、その顔ぶれは、空母を欠いたアンバランス——というよりは、明治時代に逆戻りしたようなもので、もっとも大切な飛行機が実勢力ゼロにひとしく、陸上基地飛行機の支援に頼るつもりが、飛行機の数が少ない上に、技量が落ちたこと、天候が不良だったこと、などのため、一機も間に合わない。ついにハダカのまま、目の前の状況が何もわからないまま、ドシャぶりの雨の中に突っこんだ。

敵がどこに、何隻いるやら、それがどんな動きを示しているやら、ほとんどなにもわからず、ただもう、無二無三に進んでいった。

いいかえれば、特攻も同然だ。北から南下してきた小沢空母艦隊など、オトリ艦隊——一方的に破滅することの代償に敵航空部隊の破壊力を引きつけ、それで栗田艦隊が飛行機を持たないのをカバーしようとした——そういう作戦計画を立てていたのだから、レイテ沖海戦が、どんなに常識はずれの戦いだったか、わかろうというものだ。

二十三日朝の敵潜水艦による攻撃で、「愛宕」「摩耶」沈没、「高雄」航行不能。翌二十四日の大空襲で、「武蔵」沈没。「高雄」を後退させるため、護衛として駆逐艦二隻をつけたから、それだけ兵力が減った。「妙高」も雷撃をうけたので、自力で後退。「武蔵」沈没で、乗員を救助した駆逐艦二隻は、怪我をしたため、これも後退。栗田艦隊も一時はどうなることかと案じられたが、敵機の攻撃がなくなったので前進をつづけ、二十五日真夜中、狭い海峡を通りぬけて太平洋に出た。そして、計画どおり、レイテ湾に向かうため、南下をはじめた。

このときの隊形は、前列両わきにそれぞれ一コ水雷戦隊ずつ——といっても、以上のようなわけで、一方は駆逐艦三隻、他方は七隻という、恐ろしく淋しい水雷戦隊ではあったが。その左の水雷戦隊の内側五キロのところに、「熊野」「鈴谷」「筑摩」「利根」が並び、右の水雷戦隊から五キロのところに「羽黒」「鳥海」の二重巡。「熊野」と「羽黒」の間が十キロ。そして、その後方、ほぼまん中に、五キロの距離で右に「大和」「長門」、左に「金剛」「榛名」の四戦艦。

そうすると、まったく不意に、米空母部隊を約三十二キロにとらえた。それっ、天の助けだと、いっせいに攻撃の火蓋を切った。砲撃戦だ。敵空母を目標にして砲撃戦をするなど、だれが思ったろう。砲撃戦こそ、日本海軍三十年来の訓練を重ねてきたものである。開戦以来、すっかり飛行機にお株をとられて、切歯扼腕していた砲術科員（海軍では、優秀な士官や兵たちを、まず砲術科に採り、手塩にかけて戦艦や重巡の砲員に仕立てていた）が、嬉し涙を流して喜んだのも無理ではなかった。

敵は、大型の正規空母だ——と、みんな直感した。「全軍突撃せよ」「全速力となせ」「全力を挙げ東方に進撃せよ」などという、血湧き肉躍るような命令が、立てつづけに出された。

もはや、隊形などにこだわっている場合ではない。敵は正規空母である。大威力をもっている。敵は、大急ぎで逃げ、きっと飛行機を飛ばしてくる。そのチャンスをあたえてはならない。あたえたら、飛行機のない味方は、百年目だ。急げ急げ。追え追え。ごうごうとエンジンを回し、白波を蹴立て、スコールと煙幕のかげにかくれて逃げのびようとする敵空母部隊を、猛然と追い立てた。追い立てながら、主砲を撃った。「大和」の四十六センチ砲が咆える。「長門」の四十センチ砲、「金剛」「榛名」の三十六センチ砲が、とどろく。

その間に、「第五、第七戦隊突撃せよ」の命令が下る。

午前七時半少し前、敵駆逐艦の魚雷が「熊野」の艦尾に命中した。すぐに「鈴谷」が代わって旗艦となった。だが、その「鈴谷」は、その前に爆撃をうけて、速力が出ない。「鈴谷」「熊野」は取り残され、いまは「利根」「筑摩」「羽黒」「鳥海」の四隻が合同し、一緒になって飛ばしていく。

「熊野」「鈴谷」「筑摩」「利根」が、フルスピードで突進する。

レイテ沖海戦の白眉は、この重巡戦隊の追い込みであった。長大な船体、巨大な煙突、波型の甲板――見るからに勇ましい重巡四隻が、トップスピードで、白波を上甲板よりも高くあげ、二十センチ砲塔をぐうっと敵空母に向け、たえ間なく砲弾を撃ちながら、ぐいぐいと追い迫ってくるのである。

八時半ころから、敵機が出てきた。はじめは、「金剛」と、内側に回った水雷戦隊を悩ませていたが、だんだん機数を増してこんどは重巡部隊に挑んできた。敵からみて、いちばん痛い、いちばん危険な部隊を攻撃してきたのだ。

折から、付近にはスコールが断続し、その中にとび込んだら、あたりは何一つ見えなくなった。そのスコールの外側で、待ち伏せをした敵機が、追撃一途に全力をあげている重巡戦隊の頭上から降ってきた。あたかも、太陽を背にして飛びこんできたミッドウェーの場合と同じように。

　あっという間に、「鳥海」がまずやられ、落伍した。「筑摩」もまた、中央部に魚雷一本が命中、動けなくなった。

「利根」と「羽黒」が残った。

「利根」は、一歩も引かぬ。風を切って敵に追い迫る。「羽黒」も、「利根」の後に入って追う。「利根」艦長黛《まゆずみ》治夫大佐。「羽黒」には、第五戦隊司令官橋本信太郎少将が乗っている。当然、「羽黒」が先頭であるべきだが、いまの場合、そんなことをいうヒマはない。死に物狂いで逃げていく敵空母を追いつめ、ツルベ撃ちの砲火を浴びせ、一刻も早くこれを葬り去らねばならぬ。

「利根」は撃った。距離は近い。十キロあたりだ。煙幕がもやもやとただよい、その中を見えかくれして逃げる空母の姿が、よくわかる。砲弾が命中して、カッと閃光を放つのまでも見える。手を伸ばせば、届きそうな距離だ。もう一息。

　そのとき、「大和」から、「集まれ」の命令が出された。もう一息、というところで、なぜ総指揮官が追撃を中止したか——などはこの場合、どうでもいい。「利根」乗員は、「いまさら引き返して、絶好のこのチャンスを逃がすテはない。イギリスのネルソン提督は、引き返せと信号が揚げられたとき、見えない方に望遠鏡を向けて、信号が見えないといってトボけたというじゃないか。このまま、知らんふりしていっちまおう」と考えたが、軍隊の命令というものは、そうもいかない。

最後は、八千メートルにまで敵に近づき、むろん「利根」と「羽黒」が、最前線の、しかも先端で、あと一歩、というところまで迫りながら——引き返した。

「利根」にとって、千載一遇の機会に恵まれた大奮戦であったが、このえんえん二時間にわたる追撃戦だけで、第七戦隊「熊野」「鈴谷」「筑摩」「利根」の四隻は、「利根」たった一隻になってしまった。「熊野」大破、「鈴谷」「筑摩」は自沈。「利根」こそ、「羽黒」とともに、たいへんな強運児だった。

悲痛な最期

「利根」の強運は、たしかに開戦以来のものだった。人一倍、戦場を駈けまわり、大きな海戦にはことごとく参加し、そして、乾坤一擲の大特攻戦——レイテ作戦にも生き抜いた。同じように生き抜いた重巡が、シンガポールで、マニラで、敵機と敵潜水艦の雷爆撃によってつぎつぎと憤死していったにもかかわらず、「利根」は無事に呉に着いた。

戦局は、極度にわるかった。のみならず、油がない。内地に残っていたわずかばかりの油と、敵潜水艦を攻撃するための小型艦艇の油までさらって、「大和」の沖縄特攻部隊が出撃した。「利根」も、ご多分にもれなかった。油がないから、動けない。江田島にある海軍兵学校の向こう側、兵学校の練兵場からよく見えるところに、カムフラージュした「利根」がつながれた。こんな姿になるのだったら、レイテ沖でハナバナしく討ち死にした方がよかった、というものすらいたが、しかし、軍艦旗は高々と揚げられていた。なにくそ！　最期まで頑張ろう。撃てるかぎり撃ちまくり、日本海軍の伝統を汚すまい。ふるい立った乗員の前に、二十年七月二十四日、米空母機の群れが、おそいかかった。

レイテ沖で、被害をうけなかったのは、「利根」が高速でとばしつつ、右に左に、操艦の妙を発揮したからであった。いまは動けない。江田内の岸近く、しっかりと錨泊している「利根」である。

乗員は、猛烈に撃った。何機か撃ち落とした。だが、逃げる手段がない。ついに直撃弾四発、至近弾七発をうけてしまった。煙突の根もと、左舷カタパルトの前、右舷カタパルトのそば、後甲板に一発ずつ。その左舷カタパルトの前の直撃が、左舷側に噴き出して大穴をあけ、ないしは外鈑を、ブカブカにした。

「利根」には、海水が奔入し、危険が迫った。乗員は、全力をあげて、「利根」を救おうとし、陸岸近くに曳いて浅瀬にノシ上げさせた。

が、米空母機による第二撃が、二十八日にまた来た。こんども直撃弾二発、至近弾七発。これが致命傷だった。浅瀬に乗り上げていたため、沈没こそしないが、とても二度と使うことができないまでの損害であった。

ついに、艦を棄てることが決定された。全員が、呆然と見つめるうちに、ハワイに、豪州に、サンゴ海に、サイパンに、フィリピンに、誇りとともにひるがえった軍艦旗が、しずかに引き卸された。

が、乗員は、まだ半信半疑だった。

——あの艦が、おれたちの「利根」が、どうしてもう役に立たないンだろう。なぜ棄てなければならンのだろう……。

終戦は、それから十日後だった。

11　海軍の伝統

——水雷艇「友鶴」の教訓

「昭和十一年危機」

昭和九年、十年は、日本海軍にとって、魔の年であった。風波が強かったからとはいえ、軍艦が横波をうけてひっくりかえったり、波に叩かれて、艦首をもぎとられたりしたのである。

軍歌にも、

「いかに強風吹きまくも、いかに怒涛は逆巻くも、たとえ敵艦多くとも、何おそれんや義勇の士……」

とあった。敵弾に沈められることはかねて覚悟している海軍軍人だったが、まさか風や波のために艦が転覆し、船体が折れ、チギレようとは、夢にも思っていなかった。

海軍将兵のうけたショックは、大きかった。それ以上に、海軍省、軍令部など中央の首脳部は、蒼くなった。

なった。


「昭和十一年危機」が、目前にあった。

そのころ、海軍にとって最大の障壁であった軍縮条約。それに縛られて、戦艦は、対米六割に押さえられていた。重巡には、いくぶん余裕があったものの、条約でアメリカは三隻の新造を認められていたから、それが完成する昭和十一年には、重巡も対米六割を割ることになった。

七割の兵力量をもてば、防御的海軍でも、なんとか勝機を見出すことができる。しかし、六割では、どうしても勝てない――というのが、当時の軍事常識であった。

「もし、十一年に日米戦争が起こったら」

と想像するだけで、ことに軍令部は、作戦を担当しているだけに、居ても立ってもいられなかった。パニックにも近い思いに苛立っていた。

そこへ、予想もしなかった「水雷艇『友鶴』事件」が、突発した。

昭和九年三月十二日午前四時すぎ、佐世保港外で夜間訓練をしていた水雷艇「友鶴」が、風浪のために転覆した、というのである。

「まさか」と、はじめはだれも信じなかった。

しかし、だんだん事態がハッキリしてくると、だれもが仰天した。

「風力約二十メートル、波高約四メートル、ときどき降雨あり、相当の荒天だった」

というが、この程度の「荒天」は、日本近海には、ちょいちょい起こる。そのたびに艦がひっくりかえっていたのでは、命がいくつあっても足りはしない。

「友鶴」は、半月前、二月二十四日に竣工したばかり。基準排水量五百二十七トン。軍縮条約では、六百トン以下は制限外になっているから、これに適当な兵装を積む。そして、条約でトン数を押さえられている駆逐艦の不足をおぎなおうとしたものだった。

用兵者、つまり軍令部側は、この小さい艦に、大型駆逐艦のもつ十二・七センチ砲三門を積み、お家芸の夜襲と雷撃ができるよう、五十三センチ発射管四門を備え、三十ノット（五十六キロ）の高速を出すことを、要求した。

この要求をうけた艦政本部の基本計画主任が、前任者の平賀譲造船中将であったら、断固として、これを蹴っていただろう。

「あれは、平賀譲ではない。平賀不譲だ」

と軍令部あたりの悪評を買っていた人である。

海軍は、この「煙ったい」平賀をそのポストからはずした。テイよくロンドンに派遣し、帰朝すると技術研究所長に押しやり、東大教授にまつりあげた。「夕張」「古鷹」「妙高」などの名艦を設計して、世界を驚倒させた頭脳よりも、「軍令部のいうことをよくきく基本計画主任」が欲しかったのだ。

平賀に代わった計画主任は、藤本喜久雄造船少将だった。

藤本は、イギリスに学んだ不世出の名設計者であり、その点では、平賀と甲乙つけがたい逸材。日本の駆逐艦を一挙に世界最強にした特型駆逐艦「吹雪」や、「妙高」の改良型である重巡「高雄」「最上」、高性能空母「蒼龍」などは、かれの設計になったものだ。

だが、この二人の間には、抱懐している考えに、一部、違いがあった。平賀は、艦の安全性、つまり復原力の確保こそ艦艇設計の第一義だとし、かれの考えた安全規準を超える兵器の搭載は、いくら強硬に軍令部が要求しても、断固として拒否した。しかし藤本は、かれの知識と理論が許すかぎり、できるだけそれを容れ、すこしでもユーザー（用兵者）の満足する艦を造ろうと努めた。

この藤本の善意の足を、用兵者が引っぱった。あれもこれもと、新式兵器を載せることを要求する。トン数は六百トンを越えられない。したがって、攻撃兵器以外の船体や機関は、一グラムでも軽くしなければならなくなる。軽い船体に、重い兵器を積みあげる。構造的強度が弱くなる一方で、復原性が悪くなる。

だが、そんなことに頓着する用兵者ではなかった。軍縮条約からくる危機感が、たえずかれらをあおりたてる。載せろ、載せろと強要する。

こうして、その軍令部が、

「世界無比の性能だ。わが造艦技術は、不可能を可能にした。条約で制限外になっている六百トンの艦に、駆逐艦の性能をもたせることに成功した」

と鼻高々の水雷艇が完成した。ギリギリの復原力しかもたされないで――。

「積めるだけ積め」

三月十二日の真夜中。風波がそれほど危険だとは、だれも思わなかった。

「友鶴」と同型艦の「千鳥《ちどり》」「真鶴《まなづる》」の三隻で、新しく二十一戦隊が編成されていたが、戦隊は、午前一時、佐世保出港。五島灘で、旗艦の軽巡「龍田」を目標に、暗夜の襲撃訓練をはじめた。

「時化《しけ》る夜は、絶好の訓練日和だ」

とするのが、海軍の伝統だった。「友鶴」は、艇長岩瀬大尉以下、乗員約百十二名。三番艇として、勇躍、このはじめての出動訓練にとりくんだ。

しばらくすると、時化はますますつのってきた。訓練をつづけることができなくなった。戦隊司令官は、午前三時二十五分、訓練を中止し、佐世保に引き返すことを命じた。

「千鳥」「真鶴」「友鶴」は、一本棒になり、先頭の旗艦「龍田」の後に入って、北東に向かい、佐世保をめざした。

北東に向かって航行をはじめると、それまでと事態が一変した。

風は南南東から強吹していた。その強風にあおられた波は、高さ四メートルにもなって、三隻の水雷艇に、右後方から襲いかかった。

強風波浪に逢ったとき、ヘサキをそれに向けて進めば、怖くはない。ピッチング（縦揺れ）はするし、艦橋にモロに水はかぶるが、よほどのことがないかぎり、大丈夫である。だが、斜め後ろからくる風浪は、怖い。巨大な波型スレート（波の高さ四メートル）を、斜めに、ローラースケートで突っきろうとするようなものである。ピッチングもするが、それより、ローリング（横揺れ）が大きく、それも、真横から波をうけるよりも、ずっと長い間、傾きっぱなしになる。

しかも、地図を見ればわかるが、五島灘では、南からの風と波は、本土と、五島列島で、ジョウゴの形に通路を狭められてゆき、さらに平戸島でフタをされて、行き場がなくなる。

そこで苦しまぎれに逆戻りする。

ところが、南からは風浪が押しよせてくる。そこに、複雑な形の三角波ができる。三角波は怖い。圧倒的に、破壊的だ。

もう一つ。「友鶴」は「千鳥」「真鶴」と違って、竣工後、佐世保に来てから十二日しかたっていない。緊急咄嗟のときの拠りどころとなる乗員の慣熟訓練もできていないし、何よりも、艇長が艇の性質、特長、弱点を、自分の身体ほどに呑みこむまでにはいたっていないと考えるのがスジである。

その証拠に、「友鶴」は、出動前、燃料や清水などの消耗品を、「千鳥」や「真鶴」にくらべ、わずかしか積んでいなかった。なぜ積まなかったかの穿鑿《せんさく》は別とし、これは、船底に積むので、重心を引き下げるのに役立つ。つまり「友鶴」が、同じ条件の下でも、僚艇の「千鳥」「真鶴」よりも一層、転覆しやすい状況にあったことは、疑いもなかったのだ。

事故は、午前四時十二分に起こった。

その十四分前に、「友鶴」の無線受信機が架台から転落して、使えなくなり、マストの上の信号電灯を点滅して僚艇と通信していた。その灯がプッツリと見えなくなったのである。

鍋を伏せたようなカッコウで、漂流している無惨な「友鶴」を発見したのは、その日の午後であった。艇体は、すぐに佐世保に運ばれ、生存者十三名が助け出されたが、艇長以下九十九名は殉職した。

問題は、その後である。

急遽、査問委員会が編成され、調査を急いだ。その結果、「友鶴」の復原力が足りなかったこと、将来、このような災厄の再発を防ぐには、計画と設計を改善しなければならないことが、結論として打ち出された。

「友鶴」の命とりとなった船体の動揺は、四十度あまりと推定された。だが、これくらいで夜戦部隊が転覆していたのでは、日本海軍の伝統的兵術思想である艦隊決戦の構想が、根本から崩壊してしまう。大砲や魚雷を多く積んで、それで世界無比の性能をもたせたと自慢しても、無意味ではないか。

「積め、積め」

と居丈高だった用兵者（軍令部）が、事故に逢って、ようやく目が醒めた。

九年春から翌十年にかけ、海軍工廠、民間造船所をあげて、死に物狂いの改造突貫工事がつづいた。設計中のものの見直しはもちろん、すでに完成していた艦艇も、アヤしいものは徹底的に改善した。

復原性能の基準値をきめて、このモノサシを、新造艦艇、つまり藤本体制によって設計建造された艦艇にあてはめ、不合格のものを片っぱしから改造した。そのうちには、空母「龍驤」「蒼龍」、潜水母艦「大鯨」、重巡最上型をはじめとして、駆逐艦、駆潜艇などの補助艦艇多数が含まれた。しかもこの改装工事は、「昭和十一年の危機」までには、終わっていなければならなかった。

幸い、改造工事は、翌十年に終わった。ところが、その九月二十七日に、もっと大がかりな第四艦隊事件が起こった。この事件は、「友鶴」事件以上に、全海軍の胆を冷やさせた。タイミングも悪かった。「危機」の昭和十一年が、三ヵ月後に迫っていた。

台風に突き進んだ艦艇

第四艦隊事件というのは、「友鶴」が転覆したときの二倍半の風速(五十メートル)、四倍以上の波高(平均十五～二十メートル)で、波長二百メートルの超大型暴風雨に巻きこまれた第四艦隊が、岩手県三陸沖で、艦艇に大小の構造的被害を出し、こんどは船体「強度」の点で、大問題を提起した事件である。

なんどもいうようだが、「昭和十一年の危機」を前に、日本は、連合艦隊の戦力を最高度まで高めておかねばならなかった。そこで、軍令部は、天皇が統監される特別大演習の一ランク下の、伏見軍令部総長宮殿下を統監とする大演習を、企画し、実施し、十分に艦隊の術力を上げ、そのハイライトとして、九月下旬の艦隊対抗演習を実行に移した。

アメリカ海軍に擬した赤軍部隊は、臨時編成の第四艦隊。といっても、連合艦隊や鎮守府部隊から抽出した艦艇で、重巡「足柄」「妙高」「那智」「羽黒」「最上」「三隈」、空母「龍驤」「鳳翔」。そのほか、軽巡四隻、特型駆逐艦九隻を集めた第四水雷戦隊、一等駆逐艦を並べた第三水雷戦隊など。これが函館に集結し、九月二十五日、早朝出港、南下する。最上型重巡二隻、初春型駆逐艦などは、復原力の改造工事をすませた新鋭艦であった。どんな成果をあげるか、みなから、固唾をのむようにして見まもられていたのである。

一方、連合艦隊の主力は、青軍（日本海軍に擬す）部隊として、大湊に集結。そこから八戸東方沖の演習海域に出撃する手筈であった。

そこへ、台風が近づいてきた。

送られてくる気象電報を、航海士かだれかが天気図に移し、等圧線を引いて気象予測をする。艦隊では気象担任艦をきめ、そこで調製した気象図で、指揮官は天候気象の判断をするのがならわしだった。

二十五日の気象図には、台風が二つあった。一つは、四国から山陰を抜けて日本海に出、勢力を衰えさせながら、北海道に達する辺りまで北上して、消えてしまうもので、これは、気にしなくてもよかった。

もう一つは、四日前――二十一日にサイパンの東北東洋上に発生した台風である。発生後三日間は、ノロノロと西に動きながらエネルギーを貯え、北に転向し、猛然と日本列島沿いの洋上を、北海道の東端めざして突進する、いわゆる九月台風そのままの性格をもつものだった。が、そのときには、転向前後から、ほとんど何の情報も来なくなっていた。

当時、もちろん気象衛星「ひまわり」は飛んでいない。内南洋諸島の測候所からの気象通報のほかは、たまたまそのあたりを航行している船舶からの通報が頼り、という心細さで、あいにくこのとき、船舶からの通報は何も来ていなかった。

それが来たのは、二十六日午前三時。日本郵船の小倉丸から入った電報が最初だった。ずいぶん台風が日本に近づいていた。海図で見ると、艦隊との距離は七百二十キロあまりしかなかった。「勢力きわめて猛烈」で、進行方向北北東という。

午前六時になると、小倉丸のほか、龍田丸、モントリオール丸、リマ丸からも情報を伝えてきた。台風の中心示度九百五十七ミリバール、中心から二百七十キロ以内は大暴風雨、進行速度五十八・一キロ、進行方向北北東。そのときの台風と艦隊との距離、約五百五十キロに迫っていた。このまま南下すれば、正面衝突は時間の問題でしかなかった。

二度目の気象通報をうけたあと、第四艦隊旗艦「足柄」(重巡)の艦橋では、航海参謀が松下司令長官に、演習中止を進言していたという。

適切な進言であった。その時点で、すぐにいっせいに西方に針路を変えれば、艦隊は、少なくとも大被害はうけずにすんだはずだ。

なぜなら、台風、ことに進行速度の速い台風は、その中心を通り進行方向に引いた線の右側が暴風雨が強く、「危険半円」で、反対に左側は、「可航半円」といい、風も浪も、比較的弱いのが普通である。航海参謀の進言したとおりにしていたら、結果からみて台風の「危険半円」を南下することになった水雷戦隊(駆逐艦部隊)や、台風の目に入ることになった巡洋艦・空母部隊などは、「可航半円」に逃げこむことができていたろう。

しかし、航海参謀の進言は、たちどころに先任参謀によって一蹴されたという。

「台風で艦がどうかなるようだったら、戦争はできん。絶好の訓練日和だ。中止なんて、とんでもない話だ」

これは、紀脩一郎氏の研究調査によるものだが、この気負った発言は、十分に妥当性がある。

「時化る海こそ、絶好の訓練道場」という考え方は、「友鶴」事件のとき述べたとおり、日清、日露以来の海軍の伝統であり、夜戦部隊、とくに駆逐艦乗りの誇りでもあった。

あるいは、この先任参謀、復原性能の怪しい艦は、みな改修工事を終わっていたから、

「矢でも鉄砲でも持ってこい」

と、強気だったのかもしれない。とかく作戦家は、突撃的で、自信過剰の傾向をもっていた。それでないと、いくさなどできないのだろう。

だが、この人たちが押し立てた「錦の御旗」——「作戦の要求」のために、「友鶴」や、新型駆逐艦や、空母「龍驤」「蒼龍」、重巡「最上」などが、過大兵装によって復原性を危うくしたことは否定しがたい。

午前十一時、「足柄」から第四艦隊あて、

「西方に避航せよ」

との命令が出た。台風を前にして、それでも演習を続行すべし、とするタテマエ論を、危険回避を優先させよ、とする現実論が押さえたのだろう。ところが、それから三十分もたたぬうちに、前の命令の取り消しが令された。「足柄」の艦橋でのスッタモンダが、目に見え

るようだ。

結果、第四艦隊は、駆逐艦部隊が東側、巡洋艦・空母部隊が中央、潜水艦部隊が西側、それぞれ百八十キロあまり離れた三本の列をつくって南下するという、もっとも不運な隊形をとったまま、北北東に突進してくる台風の中心に向かって近づくことになった。

事故原因の究明

雨が、午前十時ごろから降りだしていた。高さ五メートルを越えた波が、二十メートル以上の強風にあおられ、白い歯をむきだして艦艇に襲いかかった。

刻々と波は高くなり、風は強くなった。濛気が一面に立ちこめ、ま昼だというのに、たそがれどきのような、陰々滅々とした海になった。海は、狂ったように、暴れまわった。

艦は、スピードを八ノット（十五キロ）から六ノット（十一キロ）に落とした。それでも、被害が、つぎつぎに出た。

駆逐艦「初雪」の水兵が一人、大波にさらわれた。まもなく、別の大波に運ばれて、その水兵が「初雪」のデッキに戻ってきた。

駆逐艦「秋月」のカッターが流失した。軽巡「川内」の艦尾カタパルト上に固縛してあった水上偵察機も流失した。

正午、台風の中心と「足柄」との距離二百二十キロ。九百五十七ミリバール。台風の時速七十キロ。午後二時、距離四十六キロ。風速四十ないし五十メートル。波高二十メートル以上。艦の動揺、左右五十度。そして、空母部隊は台風の目に入り、雨風がハタとやんで、太陽が雲間から見え、海鳥まで飛ぶのを見た。しかし、それも二十分あまりで、こんどは物凄いカウンター・パンチを食った。

だが、もっとも激しいパンチをうけたのは、まともに「危険半円」に突っこんだ駆逐艦部隊だった。風速五十メートル、波高二十五〜三十五メートル、艦の動揺五十度から七十度。中心に向かって回転しながら吹きこむ烈風は、上昇気流となって吹き上がり、四方にひろがった。中心（目）では、下降する気流があって、これらが干渉しあって、恐ろしい三角波をつくった。これが、「危険半円」の後ろ側に多発する。その部分に、駆逐艦部隊が入っていった。

駆逐艦「初雪」と「夕霧」。どちらも、藤本主任の傑作といわれた特型駆逐艦（千七百トン）だが、三角波にマトモにぶつかり、艦橋前面のすぐ下から船体が折れ、切断された。ほかの特型数隻も、切断の一歩手前という危険な皺が、舷側にできた。また、特型より背の低い一等駆逐艦四隻は、三角波に上からノシかかられ、艦橋が押しつぶされた。

一方、中央を進んだ巡洋艦・空母部隊では、空母「龍驤」の艦橋が圧潰、「鳳翔」は甲板前部が圧潰。重巡「最上」と「妙高」の舷側外鈑に亀裂が入ったり、リベットがゆるんだりした。

そのほか、大小の被害をうけた艦艇をあげると、キリがない。そして、五十四名が、嵐のなかに失われた。

「友鶴」のとき同様、査問委員会が設けられ、海軍の全力をあげて事故原因の究明がつづけられた。結局、艦がはげしいピッチングをくりかえすうち、前甲板の鋼板に皺ができ、さらにピッチングをつづけるうち、その部分が亀裂し、ついに切断に至ったものと判明したが、問題は、この事件の重大な影響であった。

「友鶴」の教訓による改造工事が終わっていたため、四艦隊事件で転覆した艦は一隻もなかった。だが、特型駆逐艦の艦首切断という形で表面化した新式艦の強度不足の問題は、深刻だった。いったい、どうすればいいのか。

海軍省は、この事件の真相を厳秘として、外国、とくにアメリカに洩れないようにし、一方では海軍の総力を挙げて、徹底的な対策をおこなった。駆逐艦などの小艦艇では、外鈑をすっかり剝ぎとって、艦をマル裸にし、艦橋の構造物を宙吊りにして、上甲板や舷側の鋼板を張り替えた。

第四艦隊が遭遇した台風が、造船学上、世界の常識とされていた波浪の大きさの二倍もある超大型のものであったこと、艦艇の強度を増す対策によって、日本海軍の艦艇が、超大型台風にも耐えるようにすっかり変貌したことは、したがって、どこにも発表されなかった。

ハルゼーの嘆き

太平洋戦争で、日本海軍は、開戦後に就役したものを含め、空母二十九、戦艦十二、巡洋艦四十八、駆逐艦百七十八、潜水艦二百隻をもって戦い、空母二十二、戦艦八、巡洋艦三十

六、駆逐艦百三十四、潜水艦百二十七隻を喪失、作戦可能の空母二、巡洋艦三、駆逐艦三十五、潜水艦四十一隻を残すだけになって、完敗した。

だが、その間、戦争の様相が一変し、戦域が予想外に拡大して、低速戦艦以外は、席のあたたまる暇もないほど駆けまわり、今日にいたってもなおアメリカ海軍に敬意を払われ、嘆賞されるほどの勇戦敢闘をくりかえした。

なかでも、ガダルカナル攻防戦の、六ヵ月にわたる駆逐艦部隊の奮戦は、戦前には予想もしない激しさだった。しかもほとんど連日、全速力にちかい三十ノットで、十時間以上を走りに走った。幹部がついに血尿を出すほど、心身をすりへらして戦った。

そんな激戦のなかで、海軍艦艇が、復原力不足で転覆したとか、強度不足で艦首がチギレたとか、あるいは主機械タービンの故障で艦が動かなくなったとか(昭和十二年、駆逐艦「朝潮」のタービンの羽根が折れた。その対策も急遽、とられていた)、そういう大きな事故は、一度も起こさなかった。

もしこれで、「友鶴」事件、第四艦隊事件、「朝潮」タービン切損事件が起こらず、改善対策がとられないままで戦争にのぞんでいたら、日本海軍の艦艇は、トップヘビーで、爆撃や雷撃を回避するために大角度の転舵をしたら転覆しかねず、うねりのあるところで高速運転をつづけると艦首や艦尾が切断するかもしれず、また経済速力で走っていると、タービンの羽根が坊主になって、艦が動かなくなる大事故を頻発させていたかもしれなかった。

これらの事件が、どれもみな、特殊な場合に起こった偶発的事故に見えたとはいえ、よく調べてみると、艦艇自体の構造的な欠陥にもとづくものであったからだ。いつ大事故につながるかわからぬ危険な爆弾を、それと知らずに抱えていたのだ。

さて、おもしろいエピソードがある。

昭和十九年十二月十八日。例のハルゼー艦隊が、第四艦隊事件なみの超大型台風に直撃されたのである。造艦技術の日米の優劣、というのは少し大袈裟だが、第四艦隊事件の真相を知らなかったアメリカの造艦技術者は、どんな造船哲学をもって艦艇を設計していたのだろうか。

ハルゼー艦隊（第三艦隊）は、そのとき、フィリピン沖海戦で栗田艦隊を襲って超戦艦「武蔵」、軽巡一隻を沈め、小沢艦隊の空母四隻、軽巡一隻、駆逐艦二隻を撃沈、多数の艦艇に損傷をあたえ、十二月十二日からはルソン島の日本軍航空基地をあらしまわり、第二回目の航空基地攻撃をひかえて、補給地点に向かい集結しつつあった。

十二月十八日、この勝ち誇った大艦隊は、台風で猛烈に痛めつけられた。レーダーがふきとび、舵が利かなくなり、隊内電話も通じなくなった。風速五十五メートル。駆逐艦三隻が激浪にあおられ、転覆、沈没した。右舷へ七十度以上傾いたまま容易にもどらず、ようやく立ち直ったら、また右舷へそれ以上傾き、そのまま転覆したというから、あきらかな復原力不足である。

「初雪」「夕霧」のように、艦首を切断されたアメリカ駆逐艦はなかったが、軽空母五、重巡二、護衛空母三、駆逐艦八隻は、船体を大破して大修理、ほかに九隻が部分的修理を要するほどの損傷をうけた。

米海軍では、これをカミカゼにやられた、といった。もしかすると、ジョークのつもりなのかもしれないが。

12 憤死の戦場

——高速駆逐艦「島風」非業の死

日本の駆逐艦

駆逐艦には、たいてい、何々型といって、同型艦が何隻かいるものだが、同型艦のまったくいない、たった一隻しかない駆逐艦が、日本海軍にあった。

駆逐艦「島風」が、それであった。

——日本海軍は、西太平洋で、アメリカの渡洋大艦隊を迎え撃つことを考えていた。別にアメリカが憎いから、というのではない。仮想敵国という考え方である。

明治三十七、八年の日露戦争で、日本海海戦があり、ロシア艦隊が完敗した。旅順口の戦い、奉天会戦にも敗れ、ロシアは、いちおう、アジアにおける角逐場から、手を引いた。

軍備は、外敵の侵略から自分の国を護るために持つものである。とはいえ、世界のどんな国から攻められてもかならずそれを撃退できる軍備をもつことは、とてもできない。そのうちで、いちばんジカな関係のありそうな国を対象にする。日本の場合、アメリカであった。

さて、日本の対米戦争を、机の上で考えると、どうしてもこれは海の戦いになる。その戦いも、日本はとてもアメリカに攻めていくことなど、できないから、結局は、迎え撃つ。それも、できるだけ西の方、つまり陸に近く、陸上基地飛行機も使えるところでなければならない。

その戦いは、攻めてくる米艦隊を、日本海軍の特長である夜襲、夜襲で攻め立てて、蟻が砂糖の塊をひいていくように、だんだん米艦を沈めていく。そして、かれらが決戦場にたどりついたときは、日本の戦艦群でマカナえるだけの勢力に減らす。

これは、いまにして考えると、ずいぶん、手前勝手なところがあったようだが、それはそれとして、この戦法を成り立たせるカギは、夜戦部隊の戦力である。夜戦部隊——巡洋艦、駆逐艦が、一騎当千、攻撃力と運動力とが、ケタはずれた強さのものでなければならないことになる。

話を、駆逐艦にしぼろう。

駆逐艦の攻撃力は、魚雷と大砲だ。大モノにたいしては、駆逐艦の大砲など、豆鉄砲にすぎないから、もっぱら頼るのは、魚雷である。

その魚雷も、高速で走るアメリカ艦艇のスピードに打ち勝ち、かならず命中させることのできる場所——射点に、できるだけ早く、できるだけスマートに艦をもっていって、できるだけ多数を射たなければ、なんにもならない。

要約すれば、日本海軍の求めていた駆逐艦は、遠くの方まで行動でき（大航続力）、スピードがすごく速く（大速力）、しかも大型魚雷をできるだけ多数（大攻撃力）もったもの――ということになる。

日本海軍では、海風型から磯風、谷風型にすすみ、さらに峯風型となって、国産航洋駆逐艦の建造は、いよいよ油が乗ってきていた。

谷風型が、三万四千馬力であったものが、峯風型にいたって三万八千五百馬力にハネ上がり、速力も三十九ノットというすばらしさ。

この型の機関は、同型艦十五隻でそれぞれ少しずつ違っており、公試運転の成績も、艦によって多少デコボコがあるが、その十五隻の中の一艦であった「島風」は、なんと四十・六九八ノットという、猛烈なスピードを出した。

私も、この型をちょっと改良した神風型の二隻に乗り組んだことがあるが、じつに、いい駆逐艦だった。

むろん、特型駆逐艦以後の近代性はないが、頑丈で、速くて、ハンディーで、どんなに時《シ》化《ケ》られてもひっくりかえる心配や、壊れる心配をしたことはなかった。

南シナ海から台湾海峡にかけて、警備についたが、モンスーンのひどいときなど、首にタオルを巻き、雨衣を着込んでいても、身体が潮気でベトベトになった。艦橋の天井が、天幕一枚なので、はじめのうちこそ、雨除けの役をしてくれるが、そのうちに、たんなるフィルターの役目しかしなくなる。波がかたまりになって、艦橋に体当りし、ついでに天幕の上からナグリつける。艦橋の中に、水しぶきが飛ぶ、などという程度ではない。水の実体が、ゾーッと落ちる。

当直に立っていると、艦橋のガラス戸越しに、小型の鯨とハナつき合わせる。天幕の上で取り残された魚が、狼狽してハネ上がる。二、三べんハネているうちに、つぎの波が押し寄せ、魚ごと、どこかへ流れおちていく。

それでも、艦はビクともしなかった。無限につづくノコギリの歯のような大波の行列。艦は、二、三十秒ごとに、波の中に艦首を突っこみ、ぐうっと艦首で波をすくい上げ、つぎは艦首の底で、勢いよく波のアタマを叩きつける。艦は、ときおり、武者ぶるいこそするが、泣き声は立てない。今日のメシは、格別ウマいなあと、腹を叩いておかわりをしている水兵たちのように、元気で、朗らかであった。

駆逐艦は発達する

公試運転で四十ノットをはじめて突破した峯風型のただ一隻の駆逐艦が、初代の「島風」であった。そして、二代目の「島風」も、同じようにただ一隻だけで、四十ノットを突破したのである。つまり、日本海軍で四十ノットを超えた駆逐艦は、初代と二代の「島風」、計二隻となるのである。

読者のみなさんは、不思議に思われるだろう。

初代の「島風」ができ上がり、二代目の「島風」が完成するまで、約二十三年ある。日本海軍が、あれだけ大速力の駆逐艦を欲しがっていたのになぜ、そんな長い間、四十ノット以上の駆逐艦を造らなかったのか。

むろん、これには、理由がある。

なるほど、峯風型は、三十九ノットも出すことができ、艦そのものはあの特型駆逐艦の首が折れた四艦隊事件のとき、特型駆逐艦と同じところにいながら、ビクともしなかったほどの強さをもってはいたが、大砲は十二センチ砲四門、魚雷発射管は五十三センチ連装三基、つまり、五十三センチ魚雷を六本しか射てない上に、航続力が十四ノットで三千六百カイリにすぎなかった。

その上に、峯風型を造っているうちに、たとえば大砲の位置を変えて、発砲のときの爆風が発射管にまで来ないようにしてみたり、あれこれ工夫の悪いところを直したりしているうちに、だんだん重量が増し、重心が上にあがってきた。そこで、船体のバランスをとり直そうとして、幅を少しばかりひろげたので、排水量が約五十トンもふえた。スピードが、つぎの神風型にいたって、三十七・二五ノットに下がってしまった。

つぎの代の駆逐艦は、睦月型だ。このときになると、魚雷が進歩し、六十一センチの八年式魚雷を積んだ。各国の魚雷は、すべて五十三センチであった。五十三センチと六十一センチは、ただ魚雷の直径が八センチふえた、というだけではない。頭部につめる火薬の量が、百キロあまりも違ってくる。爆発威力は、たいへんな差が出る。日本海軍が、六十一センチ魚雷をもっていることを極秘にしたのも、こういうところに理由があった。

睦月型は、この極秘魚雷を六本持った。新鋭のすばらしい威力をもった駆逐艦であった。

ただ、そういう新兵器を積んだため、排水量が、また五十トンあまりふえてしまった。兵装を増したり、新型化したりすると、威力はふえるが、重量もまたふえる。

こうして、大型化し、排水量が大きくなると、スピードが落ちてしまうのは、やむを得なかった。

神風型、睦月型の速力、三十七・二五ノットというのは、駆逐艦として、これ以上はマケられないという線だった。だんだん攻撃力を重く見るあまり、速力がギセイになる。天は二物を与えぬ、とあるが、攻撃力も速力もと、二物を追うと、こんどは艦型が大きくなって、機敏な活動ができなくなる。

げんに、太平洋戦争でも、この二つの型の駆逐艦は、堂々、第一線で働いている。峯風型は、少々古くなりすぎて、空母のあとにつき、不時着機を拾う、いわゆるトンボ吊りの役をしたり、あるいは魚雷を全部おろして、哨戒艇になったものもあったが。

そこで、睦月型のあとに造ったものが、有名な特型であった。日本の駆逐艦は、特型で、革命的に一変する。

特型と睦月型とは、威力に格段の開きがあった。睦月型は、六十一センチ魚雷発射管六射線、大砲が十二センチ砲四門、速力三十七・二五ノットであったが、特型は、六十一センチ発射管九射線、十二・七センチ砲六門、速力三十七ノットと、おどろくべき躍進をみせている。そして、この速力三十七ノットを得るために、一躍、五万馬力（睦月型は、三万八千五百馬力）に増した。航続力も十四ノットで、四千五百カイリ。睦月型より千カイリも余計に走れる。

この特型を、さらに発展させたものが、初春型。いわゆる条約型駆逐艦のハシリだ。

それから、初春型の復原性能を上げて、白露型となった。しかし、白露型は、スピードが遅くなりすぎた。初春型ですら三十六・五ノットなのに、白露型では、三十四ノットしか出なくなった。

これでは、困る。

そこで、タービンを改良し、馬力を五万二千馬力に上げ、三十五ノットを出せるようにしたのが朝潮型だ。日本の特型以後の駆逐艦も、朝潮型になって、ようやく船体の強度を最初から増すことができた。が、それを述べると長くなる。この稿では、スピードの問題を中心にして考えてみる。

つぎの陽炎型になると、速力は三十五ノットだが、航続力に重点がおかれ、十八ノットで五千カイリも行けるように発展した。そして、夕雲型では速力を三十五・五ノットと、半ノットふやすことに成功。その夕雲型の一隻を、思い切って速力に重点を置いた実験艦にすることにしたのが、さきほど述べた、二代目「島風」なのであった。

「島風」はなぜ生まれたか

「島風」を設計したころ、つまり、昭和十三年ころは、中国に戦火が燃えさかり、暗雲が東亜の天地を閉ざしていた。だれの目にも、「危機」が見えた。ことに、日本海軍では、東方から伸ばされている干渉の手を痛いほどに感じ、戦備を固めなければ、日本は重大な瀬戸際に立たされるのではないか、とおそれた。

演習にも、訓練にも、悽愴味が加わった。そして、あらためて振り返ってみると、その夜戦の立役者である駆逐艦が、どんどん進歩し、強化されていくアメリカに比べると、運動力で、かならずしもこれを引き離していないことが不安になった。

たしかに、日本の駆逐艦は、アメリカと比較にならぬ大攻撃力を持っている。しかし、それだけでいいのか。魚雷は、いったん発射すると、はじめに決められたコースを、まっしぐらに走るだけだ。狙いが悪いと、相手にかわされたら、絶対に命中しない。酸素魚雷であろうと、空気魚雷であろうと、その点には、関係ない。

敵が、かわそうとしても、かわすことのできないところ、敵の前方、斜め前のところから射つことが、なにより大切になる。が、それには、敵を追い越す、あるいは、悪い体勢からできるだけ早くいい体勢に変えることが重要である。つまり、大速力が要るのだ。

そう考えると、いままで、攻撃力を大きくすることばかりに熱中し、速力が二の次になったことが、いまさらのように思い知らされた。げんに白露型では、三十四ノットしか出なくなっているではないか。アメリカの、当時の最新鋭ベンソン級駆逐艦隊は、三十七ノット。建造に入ろうというリヴァモア級も、三十七ノット。夜戦で、まず敵に大打撃をあたえようという、いや、大打撃をあたえねばならない日本の駆逐艦が、アメリカよりも運動力が劣るのでは、とても戦果は期待できない。

そんな機運——スピードをもっと上げろ、という意見が、急に盛り上がってきた。峯風型ですら、三十九ノット出した。その中の、初代「島風」は、四十ノットを越えた。そんな高速の艦が必要なのだ。

しかも白露型三十四ノット、陽炎、夕雲型三十五ノットというが、それは公試運転のときの速力であって、しばらく行動をつづけ、艦底が汚れてカキやフジツボなどがつくと、それよりもスピードは落ちてしまうのはわかっていた。このころの世界の傾向として、戦艦のスピードがふえていた。駆逐艦と戦艦の速力差が、こうして縮まる、ということは、駆逐艦が敵弾雨飛の間、ますます自由な行動をとれなくなる理屈だ。そうすると、日本海軍の米渡洋艦隊を迎え撃つ作戦は、成り立たなくなる。

そこで、軍令部は、造船技術者に、四十ノットの駆逐艦を造る注文を出した。昭和十四年のなかごろである。

さて、どうしたら、四十ノットの駆逐艦ができるだろうか。

造船技術者にとって、四十ノットの艦をつくるのは、そうむずかしいことではない。大力量のボイラー、大馬力のエンジン、それに適当した構造の船体を使えば、よろしい。が、そういうものを積むと、自然、船体は大きくなる。船体が大きくなると、暗黒にまぎれて敵に肉薄攻撃を加えねばならぬ駆逐艦としては、不適当だ。すぐ敵に見つけられ、魚雷を射てる場所に行き着かない前に、砲撃でやられてしまう。軍艦設計のむずかしさがそこにある。

さし当たって決まったのは、夕雲型の一隻を、基本計画からやりなおし、一隻だけの実験艦を造ってみることだった。

軍令部の要求は、速力四十ノットというほかに、航続力が、十八ノットで六千カイリ、十二・七センチ砲二連装砲塔三基、六十一センチ七連装発射管二基（十四射線）。

これを、どういうふうに具体化するか。

超高速駆逐艦誕生す

設計の土台として、陽炎型をもってきた。この型は、ひじょうによくできた艦で、性能もすばらしかった。

公試排水量二千五百トン。長さ百十六・二メートル、幅十・八メートル、喫水三・七六メートル。五万二千馬力。三十五ノット。十二・七センチ連装砲塔三基（六門）。六十一センチ四連装発射管二基（八射線）。タービンは艦本式。ボイラーは、ロ号艦本式三基となっていた。

これと、いわゆる防空駆逐艦秋月型の計画を比較した。秋月型は、公試排水量三千四百七十トンの大型で、長さ百三十二メートル、幅十一・六メートル、喫水四・一五メートル。それに陽炎型と同じ五万二千馬力のボイラーとエンジンを積んで、速力三十三ノットを出すものだった。

一方、イタリアで建造した、ソ連の大型駆逐艦タシュケントの情報を参考した。

タシュケントは、排水量三千二百トン。長さ約百四十メートル、幅十三・七メートル、喫水三・五メートル。ボイラー三基、タービン二基で十一万馬力、速力四十二ノット。十三センチ連装砲塔三基（六門）、四十五ミリ対空機銃六梃、爆雷投射砲四門、五十三センチ発射管連装三基（六射線）であった。

このほかに、二千トン級では、ポーランドのグロム型が四十二ノット。千トン級では、スウェーデンのストックホルム型が、同じく四十二ノット。ギリシアのコンドリオチス型が四十一・八ノット。そして、一般にはイタリアの駆逐艦が高速（三十八ノット、三十九ノット）だった。

そのようにして、ほぼ決定した実験艦の基本は、排水量二千九百二十トン（公試時）、速力四十ノット、軸馬力七万五千であった。艦名は、「島風」。日本海軍でただ一隻、四十ノットをオーバーして突っ走った峯風型の「島風」の名を襲う、二代目であった。高速の船体に及ぼす影響、その他運動性、操縦性などについて、綿密な研究がなされたことは、いうまでもなかった。

三基で七万五千馬力という大力量を出すボイラーは、そのころとしては、最大最新であった。このボイラーの出す圧力は、毎平方センチ四十キログラム。蒸気温度、摂氏四百度という、おどろくべき高温高圧のボイラーだった。効率がすこぶるいい。はじめの軍令部要求にあった、十八ノット六千カイリの航続力を出すだけならば、六百三十五トン積む予定の燃料は多すぎることになった。油があまるのである。つまり、要求を上回って、六千カイリ以上も走れるのだ。

大砲は、陽炎型と同じく、十二・七センチ連装砲塔三基を積んだが、仰角を七十五度に増し、飛行機も撃てるようにした。飛行機を撃つとなれば、水上射撃のように、ノンビリと撃てない。そこで、給弾薬装置を改善し、弾薬を供給するスピードを増した。

ただ、問題は、これだけで対空兵装は大丈夫なのか、ということだ。

昭和十四年ころは、むろん太平洋戦争ははじまっていないが、日本海軍としては、飛行機の発達と強化に、熱心に努力していた。いわば、飛行機の威力は、よく知っているはずであったからだ。

三月には、零戦の一号機が完成し、九月には重慶を大空襲したが、十月三日には、国府軍の爆撃機九機が漢口に来襲し、石河木更津空副長、小川鹿屋空副長などが戦死し、塚原二四三第一連合航空隊司令官などが負傷した。そこで、十一月四日、陸攻七十二機をあげて成都を爆撃するなど、大空襲の交換で、大きな戦果を収めていた。

どうも日本海軍というところは、そのころすでに、動脈硬化に陥っていたらしい。飛行機は飛行機、艦艇は艦艇。飛行機と艦艇との間には、大した交流もなかったようだ。貴重な人命と国費をギセイにする戦争では、どこのスミに起こった小さな戦闘でも、教訓をもとめ、すぐ全海軍に応用して、攻防両面に万全を期さなければならないものだ。艦が飛行機に、ぞくぞく沈められるようになってから、あわてて対空兵装を強化するのでは、遅すぎる。

たとえば、「島風」と同門である夕雲型の「清霜」が、新造当時には、十二・七センチ砲六門、二十五ミリ対空機銃四梃で、これでいいと思っていたが、十九年六月のマリアナ海戦戦のときには、二十五ミリ機銃を十四梃にふやし、それでも間に合わなくなって、レイテ沖海戦のときは、二十五ミリ機銃二十八梃、十三ミリ機銃四梃にもし、ハリネズミのような格好になった。

もしこれが、最初からハリネズミのようであったら、もっと被害も少なかったであろう。

ついでだから、ちょっと述べておくが、戦艦「伊勢」の場合、もっとそれがよくわかる。開戦当時、「伊勢」の対空兵装は、十二・七センチ高角砲八門、二十五ミリ機銃二十梃だった。それが、マリアナ海戦のときは、十二・七センチ高角砲が二倍の十六門、二十五ミリ機銃は約三倍の五十七梃にふやした。そして、レイテのときは、高角砲十六門のほか、二十五ミリ機銃は百四梃（はじめの五倍）、その上に、十二センチのロケット砲を百八十門積みこんだ。ハリネズミを通り越して、もはや四万トンのハリ象であった。

一方、魚雷の方は、七連装二基、十四射線という要求だった。が、七連装にもなると、発射管が大きくなりすぎて、とうてい人力では回せない。モーターで回せばいい、とはいっても、発射前に、どんな故障、どこの敵弾の被害で、電流がストップするかもしれない。

それを考えねばならない。結局、魚雷発射管は、五連装三基ということに落ち着いた。そして、陽炎、夕雲型（六十一センチ発射管四連装二基）は、次発装塡装置を考えに入れて、十六本であるが、「島風」はこれをつけないで、一挙に十五本射てるようにした。

「島風」は昭和十八年五月十日、舞鶴工廠でき上がった。公試運転のとき、全力で七万五千八百九十馬力を出し、速力四十・三七ノットにのぼった。

った。

憤死の戦場

四十ノットの超スピードを出す「島風」は、実際に使ってみると、ひじょうに工合がよかった。

高速を出す艦の欠陥として、まず考えられるのは、カジをとるとき、艦が過度に傾斜しはしないか、船体が、その曲げる応力に耐え得るか、などである。また、波がすごい勢いで打ちつけてきて、上甲板にあるものを傷めはしないか、なども考える必要がある。

だが、これにたいする「島風」の性能は、まったくよかった。高速、高性能の駆逐艦は、ノドから手が出るほどに欲しい日本海軍である。さっそく、大急ぎで同型艦を造りたいのだが、そのときは、もう昭和十八年だった。戦争がはじまっていた。戦争の様相は、ガダルカナルの撤退から、ソロモン、中部太平洋に危機が迫っていた。

「島風」に使って七万五千馬力を出した高温高圧のボイラーやエンジンの製作は、時間と資材をひどく食って、この戦時下、とてもできない相談だった。

「島風」の同型艦をつくる計画は、こうして放棄された。初代「島風」が、峯風型という十五隻の同型艦をもっていたのに対し、二代目「島風」は、ひとりぼっちだった。

そしてまた、戦局のむかうところ、「島風」の活躍すべき大迎撃海戦は、起こらないかに見えた。必要なものは、大攻撃力、大運動力をもつ第一級の駆逐艦ではなくて、もっと低速でもいいから、敵潜水艦を捜索攻撃する力をもった駆逐艦ないし護衛駆逐艦であった。それを、一隻でも多く欲しかった。

そんな中に、産声《うぶごえ》をあげた二代目「島風」は、不運だった。

艤装が終わり、引き渡しがすむと、約一ヵ月は補給、整備と訓練に費やされた。当時、どの駆逐艦にもつけていなかった電探をつけた。さしあたり、第一艦隊第十一水雷戦隊に属したが、間もなく（五月二十七日）第二艦隊第二水雷戦隊に所属換えになった。

「島風」が、最初に作戦に参加したのは、キスカ撤退、いわゆる北方ケ号作戦だった。このケ号作戦の詳細を述べることは、本稿の目的ではない。濃い、ミルクを流したような霧の中で、五千名を越える守備隊の撤退が、みごとに行なわれた。奇蹟と人間の知恵、忍耐力、骨身を削る努力が、こん然と一つになって、はじめてできた大事業であった。

そのケ号作戦は、八月一日に終わった。翌二日から九月十日まで、「島風」は、補給と整備と訓練につとめた。「島風」の作戦記録が残されていないので、詳しいことはわからないが、八月四日、潜水艦一隻を撃沈した。

九月十一日から十月三日まで、横須賀とトラックとの間を、船団を護衛して往復した。その間、九月二十四日と二十六日に、潜水艦一隻ずつを沈めた。電探を備えた駆逐艦であるから、浮上潜水艦はむろんのこと、潜望鏡を出しただけでも、つかまえることができた。望遠鏡だけに頼らねばならぬそのほかの駆逐艦よりも、ずっと戦果があがるのは、当然である。

横須賀に三日に帰ってくると、翌四日は、もう出港だった。こんどは、空母「沖鷹」の護衛で、またトラック行きだ。十月五日には、関釜連絡船が、沖ノ島付近で敵潜のために撃沈され、十二日はラバウルに敵機の大編隊が来襲していた。護衛でトラックまでいくと、そのままブラウンに進出、マーシャル方面の支援に働いた。

十月二十九日、ブラウンからトラックに引き揚げたあと、こんどはラバウル方面行き船団護衛に出た。三往復した。その間、ラバウル大空襲（十一月二日）があり、ブーゲンビル島沖では、二日、五日、八日にわたって、海上と空中にわたる死闘が行なわれていた。十一月四日には、「島風」も対空戦闘をやった。

そのうち、十一月十一日には、横須賀行きの船団護衛を命じられ、トラックを出発、決戦場をあとにした。

四十ノットを越える高速艦も、その特長である高速を発揮するチャンスはなかった。だからといって、ブーゲンビル沖に駈けつけたとしても、そこには同じ嘆きがあるだけだった。六十一センチの酸素魚雷を積み、同時に八本を射ちこむことができる第一線新鋭駆逐艦が、荷運びをやっていた。そして、敵のレーダーに悩まされ、イナゴのように飛んでくる敵機に苦しめられ、南の海に屍を横たえた。

なにかが、ガタガタになっている感じだった。少しも、歯車が嚙み合わない。そのガタガタを、駆逐艦乗員の必死の努力と、血潮とで埋めていた。

「島風」は、十二月二日に横須賀に着き、それから十九年の一月末まで、艦船の護衛についた。

二月に入って、第一機動艦隊の第三航空戦隊に配属され三月十六日から四月十一日まで、出陣前の整備に費やした。

二月六日、ルオット、クェゼリンが玉砕した。十七日、米機動部隊がトラックを爆発させた。三月末ころ、カロリン諸島方面にも敵機動部隊がとびこんできた。

「島風」は、第二水雷戦隊の付属になった。ただ一隻である。性能があまりにも違うので、ほかの艦と編隊が組めなかった。

四月二十日から、「島風」は、タウイタウイに進出した。「あ」号作戦（マリアナ海戦）に参加するためである。

第二水雷戦隊は、前衛の、栗田健男中将の指揮下にあった。そのとき、ニューギニアのビアク島に、マッカーサー軍が侵入してきた。「島風」は、「大和」「武蔵」「妙高」「羽黒」「能代」「沖波」「山雲」「野分」とともに、その攻撃に急行したが、途中、サイパン上陸がはじまり、急いで北上、フィリピンのサンベルナルディノ海峡を通って太平洋に出てくる本隊と合同、敵に向かった。

「あ」号作戦では、「島風」は、被害をうけなかった。

意外なほどの大敗を喫して、引き揚げた連合艦隊は、沖縄にいたり、いよいよ最後の一戦である捷作戦の準備にかかった。

七月一日から八月二十八日まで、「島風」の任務は、船団護衛であった。九月一日から、リンガ方面に出た。訓練をつづけた。内地には、もはや燃料油が欠乏していた。内地では、訓練もできなかった。

九月二十七日には、テニアン、グアムが玉砕した。十月十二日から三日間、米機動部隊が台湾を襲った。十四日はB29の台湾空襲だ。そして十七日、ついにスルアン島に上陸した。

第二水雷戦隊に付属していた「島風」は、第一部隊として、「大和」「武蔵」「愛宕」「高雄」「鳥海」「摩耶」「妙高」「羽黒」など、本隊の先頭に立って、進撃した。

「愛宕」「摩耶」をシブヤン海で失い、「高雄」を後退させた翌朝の大空襲で、「武蔵」が傷ついた。空襲は、五次にわたり、「武蔵」は力つきて斃れた。翌二十五日未明、サンベルナルディノ海峡を通過して太平洋に姿を現わした艦艇二十三隻は、斜陽に立つ日本海軍の、決戦部隊であった。

「島風」は、戦艦部隊の右側を走った。かれの属する第二水雷戦隊はこのとき、どうも行動が冴えなかった。まず不運だった。あのようなトッサの会敵で、かれらはいちばん遠い翼端にいたのだ。したがって、敵空母部隊の大追撃戦では、いつとはなく主隊から遅れ、途中で二回も反転したが、敵の後ろに取り残された形となり、ついに砲戦も魚雷戦もする機会がなかった。

もしこのとき、「島風」に油をもたせて、それいけ、と駈け出さしたら、どんなにすばらしい戦いぶりをしただろう。残念なのは、私一人ばかりではないと思う。四十ノットの快速と、一挙に十五射線の魚雷を射てる大攻撃力は、ついに敵にたいし、一度も発揮されずに終わったのだ。

このような大威力を抱いたまま「島風」が憤死した戦場は、レイテ戦のあと、レイテの裏側に味方陸軍増援部隊と武器弾薬を送りつける、第三次多号作戦という、オルモック輸送作戦のただ中において、であった。

泉兵団（第二十六師団）の物件と、人員二千名の輸送船団を、「島風」以下駆逐艦四隻、掃海艇、駆潜艇などで護衛し、十一月十一日、オルモックに突入した。このとき、敵機三百機が襲いかかった。狭い入江の中にひしめく輸送船四隻と、艦艇七隻は、ワナに陥ちたように、身動きできなかった。高速力も魚雷力も役に立たない地獄であった。その地獄の劫火が消えたとき、「島風」の姿は、そこになかった。

輸送船全滅。護衛艦艇は、「朝露」と四十六号駆潜艇のほか潰滅。わずかに、人員の一部のみが泳ぎついたありさまで、第二十六師団の装備も軍需品も、ほとんど全部が灰燼に帰した。この戦争で、日本の駆逐艦は、その大威力を抱いたまま、非業な死を遂げたものだが、「島風」の死はそのなかでも、もっとも悲痛なものの一つだった。

13 出撃の時

——駆逐艦「神風」の勇戦敢闘

欠点をカバーした峯風型

国産大型駆逐艦のはじめは、明治四十四年にできた「海風」「山風」である。排水量千百五十トン、二万馬力で、速力三十三ノット。さすがにタービンは、ご本家のイギリスから買い、脚（推進器。スクリュー）が三本。まん中の一本は、巡航（ふだんの航海）用という、すこぶる念の入った格好だった。

もっている兵器が、十二センチ砲二門、八センチ砲五門、四十五センチ魚雷発射管二連装二基。魚雷の力こそ弱いが、だいたい、その後の近代駆逐艦とあまり変わらぬところが、たいしたものだった。

じつは、それよりも十年あまり前に、もっと小型の駆逐艦も造っていた。春雨型七隻である。約三百八十トンの、いまから考えると、マメ駆逐艦。いや、水雷艇といった方が、いいくらい。六千馬力で二十九ノット出た。

ところが、この七隻は、日露戦争で大活躍をした。旅順口でロシア艦隊の封鎖にあたり、敵が攻め込んできた旅順港外の海戦では、ほとんど格闘にちかい奮戦をした。日本海海戦でも同じで、二十七日の第一会戦は、波が高くてダメだったが、その日の夜戦と翌日の追撃戦には、大いに戦った。日本海軍が、駆逐艦に力を入れる素地が、ここでできた。

その春雨型七隻も、やがては老朽する。そこで、こんどは、波が高くても活躍できる艦をつくった。「海風」「山風」の建造は、こういう意義をもっていたのだ。

このころ、第一次世界大戦が、勃発した。連合国の一員として、この大戦に参加した日本は、太平洋から南シナ海にかけての哨戒任務が多くなり、駆逐艦が多量に必要になった。六百トン級の樺型十隻が急造された。地中海にも出征したし、イギリス海軍と協同で、船団護衛にも当たった。

もう一つ。愉快なのは、この間に、フランス海軍のために、このクラスの駆逐艦十二隻を造ってやったことだ。以上に述べた程度の艦しか造っていない日本の造船業が、一隻でも欲しい大戦中とはいえ、造船の先生であるフランスのために、堂々と十二隻（日本海軍のためのものより二隻も多く）もつくり得たことは、今後の造艦に、どれほど自信をつけ、また、技術を進歩させたか、思い半ばに過ぎるものがある。

世界大戦が終わった後、日本では、小型駆逐艦の建造を中止した。小さいのを造っても、効果が少ないことに気づいた。やはり、千二百トンはないと、活動が自由にできない。兵器が戦うためのものである以上、戦争があるたびに、飛躍的に進歩するのは当然ながら、日本近海の荒海と、インド洋で全力を発揮するには、マメ駆逐艦ではダメだった。

スピードの点だけではない。艦が揺れると、大砲も魚雷も射てない。「海風」「山風」の後に、磯風型二隻と谷風型二隻が考えられ、大正六年ないし八年にでき上がった。

が、日本艦隊の作戦計画や訓練作業が、だんだん高度のものになっていくにつれて、駆逐艦にたいする要求も大きくなる。性能も、ますます引き上げていかねばならなくなる。

荒波にぶつかると、頭から大波をかぶる。艦橋に大波が打ちつけて、押しつぶされる。行動期間も長くなって、居住の苦しさが、いっそうコタえる。高速が出せない。大砲が撃てない。魚雷が危ない、という、艦の戦闘力に関する重大な欠点が表面化した。

この欠点をカバーしたものが、峯風型駆逐艦——「神風」の属する、一連のタイプの第一艦であった。

造船技術者の苦心

この型の特長は、それまで、みなイギリスの真似をして造った駆逐艦だったものを、ここではじめて、純日本式のものにしたことである。

馬力は、前出、谷風型三万四千馬力から一挙に三万八千五百馬力にハネ上がり、速力は三十九ノットという超高速。峯風型の一艦である「島風」（初代）は、前項で述べたが、四十ノットを突破した。溜飲が下がるほどのスピードであった。いや、そのスピードに示される日本の技術の進歩が大したものであった（航続力は、三千六百カイリ）。

つぎに、波にたいする強さ（耐波性《たいはせい》と凌波性《りょうはせい》）だが、これが、この「神風」らの外形を決定した。

それまでの駆逐艦は、錨のある前甲板が、艦の三分の一くらいまでつづいて、そこに艦首砲があり、砲のうしろに、ズングリした低い艦橋があった。これでは、大波が来たら、まっ向《こう》からやられる。圧し潰されて艦長が重傷を負う事故があった。当然だ。艦橋の背が低すぎるし、前の方にありすぎる。

峯風型では、錨のある甲板を、途中でスパッと切りとった。その切りとったクボミに一番連装発射管をおいた。そして、発射管の後ろ、充分、艦首から離れたところに、大きな背の高い構造物を建て、その頂上に艦橋をおいた。艦首が大波に突っこむ。すくい上げた波は、ドーッと一番連管の上に落ちてくる。が、艦橋には、シブキだけで、波の力は来ない。

私も、しばらくこの型に乗っていたが、そういわれれば、波の実体は、なかなか艦橋にまで来なかった。

南シナ海のモンスーンを突破したこともある。艦橋のガラス越しに前を見ると、一面、空も海も灰色に濁って、ノコギリの歯のような波がしらが、見えるかぎり、空からつながって押し寄せる。波がしらは、むろん、まっ白に砕ける。波がしらと波がしらの間の海は、クシでけずったように、無数の白い条が並ぶ。ドーンと、艦首が波にぶつかり、巨大な蝶のような白波が、艦首の左右にひろがる。と、たちまち艦橋のガラスが、水族館みたいに、水びたしになる。風にふきとばされた白波が、艦橋めがけて、とびかかってくるのだ。

しかし、波の中に頭を突っこんだ艦首は、グーッとつぎの瞬間、波を甲板にのせたまませり上がっていく。その波は、一番砲のところの波除けを平気な顔で躍り越えて、後ろの方に殺到するが、一番連管のところでクビれているので、シマッタ、陥し穴だ、といった顔をして、ザーッと連管の上に流れ落ちる。艦橋は、その波とは、全然、無関係で、知らん顔をしていられるわけだ。

私は、その一つ前の艦を知らないので、それが当り前かと思っていた。だが、造船技術者の苦心が、ここに結晶していたのだ。

その苦心は、一番砲にも加えられた。波除けが、砲にもつき、砲の側《そば》の足場にもついた。いま述べたような時化《しけ》には、とても撃てないが、この二つの波除けと、一番砲を後ろに下げることによって、いままでよりも遥かに時化に強くなった。つまり、それだけ、戦闘力が増したわけだ。

このほかにも、時化に強くなるための手段が、講じてある。艦首部を輪切りにした場合の外板の反りが、大きくなった。いわゆる朝顔型というのである。波がぶつかってくると、朝顔のカーブにそって、外にイナされる。艦内にとびこんでくる量を、できるだけ減らすことができる。

兵装は十二センチ砲四門、五十三センチ二連装発射管三基（六門）。後部には、機雷敷設装備をもっており、十六個の機雷を積む。

のちの駆逐艦と比べると、この点が違っている。のちの駆逐艦が持っているのは、機雷ではなくて爆雷だ。潜水艦の脅威が強くなり、駆逐艦が対潜水艦戦に使われるようになったからだ。

台風の試練

峯風型は、一隻ができると、公試運転の結果を、すぐつぎの艦に応用して、改善していった。この点で、とくべつに目立っている。

日本海軍では、峯風型のように三十六隻もいっぺんに造ったものは少ないが、いずれにせよ、一隻目より二隻目、二隻目より三隻目、というふうに、よくなっている。いわゆるマスプロには違いないが、技術者たちの、少しでもいい艦を造ろうという熱意が、面倒臭さを乗り越えて、途中で計画のやりなおしをさえさせたのである。

三番艦以後は、一番艦「沢風」の公試の結果、補強をされた。その後、細かい部分の設計を改正した。十三、十四、十五番艦である「野風」「波風」「沼風」になると、後のマストを下げ、二番煙突と後マストの間に、二、三番連管をくっつけて置いた（それまでの艦は、二番煙突、二番連管、後マスト、三番連管、後艦橋というふうになっていた）。

ついでに、大砲も変わった。後マストと後艦橋が一緒になり、その前方と後方に、マストを中心に、背中合わせに置かれた。外見からいうと、二番煙突と後マストとの間が、グッと離れたわけだ。

こういう格好になると、砲戦の場合も、魚雷戦の場合も、はるかに指揮がしやすくなる。

そして、もう一つ重要なことは、この型の艦の強さである。

前にも述べたが、日本海軍の造船技術に、一つのエポックを作ったのは第四艦隊事件だ。

昭和十年九月二十六日、本州東方洋上で演習をしていた第四艦隊は、猛烈に大きな台風に逢った。このときの大演習には、改装を終わったばかりの戦艦「山城」「榛名」、改良工事をすませた新重巡最上クラス、初春クラス（水雷艇「友鶴」転覆事件による復原性能を向上させたもの）が参加しており、成果が期待されていたのだが、その台風では、たいへんな結果になってしまった。

新鋭駆逐艦（峯風、睦月《むつき》型のあとにできた、いわゆる特型）「初雪」と「夕霧」は、巨大な波をうけて、艦橋から前が切れてしまった。「睦月」は、波のために艦橋が圧し潰された。そのほか、いろんな艦に、大小の破損ができた。

しかし、峯風型は、同じように、同じ場所で台風に逢ったにもかかわらず、平気な顔をしていた。風力毎秒二十八メートル、波浪、最大限である十。海上には、ウネリと三角波が立ち、船体は、平均、左へ五十度、右へ四十度、最大約七十度、という動揺をしているときでも、である。

峯風型は、一躍、名をあげた。ほかの艦は、峯風型まで強さをあげろ、ということになった。日本海軍を震撼させた第四艦隊事件で、知らん顔ができたのは、この型三十六隻だけだった、といっていい。

さて、「野風」「波風」「沼風」とともに第一駆逐隊をつくっていた「神風」は、この三隻と、少し違っていた。

いつもの日本海軍のデンで、「沢風」「峯風」など初期の艦に比べると、あとの艦になるほど、しだいに積み込む兵器がふえ、重心が上がってきた。

重心が上がれば、転覆の危険が出る。そこで、「峯風」たちより艦の幅をちょっと広げ、排水量を五十トン増した。そこで、速力が三十七・二五ノットに落ちてしまった。これだけの大きさの違いが、二ノット近くも速力に響いてくるのだから、おどろく。

もう一つ、述べ忘れた。

「神風」から、艦橋の前方と側方の板を、はじめて金属にした。それまでは、全部天幕だった。この天幕も、はじめのうちはいいが、しばらくすると海水と天日にさらされ、こし布みたいになる。もちろん、波そのものがドッと艦橋に躍り込むのは防いでくれるが、年代もののコウモリ傘をさして、豪雨の下を歩くのと同じで、海水が、遠慮会釈なく入ってくる。

雨衣を着て、首にタオルを巻き、ヨレヨレの服をつけ、ゴミバコから拾ってきたような靴をはく。靴というより、スリッパの化け物だ。そうしないと、靴の中に水が入って、どうしようもなくなる。何もかも、ズブ濡れ。夏など、雨衣の下は、シャツ一枚。まさか裾《すそ》からスネを出してるわけにはいかないので、ズボンだけは、やむを得ず、はく。

潜水艦をドン亀というならば、こういう駆逐艦こそ、二トッパーだ。二トッパーが、どういう由来の言葉だか忘れたが、二等駆逐艦という意味だと私は思っていた。——折目正しい軍服を着て、ピカピカに靴を磨き、いつも行儀よくしている（といっても、陸軍のようなシカツメらしさはないが）戦艦や重巡乗りと違って、海男の化身みたいなのが、昼も夜も、行儀悪くノンビリとくらしている。

そのくせ、イザとなると、そのすばやいこと。艦を自分の身体を操るように、自由自在に乗りこなし、まっ暗な中を高速でフッとばすときなど、テレビの鉄腕アトムか、スーパーマンのような気さえする。

私は、海が好きで海軍に入ったのだが、ひとわたり、いろいろな種類の艦に乗ってみて、駆逐艦が一番気に入っていた。四角四面さがキライなせいかもしれぬ。あるいは、好きな海に、駆逐艦がいちばん近く感じるからかもしれぬ。

北洋にはためく軍艦旗

「元寇の大難は、神風によって救われた。昭和の日本も、また、神風によって救われるであろう」

と、レイテの敵艦船に体当り攻撃をくわえた飛行機隊に、「神風《しんぷう》特別攻撃隊」という名称をつけた。

悲痛きわまりない特攻――だが、こういう攻撃は、けっしてはじめてのものではない。むかしから、日本にあった攻撃法だ。ただ、この特攻が、戦争末期のように大量計画的に使われ、しかもあのように喧伝されたことはなかった――ではあったが、たしかに、アト一歩、というところまで敵を追いつめた。その「神風」が、あまりにも有名であるため、駆逐艦

「神風」は、どこかへ消えてしまった感じである。

それは、違う。

太平洋戦争中、日本でもっとも長く、最後まで勇敢に戦闘をつづけていた駆逐艦（大型の）が、この第一駆逐隊の一艦である「神風」だったのだ。

終戦時、生き残った駆逐艦は、わずか八隻。その中で、存分の戦闘をつづけられるものが「神風」一隻ということは、内地には燃料油が欠乏し、動きたくても動けなかったからだ。

「神風」は、シンガポール方面で、終戦を迎えた。

このあたりは、油はフンダンにある。内地に運ぶ船が、つぎつぎにやられ、一滴の油も届かなかったので、内地が油ヒデリになったにすぎない。

たった一隻、しかも油ヅケになるほど、使っても使っても使い切れぬ油をもち、南シナ海狭しと駈けまわるようなハメに、ではなぜ「神風」がなったのか。

話を、太平洋戦争の開戦前にもどそう。

「沼風」「波風」「野風」「神風」の四隻で第一駆逐隊を編成し、しばらく連合艦隊に入っていたかれらは、大湊要港部の指揮下に配属され、北洋警備に就くことになった。昭和のはじめのことである。

このようなことは、当時としてはまことに異例であった。警備艦といえば、たいていは、くたびれた老朽艦を当てるのが、ふつうである。艦隊にいると、むずかしい状況で、フルに力を発揮しなければならないので、老朽艦では勤まらない。が、警備艦ならば、シケているときは、出なければいいし、編隊高速航行など、あるはずもない。少々おふるい艦でも、つとまるのだ。

しかし、海軍は、北洋警備を重視した。難問が、山ほどある。

今日、北洋漁業が、どんな苦難をなめているかを、ちょっと思いめぐらすだけで、そのへんの消息が、ハッキリしよう。

まず、漁業権が確立されていない。領海の解釈が違う。帝政ロシア時代でも、その後の革命でとってかわったソビエト連邦の場合でも、カムチャツカのあたりまでは、なかなか中央の政治が浸み透らない。したがって、なにか事件が起こると、外交交渉にゆだねることができず、いちいち現地の交渉で解決していくよりテはなかった。

サケ、マス、カニの船団は、四月末から九月はじめにかけて、大規模に押し出してくる。小林多喜二の小説『蟹工船』には、海軍が資本家の手先として扱われているが、それが海軍の任務なのではない。その証拠は、北海道で、九州で、ソ連、韓国、中国の手に捕らえられていく漁船を、軍艦旗をひるがえして取り返すのが、だれのためであるか、考えてもらえばすぐわかろう。

駆逐艦だ、といっても、リッパな日本の軍艦である。軍艦には、国際法で定められた特権がある。その国の領土の延長であって、他の国は、これを侵すことができないのだ。ともかく、独立国がもっている権威と権能とを、この「神風」たちは持ち、捕らえられた日本漁船を、現地交渉で取り返したり、操業中の船団のそばにいて、そういう拿捕《だほ》事件が起こらぬよう、見張っていたのだ。

ついでに、ちょっとつけ加えておく。現在、海上自衛隊というものがあり、国民の税金で大砲や魚雷の訓練をつづけている。なぜそれが、朝鮮海峡や東シナ海などに出ていって、拿捕される漁船を取り返したり、護ったりしないのか。これは、むかしの海軍を知っている人は、とくにそう感じられるだろう。

が、これは、憲法第九条の規定によって、海上自衛隊の警備艦が、正式の軍艦とは認められておらず、したがって領土の延長でもなく、交戦権も、警察権もその他軍艦の特権が何一つない。こちらが出ていっても、もし相手の軍艦が出てくると、遺憾ながら自衛艦自体が法的には拿捕されるわけで、もし小銃や大砲を撃とうものなら、海賊と見なされて、沈められ損という仕儀にあいなる。つまり、出ていって、相手との間に割って入る法的根拠が、なに一つないからである。

脱線は、このくらいに止めて、話をもどそう。

待望の南方前線へ

第一駆逐隊は、北洋の漁業保護に、霧と氷と闘いながら、老いていった。

「帝国海軍は、西太平洋において、米英と交戦状態に入れり」

というニュースを、かれらは大湊で聞いた。生まれてすでに十九年の年月がたっていた。人間にすれば、六十歳を超える老人である。だが、年をとっているのは、「艦」であって、乗っているものは、東に南に、ハナバナしい活躍をしている連中と、同い年だ。切歯扼腕。悲憤慷慨。

もしこのときかれらが、シメたぞ、オレは後方勤務だ、助かった、などといっていたとすれば、日本海軍は、あの米英を相手に、あれだけ勇敢には戦えなかったはずである。

戦運はみな、かれらの前をスーッと通りすぎた。アッツにもいかぬ。キスカにもいかぬ。そしてまた、キスカの撤退にも、いかなかった。

十七年の正月が来、十八年の正月となり、さらに十九年の正月が、めぐってきた。かれらは、黙々として、北洋警備に尽瘁した。この間に、司令駆逐艦であった「沼風」は南方に出かけているうち、米潜水艦の雷撃をうけ、消息を絶った。「波風」もまた同じようにして、航行不能に陥った。

残るは「神風」と「野風」。戦火は、刻々、足もとから迫り、鬼気をさえはらんでいた。

「『沼風』がやられたそうだ」

「『波風』もだ……」

そういった溜息が聞かれた。こんなところにマゴマゴしていると、オレたちの出る幕がなくなるのではなかろうか。かれらは、生命が惜しい、などとは思っていない。敵と渡り合って、存分にウデを発揮したい。オレたちが出さえすれば、という自負が、大いにあった。ナニクソ。負けてたまるか——。

ここで、一言つけ加えておきたい。

二トッパーといわず駆逐艦では、士官と下士官兵との間は、親子以上の親密さがあった。これは、艦が小さくなればなるほど、艦が置かれた危険の度が大きければ大きいほど、いちじるしかった。いちばんは、潜水艦。つぎが二トッパー。大艦になると、艦長が全員の顔と名前と性質と特長を覚えこむなど、不可能に近かった。

二トッパーでは、兵たちの考えていることが、艦長の胸に、ピンピンくる。艦長の頭の中も、同じように、すぐ兵たちの頭にひびいた。

なにしろ、狭いところである。士官と下士官兵は、寝てもさめても、いつも鼻をつき合わせている。カクシごとが、全然できない。私など、このクラスの艦に乗ってみて、士官らしい威厳をつくることが、どんなにソラゾラしいことであるかを覚らされた。イバってみてもダメなのである。要は、心だ。誠実さしかない。

「神風」の乗員は、その誠実さで、艦長から最下位の二等水兵にいたるまで、貫いていた。黙々として北洋警備にしたがう。艦橋や、マストや、大砲や、発射管に、ツララが美しくぶら下がる。だれかは、やらねばならぬ仕事である。命じられた以上は、オレたちがやる。やる以上は、完全にやりとげる——。

十九年十二月、敵がレイテに攻めこんできて、硫黄島までも不気味な敵上陸の前ぶれが見えているとき、「神風」と「野風」は、大湊要港部のドックに入れ、と命じられた。

「おっ。風向きが、よくなってきたぞ——」

半信半疑ながら、急速に変転する戦勢に一喜一憂。下旬、かれらは、千島根拠地隊から除かれ、連合艦隊付属となる。

「しめた──」

待望の、戦線参加だ。北洋警備のための装備が、あわただしく取りはずされ、南方戦線で戦うための用意である。

二十年の、正月が来た。

乗員は、それぞれ出陣前の訣別のため、家郷に帰り、別れを惜しんだ。いずれも、ふたたび生きて故国の土は踏まぬ決意だ。ハリキリ「神風」──まったく、感傷などの忍びこむスキもないほど、かれらの心は充実していた。

やがて、出港準備まったく成った「神風」「野風」に、出動命令が下った。二隻は、一月十日、大湊発。呉をへて、二十一日、門司に着いた。

かれらの任務は、南方行き最後の船団（一万トン以上の讃岐丸、東城丸。ほかに中型船一隻）を護衛することだった。警戒隊は海防艦三隻と、「野風」「神風」。

二十六日、門司を出て、朝鮮沖にかかったとき（二十八日午前四時）、突如、讃岐丸が雷撃されて沈み、海防艦「久米」も沈没に瀕した。

「神風」はこの生存者を拾い上げて、朝鮮の鎮海に送り届け、台湾の基隆《キールン》にとって返した。

基隆は、折から雨季にあった。基隆の雨は名物である。台北は晴れていても、基隆では雨がふる。まわりを山で囲まれた、特殊な地形だからだ、と私は説明されたが、この雨が、電波兵器や音響兵器には、大敵である。このとき、予備学生出身の士官たちが、どんなに苦心して、兵器の調整をつづけたか。戦後、艦長に聞いてみると、かれらの努力には頭が下がったと、そればかりいう。

二月十一日、「野風」「神風」は、水上艦艇によるシンガポール行き最終便として、基隆を出発した。

ところが、五日後（十六日）午前三時、突然の大火柱とともに、闇の夜の海に、一瞬にして「野風」が消えた。

たった一隻になった第一駆逐隊生き残りの艦である「神風」は、それでも無事にシンガポールに到着し、そこで五戦隊付属となった。

当時、シンガポールには、帝国海軍名残りの大艦隊がいた。レイテ海戦に生き残った重巡「羽黒」「足柄」である。

また皮肉をいっている、と思われそうなので、も少し説明しておく。むろん、内地には、それどころでない艦艇がいたが、かれらは、「大和」などまで沖縄特攻で失って、あとはほとんどが、油がなくて動けない。呉周辺に、カムフラージュしてツナぎっぱなし、というありさまである。

油のない艦は、戦力ではない。まア、そばに飛んできた敵機を砲撃できるだけだが、その砲塔の動力も、ボイラーが焚けないので、陸上から電線を引っぱって動かしている。

こんな中で、五戦隊は、フンダンに油を使い、存分の訓練ができた。高速で突っ走ることもできるし、存分にタマも撃てた。

だが、その名残りの「羽黒」も（アンダマン作戦で）、「足柄」も（バンカ海峡での輸送作戦で）沈んだ。

残るのは、「神風」一隻。

最後の奮戦

「神風」は、シンガポールや南方地区防衛強化のため、六月十八日と七月十五日、船団を護衛した。「神風」最後の奮戦は、この七月十五日の出撃中に起こった。

船団といっても、千トンくらいの小型タンカーが三隻。これを漁船改造の特設掃海艇三隻と、「神風」が護衛するのだ。

小さな船ばかりだから、岸すれすれに北上する。浅いところには、どんな潜水艦でも入ってこれぬ。

が、そう浅いところばかりは通れぬ場合がある。たとえば、岬をまわるところは、どうしても深いところを通らねばならぬ。「神風」は、船団の一番危険なところ――沖側に位置した。基隆で、抱くようにして予備学生出身士官が手入れしていた音響兵器（水中測深儀と探信機）が、ここで威力を発揮した。

午後一時ころ、右八十度、二千メートルに、潜望鏡を発見した。

すぐさま、二十一ノットに増速した。六十歳の「神風」は、ごう然とエンジンの回転を増していく。面舵――。潜望鏡ようそろう。突っこもうとする矢先、右に魚雷をみつけた。急いで舵をとって、魚雷をかわす。

このころの水中測的兵器は、十四ノットくらいに落とさないと、自分の艦のスクリュー音に邪魔されて、敵が測れなかった。艦長は、魚雷をかわすと、速力を落とす。

二十分後、敵潜水艦一隻を、右前方二千五百メートルに探知した。

それ――。

水測兵器の杖をつきながら、ぐいぐい、敵潜に迫っていく。

とたんに、また敵潜魚雷発射。右二メートルくらいのところを、舷側にそって、矢のように疾走していく。もう一本は、百メートルくらいのところ。

敵潜は、潜望鏡を高々とあげている。はずれるはずはない。ドカーン、といくのを見てやれ、といった構えである。

と、三本ともミスである。

「シマッタ！」

おそらく米潜水艦艦長は、まっ蒼になったであろう。魚雷を射てるからこそ、潜水艦は強いのだ。しかも、潜望鏡をあげていた以上、艦の位置は、つかまれてしまった。どうすればいいのだ。

「神風」と米潜とは、おそろしいスピードでスレ違った。潜望鏡をおろすのを忘れるくらいに狼狽して。

ほんの竿を出せば届くくらいの近さであった。艦尾から、独断専行で撃ち出した四十ミリ、機銃が、バッと火を噴く。ババババッと十秒も撃ったとき、潜望鏡は、スッと消えた。

とたんに、ドカドカと爆雷を放りこむ。水柱林立。爆発音は、あたりの海面にこだまし、すさまじい地獄図だった。

突如、潜水艦の頭が、ブカーッと水面にとび出した。距離二百メートル。つい目と鼻の先だった。

その潜水艦攻撃のため、艦長は、徹底した手段を使った。減速しては、また増速する、そして、水測兵器をフルに使って、潜水艦を追いつめる。

六時間ブッ通しだ。

そして、油や木片が流れ、油紋がひろがる。

敵は沈没したらしい。

戦後、このときの米潜水艦の艦長が、生き残り、「神風」艦長だった春日均少佐に、手紙をよこした。生まれて、あんなに恐いことは、はじめてだった、と述懐していた。

八月十五日の終戦は、「神風」は無線で聞いた。

14　男子の本懐
——伊号第一六八潜水艦の殊勲

驚くべき潜水艦喪失率の数字

惨とした完敗のミッドウェー海戦で、ただ一隻、米空母と駆逐艦を撃沈して気を吐いた艦——伊号第一六八潜水艦の話ほど、潜水艦戦の様相と、いわゆる潜水艦乗り、またの名をドン亀乗りと称する潜水艦乗員の心意気を、的確に伝えたものはない。

伊一六八潜は、昭和九年に竣工した艦隊型の大型潜水艦で、基準排水量千四百トン、はじめて複動式ディーゼルを積み、水上速力二十三ノットを出した。海軍が考えていた、艦隊と行動をともにする艦隊随伴潜水艦として、典型的な艦。五十三センチ魚雷発射管を、艦首に四門、艦尾に二門。魚雷十四本をもち、前部上甲板に十センチ高角砲を一門、十三ミリ機銃一梃をもっていた。

艦長は、田辺弥八少佐（当時）。

温厚な、謙虚な人柄で、けっして目立たない人。殊勲者というと、得てして想像しがちな表通りを大股で闊歩する豪放磊落《らいらく》さとはウラハラの、真面目で、誠実な、地味さである。

伊一六八潜のミッドウェー作戦参加は、昭和十七年五月二十五日にはじまった。

「連合艦隊ハ六月六日ヲ期シ、ミッドウェー島ヲ占領セントス。伊号一六八潜水艦ハ準備出来次第出撃シテ、隠密ニミッドウェー付近ノ敵情ヲ偵察セヨ」

という命令を受けた田辺艦長は、五月二十九日、呉軍港を出港した。

柱島水道に碇泊していた連合艦隊——二日前に出港した南雲部隊を除いた「大和」「武蔵」などの「主力部隊」から、いっせいに登舷礼で見送られた。登舷礼で見送るなかを、すべるように出ていく艦の乗組員の気持は、すばらしいもの。日本男児の生き甲斐を、身体中から沸き出すように、感じるものだ。

海軍のだれもが、潜水艦こそ、日本人のための兵器だと、信じていた。狭い艦内に、百人あまりの精鋭が、どんな苦しみにも、どんな困難にも堪え、乗り越え、祖国のために、一身をかえりみず、戦いぬく。忠勇義烈の士でなければできない業だ、と考えていた。

海軍の、潜水艦にたいする期待は、したがって非常に大きかった。軍縮会議でも、ワシントン会議の場合は、まったく問題にされず、アメリカ、イギリスは、二義的にしか考えなかったので、日本海軍は、着々と、潜水艦軍備を量的に強化していった。その質を向上した機縁は、ロンドン軍縮条約であった。潜水艦は、量的にはアメリカ、イギリスと同量に押さえられ、砲の大きさ、排水量までも制限をうけた。日本の潜水艦は、そこで飛躍的に「質」が上がった。

潜水艦に飛行機を積んで、偵察力を画期的に大きくしたのも、日本が先鞭をつけた。米英仏でも試みてはいたが、成功せず、断念した。

伊七、伊八型潜水艦も、日本独自のものだった。基準排水量二千二百トンという大型潜水艦で、旗艦の設備をもち、水上速力二十三ノットの高速を出しながら、潜航に必要な時間はわずか一分二十秒。数隻の潜水艦を率いて、遠距離の洋上に出撃し、艦隊の決戦に参加したり、あるいは通商破壊に従事したりする、大きな威力をもっていた。

伊一六八潜を含む「海大六型」は、前に述べたロンドン軍縮条約の下で建造した、「質」を向上した潜水艦で、水上二十三ノットの高速を出せるのが特長であった。

ミッドウェー海戦のころまでは、まだ潜水艦の厄日は、日本に訪れていなかった。アメリカの潜水艦が魚雷で遅れをとり、命中しても爆発せず、串刺しになったアメリカの魚雷を、ツマ楊枝をくわえたように、横腹に刺したまま、大切そうに内地に持ち帰ったり、給糧艦「間宮」が、胴っ腹を雷撃されながら、すんでのことでいのち拾いをしたりしていた。

アメリカのレーダーも、まだ圧倒的な威力を発揮するまでにいたっていなかった。SGレーダーが行きわたったソロモン戦以後は、どんなに優秀な日本潜水艦でも、手も足も出なくなった。

どんなふうに苦しんだのか、簡単な計算をしさえすれば、すぐわかる。

潜水艦は、水中二次電池で走る。電池は充電せずに使っていると、ある容量を越えるとアガってしまう。潜水艦の場合、一般に、水中速力八ノットを出すと、一時間しか走れない。

三ノットならば、三十二時間もつ。三ノットで、九十六カイリ移動できるわけである。

さて、レーダーを装備した飛行機が、日本潜水艦を発見した地点を中心として、昼夜を分かたず半径百カイリの円のなかを飛びまわる。飛行機の能力からすれば、朝飯前の仕事である。ところが、これは潜水艦に絶体絶命の数字の十字架を負わせることになる。潜水艦は、一昼夜のうちに、電池の充電や、艦内の空気の入れ替えのため、すくなくとも六時間から八時間は、浮上しなければならない。こうして浮上すれば、潜望鏡を上げただけで、レーダーに捕捉される。たちまち、対潜艦艇が呼び集められ、徹底的に攻撃される。

日本の潜水艦が、作戦参加隻数百三十八隻のうち百二十七隻を沈められ、喪失九十二パーセントという、おどろくべき数字にのぼったのも、じつはこのような仕組みで、一隻一隻、制圧、撃沈された結果であった。

敵空母ヲ捕捉撃沈セヨ！

開戦当初の真珠湾攻撃には、三十隻の精鋭潜水艦が参加した。潜水艦の大戦果を期待していた連合艦隊司令部は、しかし、大きな失望を味わった。大型潜水艦一隻、特殊潜航艇五隻を失ったというのに、潜水艦による戦果は、何一つ得られなかったからである。

しかも、帰港した潜水艦長たちが、ほとんど口を揃えて、

「防備厳重な軍港にたいする封鎖は、潜水艦ではやれない。敵の対潜艦艇や哨戒機に、たえず制圧され、たまたま目標を発見しても、これに近づいて、こちらから攻撃をしかけること

は、とてもできない。潜水艦の生きる道は、商船攻撃にしかない」

といったから、ショックだった。

しかし、そんなショックをうけても、司令部は、真珠湾やマレー沖で、戦艦第一から航空第一に大きく流れが転換するのを目前にしながら、なお戦艦中心の艦隊決戦という考えかたを捨てきれなかったように、潜水艦も艦隊決戦の補助兵器だという考えから、通商破壊、つまり海上交通路の遮断という、戦略的な考えかたに切りかえることが、できなかった。どんなに貴重な経験や戦訓でも、凝り固まった頭にたいしては、無力に近かった。

このフレキシビリティ（柔軟性）のなさは、日本海軍の一つの特長でもあった。思いこんだら最後、トコトンまで突進する――その鞏《きょう》固な意志、忠実さはまことにいいのだが、それが馬車馬的になっては困る。心の持ちかたに、余裕がない。いや、人生観に、客観性がない、といい換えられるかもしれない。客観視できないのである。あくまで主観的に突撃し、まかりまちがえば、玉砕するまで、だったのである。

伊一六八潜は、六月三日、ミッドウェー島を近くに見る地点にまで来た。まず、敵情を偵察し、連合艦隊に電報した。そして、島近くに頑張りながら、六月五日の、南雲部隊のミッドウェー基地攻撃を観戦することになった。

潜望鏡から見るミッドウェー島のようすは、目の高さが低いために、よくわからなかったが、航空部隊の攻撃によって、重油タンクが爆発し、黒煙が天に沖するのは、確認できた。

味方部隊の、生命を賭けた活躍を、遠く見るのは、いい知れぬ感動を呼ぶものだ。田辺艦長は、幹部に、潜望鏡でその光景を見せてやり、艦内にもそれを伝えた。伊一六八潜は、挙げて勇み立った。外界を見ることができるのは、潜望鏡をとおしてだけに限られる。潜望鏡には、艦長がつく。艦長は、たとえ「オレについてこい」だけで、部下を掌握できるにしても、できるだけ情況を、部下に知らせる。よく気持を通じさせておく必要があることを心得ていた。

伊一六八潜は、その夜、潜水艦隊司令官の命によって、サンド島（ミッドウェー島を構成する一つの珊瑚礁）の砲撃を行なった。砲撃は十数発。飛行場を目がけて撃ちこんだが、敵も、すぐ応戦してきた。探照灯を照らし、哨戒艇を出してきた。探照灯を照らし、砲撃を加えられるだけならば、なんのこともないのだが、哨戒艇が、頭の上に来て、爆雷攻撃を加えてくるので、逃げざるを得なかった。

哨戒艇をふり切って、浮上したとたん、うけた電報が、伊一六八潜の運命を決めた。

電報には、

「我ガ航空部隊ノ攻撃ニヨリ、敵エンタプライズ型大型空母一隻、ミッドウェー北東約百五十カイリニ大破漂流シツツアリ、伊号第一六八潜水艦ハ直チニ行動、コレヲ捕捉撃沈セヨ」

とあった。

われに勝算あり

田辺艦長の手記によると、ここで、電気長が、呉を出港するときひそかに受けていた水天宮のお守りを、乗員全員に配ったという。いい話である。むかしの武将が、乾坤一擲《けんこんいってき》の出陣にあたって、武神に詣で、武運長久を祈ったのと、一脈通じる。それでこそ、人間らしさがある。宮本武蔵が、一乗下り松の死闘に出で立つとき、神に詣でようとして、それをやめて立ち上がった、あの「神仏を尊んで、神仏をたのまず」という考えは、人間らしさをはずれている、と私は思う。人間は、もっと弱く、哀しいものだ。だからこそその一途な献身が、尊いのだ。

全速力二十三ノットで、伊一六八潜は、急航した。

「落ちつきはらった乗員の頼もしい顔を見ていると、われ勝てりの感が深まり、私にとって心強いかぎりだった」

と艦長はいう。われ勝てり、というのは、いささか尚早だが、こんなときの若い下士官や兵たちの、淡々とした態度には、私自身、感動した経験がある。おどろくべき落ちつきである。どんなむずかしいところにでも、平気な顔をして、進んでいく。指揮官に、信頼を寄せてくれているのだろうが、私の場合は、胸一杯になって、お国のため、などということは忘れてしまい、この部下たちのため、どんなことがあっても、勝たねばならぬ。自分の命で、部下たちが救えるのなら、喜んで死のう、と決心したものであった。

伊一六八潜は、翌六月六日、日本時間で午前一時十分、東の大遠距離に、一つの黒点を発見した。

十二センチ望遠鏡に、ポツンと、何やら黒いものが見えた。夜明けの、また暗さの残る狭い艦橋は、一転して、生命力が奔騰《ほんとう》した。

田辺艦長は、望遠鏡に目を凝らした。

少しずつ、東の空が明るくなり、それを背景に、クッキリと「黒点」が浮かび上がった。

「空母だ。ヨークタウン型に間違いない」

なんという好運だ、と艦長は、身体中に、力が湧き上がるのをどうすることもできなかった。距離、目測二万メートル。太陽を背にした空母は、こちらからはよく見えるが、空母からこちらは極度に見えにくい。二万という距離も、あつらえ向きだ。しかも、双方の針路からみて、ぐんぐん近づく。かならず、ぶつかる。

「潜航用意」

「潜航！」

もし、敵に発見されたら、この千載一遇の好機をトバしてしまう。

（戦闘開始だ）

と艦長は、下腹に力をこめると、ぐるりと四囲を見渡し、しだいに明るさを増してくる空の向こうのシルエットを睨みつけ、このつぎに浮上して、ハッチをあけるときは、あの空母は、もう水面に姿を浮かべていないだろう、いや、かならず、食いついてやる、と大きく息を吸い、艦のなかの司令塔に降り立った。

艦長の計算は、間違っていなかった。ミッドウェーの北東海面で、ヨークタウン型が大破したとすると、ヨタヨタであればあるほど、真珠湾に直行しようとするだろう。微速力で動いているとして、おそらくこの海面で捉えることができるだろう。かれは綿密な推理をし、伊一六八潜の針路と速力を決め、急いで来た。それが、このように、あつらえ向きに敵に出会おうとは、さすがの艦長も、予想していなかった。

潜水艦は、前にも述べたように、潜航すると三ノットしか出せない。電池のキャパシティーの制約がある。そうなると、兎と亀の出会いになる。こちらの徐行している鼻先に、相手が向こうから駈けこんで来てくれないと、戦争にならない。まことに、これこそ、千載一遇のチャンスであった。しかも、相手は、伊一六八潜の存在を知らないようだ。ヨークタウン型空母を中心にして、駆逐艦隊七隻が千メートルくらいの円周の外と内と、二段構えに取り巻いて、厳重な対潜水艦警戒をやっている。

田辺艦長は、

(これは、容易ならんぞ)

と思った。第一ラウンドは、たしかに、こちらの勝ちである。ところが、第二ラウンドに入るには、ベタ凪ぎの海面が邪魔する。潜望鏡を出すと、トタンに水を切る白波が立ち、ミオを引き、ハッキリとわかるのである。

こういうときに、潜望鏡を上げるのには、大きな勇気が要る。たまたま、空母や駆逐艦が見ている方向に出そうものなら、たちまち発見され、危殆《きたい》に瀕する。といって、これを出さなければ、敵の状態を確認することができない。祈るような気持で、かれは号令する。

「潜望鏡上げえ」

そして、まだ潜望鏡のトップの反射鏡が、水面下にある間に、レンズに目を当て、方向を予定し、潜望鏡が水を切ると、瞬間に敵を見、敵の針路と速力と、方位角と、距離を判断して、

「おろせえ！」

と叫ぶ。熟練は、おそろしい。白波が立つか立たないうちに、もう潜望鏡は、水面から姿を消す。

（距離一万五千か。しかし、どうも敵針、敵速がつかめん）

困ったぞ、とかれは腕を組んだ。カーン、カーンと、敵駆逐艦による探信音が聞こえる。けっして、気持のいいものではない。

発射管室では、九五式酸素魚雷の最後の調整を急いでいた。主計科員は、戦闘配食のニギリ飯を配って歩いた。爆雷防御の処置が、すばやくとられていた。割れそうなガラスははずした。バルブ類の繋止をした。

こんなとき、艦長は、自分の心の動揺が、敏感に、いやむしろ霊感のように、乗組員の心に反映することを知っていた。水上艦艇でも、だいたい同じことが起こるのだが、潜水艦の場合は、極端であった。百余名の乗組員は、鉄の筒に閉じこめられ、外界を見ているのは、潜望鏡につく艦長ただ一人である。田辺艦長は、敵情を、ドンドン部下に流した。艦長の号令一下、一糸乱れず、寸秒の時間のミスもなく戦うためには、だれもが、艦長とほぼ同じヴィジョンを描き得ていなければならぬ、と考えていた。

「航海。どうも、方位が落ちるぞ」

かれは、航海長にささやいた。方位が落ちるというのは、彼我の相対位置が、味方が遅れていくため、だんだん大きな角度をもつようになることで、敵の艦首尾線（針路）と味方の艦首尾線（針路）との交角が、しだいに大きく、鈍角になっていくことをいう。

さきほどもいったように、スピードの遅い潜水艦は、つとめて敵の進む前の方に位置を占めることがキメ手で、方位が落ちるようでは、敵を捉えることは覚束なくなる。魚雷を射つ場合も、前の方から射たないと、命中する率が少なくなる。魚雷は、狙って射てば、走ってくれるし、命中してくれる。ただ、命中するような体形をつくり出すことが、もっともむずかしいし、そこに艦長の手腕が発揮される。

海面に、すこし風が吹いてきた。わずかではあったが、ウネリも出てきた。これこそ、天の与えだった。潜望鏡が、もう少し長い時間出せる。白波が、目立たなくなったのだ。

（シメタ）

艦長は、潜望鏡を上げ、くわしく敵陣を観察した。

敵空母は、確かに少し左に傾いている。昨日の味方の攻撃で、大怪我をしたのだろうが、その傾いた飛行甲板は、別に異状はなさそうに見えた。火災も起こっていない。どうも、それより推進器か、そのあたりをやられているらしく、前方にいる二隻の駆逐艦が、空母を曳っぱっているように見える。

（ようし！）

田辺艦長は、決心した。突っこもう。あの警戒幕を突破して、敵の左側に出て、振り返りざま、魚雷を射ちこもう。

潜水艦の戦いは、なかば推理であり、なかば偶然である。これが、双方、相手を意識し、追いつ、追われつする場合は、完全な推理による頭脳戦になる。しかし、伊一六八潜の場合は、敵はまだ気づかぬ。したがって、敵がどう考え、どういう行動をするかは、予測がむずかしく、偶然というべき要素の比重が増す。

敵の左側に出ようとした田辺艦長は、潜望鏡を出してみて、

（待てよ）

と考えた。体勢が、また変わっている。

（右だ。右に出よう）

田辺艦長の頭脳冴える

もう、ここまで来ると、潜望鏡を出すことは危険だった。聴音潜航に切り換える。敵艦のスクリュー音を聞きながら、また、探信儀を働かせながら、杖をつきながら歩くのである。白い紙の上に、航海長が、敵味方の位置と、距離と、針路と、速力とを書きこんでいく。相対位置の変化を、刻々に書き入れる。前に駆逐艦二隻、まわりに五隻、まんなかに、当の空母。警戒幕を突っ切るのだから、頭の上を、駆逐艦のスクリュー音がゴオーッと過ぎる。

（一隻、突っきったぞ）

身の毛のよだつ瞬間であった。

また、ゴオーッとスクリュー音が、頭上を過ぎる。そのなかに、カーン、カーンと、なにか外鈑をハンマーで叩く音がまじる。

「敵空母かもしれん」

航海長と顔見合わせた。緊張で、蒼白かった。

艦長は、頭のなかで、水面の上の状況を、想像しては消し、また別の画を、考えては消した。見ないということは、たまらなく心配なものだ。だが、それだからといって、潜望鏡を出そうものなら、即座に発見される。爆雷攻撃をされたら、この近さである。初弾命中は必至だ。

警戒幕を突っ切ってから、二時間たった。薄氷を踏む思い、というが、そういう守勢的な意味からでなく、ともすれば結末を急ぎたくなる、功を焦りたくなる。攻撃をしかけたくなる。それは自分自身とのツバ競りあい——戦いであった。

田辺艦長は、のちに、

「運を天に任せて、盲目的進出運動をとらざるを得なかった」

といった。

田辺艦長の誠実な、謙虚な人柄からして、自分のしたことを、つつましく表現したものであろうが、それほど艦長にとって、人の力の限りをつくしても、なおどうすることもできない瀬戸ぎわに立たされたものと思われる。

なにしろ、現地時間で午前四時十分に敵を発見し、ただちに潜航、突撃に転じ、ずうっと敵に気づかれずに、二万メートルの距離から接近してきた。警戒幕の駆逐艦の直下も潜りぬけ、航海長の描きつづける合戦図をたよりに、彼は司令塔に立ちつくしていた。

(疲れた)

不意に、疲労がノシかかってきたように思えたが、頭を振って、妄念をふりきった。五時間たっていた。

「目的達成のためには、冷静沈着に振舞い、しかもそのためには、いかなる苦しみにも堪えやりぬくことが、潜水艦乗りの基本的な心構えである」

という、潜水艦育ての親、末次信正大将の言葉を、田辺艦長は、艦長としての拠り所としていた。

男子の一生には、このときこそと、全能力を、トコトンまで叩きつけねばならぬ大事の時が、かならずある。

(田辺弥八。くじけてたまるか)

かれは、組んだ腕に、力をこめた。

深度四十五メートル。さっきから、頭の上四十メートルばかりのところを、いくたびか敵駆逐艦が、通る。

とにかく、敵のまんなかに潜りこみ、なんとか敵の右側に出ようとしている。三ノットで左側から右側に、斜めに出ようとしていた。

三ノットというが、しかし、三ノットで、エンジンを回しっぱなしにして走っているのでは、もちろんない。駆逐艦が、グーッと近寄ってくると、エンジンを急いでストップし、惰力で進む。水中聴音機で聞き耳を立てていると、プロペラの水を切る音は、すぐに発見できる。シャッ、シャッ、シャッというように聞こえる。いや逆に上からは、潜水艦のなかでの話し声までも、聞きとれることさえある。

警戒幕に突っこんでから、乗員たちは、押し黙って、一言も口を利かない。もし、コトリと立てた物音が、話し声が、敵に聞きとられたら最後、頭の上の駆逐艦の後甲板から、爆雷が抛りこまれる。そうなったら、伊一六八潜は、十中八、九助からない。

蒼白い緊張に、身体をこわばらせながら、田辺艦長への信頼だけで、堪えている百余名の乗員の心とは別に、田辺艦長は、どこからともなく、湧き上がってくる力を、全身に感じていた。

(敵は、どうも、本艦がここにいるのを、少しも気づいていないらしい。あるいは、あまり距離が近すぎて、ウチのスクリュー音が、敵駆逐艦同士のスクリュー音にまぎれこんでいるのではないか)

これは、もっともありそうなことであった。まさか敵は、警戒幕の中に、日本の潜水艦がまぎれこんでいようなどとは、夢にも思っていないだろう。いや、それほど、かれらは、ヨークタウンを助け出すのに懸命であり、この大破した空母を、真珠湾まで無事に送りとどけることに必死なのであろう。

そうだ。アメリカには、空母は、使えるのがいま二隻か三隻しかいないはずだ。そうすれば、このヨークタウン型は、かれらにとって、天にも地にも、かけがえのない一隻であるはずである。

田辺艦長は、じいッと頭上に耳をすませた。しばらく、直上にスクリュー音が出ないのを見すまして、声を殺し、

「深度十八」

と命じ、

「潜望鏡上げ」

と手信号を加えて、いった。

乗員の目が、いっせいに、キラリと光った。賭けである。ハッとしたかれらの心の波が、手にとるようにわかった。おそらく、一瞬に咽喉がカラカラになった者もいるだろう。

艦長にとって、いわば総決算の瞬間だった。暗闇を歩いた二時間、果たして計算どおり、敵空母の右側に出られているかどうか。潜望鏡深度まで浮いて、潜望鏡を上げたとき、駆逐艦の真横、見張員のメガネの中にポッカリと露頂するのではないか。

思わず、まったく予期せず、かれは、神に祈った。つぎの瞬間、上昇をはじめた潜望鏡にとびつき、上昇をつづける接眼鏡に目を押しあてた。

水だ。明るくなった。水を切った。見えた。

「おろせ」

見ていた時間は、二秒か三秒であった。目の前を、下降していく潜望鏡を、軽く叩いて、ねぎらいたい気持だった。

かれの眼前には、いま見た、強烈なパノラマの印象が、おどっていた。現地時間、十二時三十七分。

「空母の右舷五百メートルのところに出た。駆逐艦二隻が曳航している」

命中音四たび響く

さあ射点に出なければならぬ。乗員の急に生気をふき返した顔に向かって、

「発射用意」

と、低く命じた。

命じて、かれは、すぐさま、水中速力四ノットに上げた。こうなれば、分秒を争う。一秒でも早く、このまま突っ走って、敵空母との距離を開かねばならぬ。五百メートルでは、魚雷は、まだ調定した深度に安定してくれぬ。発射管をとび出した魚雷は、速力がつくまで、自分の重さで、ずうっと沈んでいく。エンジンが回転数をあげ、舵が利きはじめて、はじめて調定した深さ、空母なら深さ五メートルに調定したその深さを、水平に走ってくれる。

もちろんその沈下を最小限に食いとめるため、発射管の中で魚雷のエンジンを発動し、スピードをもって発射管をとび出すようにはしているが、五百メートルでは、まだ不安定だ。八百メートルから千メートルは必要だ。

絶対に、失敗してはならない。機会は、一回しか来ない。ただ一回の機会に、百パーセント命中する魚雷を射たねばならない。

乗員一人のこらず火の塊のようになっていることを、艦長は感じとった。この火を敵にぶつけるのだ。

連続九時間の苦闘であったが、疲れも、足の痛さも、頭にかぶさって締めつけていた鋼鉄の夕ガのようなものも、まったくどこかに消滅していた。

「前部発射管、発射用意よし」

報告が力強く返ってきた。

軍隊というのは、こういうものである。攻撃準備をととのえ、武器を執ると、ピタリと安定する。力が湧く。

田辺艦長は、このとき、敵の探信音が、奇妙にやんでしまった、と感じた。

「きっと、敵サン、ランチを食ってるんだろう」

小声で航海長にそういったら、不意に、たまらなくオカしくなった。

「あの場合、どうしてあんなにおかしくなったのか。不謹慎ですよねえ。百人の部下の生命を預かっている指揮官として、あるまじきことですが。なにか、これで成算が立ったと思ったとたん、ランチを頬張っている敵兵の顔が浮かんできたのです。考えてみると、敵発見のとき、たしかニギリ飯を食べた。その後、九時間、完全に飲まず食わずでしたから」

これは、戦後の話である。

三十分たった。

田辺艦長は、思いきって、潜望鏡を上げた。シメタ。距離が九百メートルに離れている。しかも、敵空母は、ねがってもない角度に、位置に、ぐうっと、舵をとってくれているではないか。

艦長は、急いで、いつもと違った射法を命じた。

いつもは艦首の四本を、三度ずつ角度を持たせて、扇型に射つ。敵がどう舵をとっても、そのどれかに引っかかることを期待する。が、いまは別だ。必中射法で、二本ずつ角度を三度開いた重ね射ちをやろう。理想的に魚雷が走ってくれたとすれば、相手が動かなければ、命中の破孔は二つあく。同じ破孔に、二本ずつとびこむ段取りになる。

「射て」

の号令一下、満を持していた魚雷二本が、発射管をとび出した。つづいて二秒後、つぎの二本。全身を耳にした四十秒。カーンという金属性の命中音が四たび聞こえ、つづいて重苦しい爆発音が、伊一六八潜ぐるみ、全員を揺すぶった。

それからは、艦内は、万歳の連呼、狂喜して抱きあいながら涙を流している乗員の爆発であった。艦長は、何か声を出そうにも、咽喉がカラカラで、声にならない。ヘナヘナと崩折《くずお》れそうな自分自身を踏みこたえるのに、精一杯だ。

「やった。やった」

と、まだ、やっている。艦長への信頼だけで、死牛の間を彷徨した九時間。それが命中音を膚で感じて、報いられたことを事実として摑んだ喜び、解放感であった。その喜びは、苦しみが強く、長ければ長いほど、大きいはずだ。

艦長は、そのさわぎが収まるのを待った。待って、いい渡した。

「これからだぞ。緊張をゆるめるな」

砲戦、機銃戦用意！

まことに、伊一六八潜の死闘は、「これから」であった。敵の身になってみれば、うらみ骨髄に徹していなければならなかった。

敵駆逐艦は、しばらくは、まったく攻撃してこなかった。急いで退避する伊一六八潜にたいして、しかし、一時間ばかりして、頭上を通りすぎる駆逐艦が、二発の爆雷を投下したのが皮切りだった。

敵は、躍起になっていた。なあに、負けてたまるか、と田辺艦長は思った。こうなると、水上と水中との頭脳の戦いである。だが、いささか困ったのは、数隻の駆逐艦が、伊一六八潜めがけて、集中してきていることである。一隻と一隻が、丁々発止とやるのなら、平気である。相手が二隻でも、自信があった。だが、四、五隻が取り囲んでくると、こちらは一隻で、しかも水中速力が遅いのが、最大のマイナスだった。

むろん、潜望鏡など、上げられるものではない。聴音潜航である。敵のスクリュー音の動きを手がかりに、右に左に、蛇行する。少しでも、敵から遠ざかろうと、舵をとり、速力を加減する。が、なにしろ、あたり一面が敵に取り巻かれている。覚悟はしていたものの、これでは少なからずひどすぎる。

田辺艦長は、この場合、下手に逃げまわるより、ヨークタウンの真下にへバりついていた方が、より安全だろう、と思いついた。そうすれば、付近には投げ出されたアメリカ兵が泳いでいる。爆雷を投下すると、その炸裂で、泳いでいる人が死んでしまう。敵はおそらく、たいして爆雷を投下できないだろう。

この考え方は、間違っていなかったが、ピタリ正解とは、いかなかった。ヨークタウンには、じつは二本命中したが、さすがに大きな艦で、それから翌朝午前六時まで浮いており、そこで沈んだ。そして一本は、ヨークタウンに横付けしていた駆逐艦ハンマンに命中、この方は、わずか二、三分で沈んでしまった。

爆雷攻撃は、そのせいか、意外にすさまじかった。

「今ので六十発目です。やりますなあ」

と、先任将校が報じたすぐあとだった。

頭上を通りぬけ、不気味なスクリュー音を残して、敵駆逐艦が去り、シャッ、シャッと水を切る音が、やや遠ざかり、こんどは投下しなかったナ、と思った瞬間——、

ガクッと艦がハネあがった。艦全体が、痛いッと叫んだかのように、鉄が悲鳴をあげ、天井からペンキがはげ落ち、電灯が消え、あっという間に、艦内はまっ暗になった。

「応急灯つけ！」

「艦内損傷調べ」

するどい号令が、先任将校と艦長の声で飛んだ。

前部発射管室と後部舵機室に浸水していた。二次電池がこわれていた。

浸水箇所は、乗員の必死の防水作業で、食いとめることができた。困ったのは、電池の破損だった。電池の容器がこわれたため、中の硫酸液が漏れ出して、艦底に流れ、海軍でビルジといっている汚水と混じり、塩素ガス（有毒ガス）を発生しはじめたことだ。

ジリジリと、息苦しくなってきた。

田辺艦長は、ガスに当てられて、フラフラになった鼠が、自分の足もとによろめき出たことを、忘れていなかった。

伊一六八潜は、危機に立たされていた。

電池がやられたので、電動機が動かなくなった。艦はストップしている。舵も利かない。舵は、艦にスピードがあるからこそ利く。舵が利かないとすると、潜りつづけるためには、気蓄器にある圧搾空気を小出しにしながら、注排水をし、海水と艦との比重を調整して、いわゆる水中に宙づりになっていなければならない。と同時に、艦の前後の重さを調節して、前後の傾斜をととのえていかねばならない。

その指揮官は、先任将校。

若い下士官十人あまりが、先任将校の号令どおり、前に走り、後に走り、停まり、している。その重さを増すために、米俵をかかえて走る。前に走れば、艦首に重さがかかり、アタマが下がる。水平にしておかないと、下手をすると艦が斜めになり、勢いを増して、水面にとび出したり、棒杭のように立ちあがったりしかねない。そうしたら、一大事だ。息苦しさのなかでの、死に物狂いの重作業である。

一方、艦のデッキの下では、機関長と電気長が先頭に立って、電池の容器の応急修理に熱中していた。ガスマスクをつけて、艦底にもぐりこむ。ガスに中毒して、下から抱え上げられる下士官が出た。

すさまじい、生き残るための闘いであった。乗員は、全力をあげていた。先任将校と機関長の声が、縦横に交叉する。

悪いことが、重なっていた。敵の爆雷攻撃はすこしもやまない。爆雷の炸裂で、艦が揺すぶられる。だが、乗員は、もはや爆雷など、すこしも意に介していないようだった。体当たりで、しかも一糸乱れず、艦を救い、友を救うために、自分自身を粉にしていた。

「日没まで二時間。総員頑張れ」

田辺艦長は、大声で叫んだ。

あと二時間。二時間すれば、夜の暗さが、味方になってくれる。そこで浮上すれば、一挙に事は好転しよう。

が、どうしようもない事実が、眼の前にあった。小出しに使ってきたとはいいながら、気蓄器の圧搾空気が、わずか四十キロしかなくなっていた。そう長く、潜っているわけにはいかない。それより、艦内の空気の汚れが、放っておけないまでに来ていた。呼吸は、ますます苦しくなる。応急灯も消えた。あとは、懐中電灯だけが、頼りである。

伊一六八潜が、ついに乗員の体当たりの力だけでは、どうにも押さえきれなくなるときがきた。いや、押さえきれなくなったのではない。ストップした千四百トンの艦体を、人間の重さと、米俵の重さで宙づりにしたままにしようとすること自体、なまやさしいことではない。よくもまあ、艦が、我慢して、力をあわせてくれたものだ、と思うほうが先である。

午後四時四十分（現地時間）ころ、艦は、三十度の仰角で、水面に向かって浮上しはじめた。水兵員だけでなく、機関科員までも動員して、もち上げた艦首の方に駈け出したが、利き目はなかった。

とっさに、艦長は決心した。

（こうなれば、火の玉になって突撃しよう。敵と刺し違えるのだ）

そして、割れるような声で、

「砲戦、機銃戦用意！」

と号令した。

スワ！　百余名の乗員は、くるりと踵《きびす》をかえし、口を一文字に結んだ。潜水艦乗員にとって、最後の決戦のときが来たのだ。

戦闘配置で、砲員、機銃員ときめられている者たちが、司令塔の梯子の下に、集まってきた。艦長の目を、みなが、キラキラする目で見つめている。懐中電灯で、だれかが梯子を照らしていた。

十三時間の死闘に終止符

だが、艦長は、もう一つのことを考えていた。

(最後の爆雷攻撃が終わって、四十分たっている。もしかすると、敵が遠くに行ってしまったのではなかろうか)

そうだとすると、万々歳だが。

ザアッと水を押しのけて、浮き上がった。まっ先に艦長がとび出して見回したが、敵はいない。飛行機もいない。

「シメタ!」

とび上がるほどの心を押さえ、よく見ると、約一万メートル離れて、敵駆逐艦が、三隻いる。空母は影も形もない。撃沈確実、と信じた。

「当番。艦内に伝えろ。敵は近くにおらん。空母も見えぬ。撃沈確実だ。敵駆逐艦三隻、一万メートル」

当番の水兵が、身をひるがえして、ハッチから消えた。

ところが、その駆逐艦が、ぐるりと反転して、こちらに向かってくるではないか。

田辺艦長は、急いで二次電池の充電と、気蓄器への圧搾空気の補給を命じ、敵と反対方向に、水上全速力を出して走りはじめた。

潜航中は、ディーゼルを電池に切り換え、電動機を回して走るが、水面では、このクラスから採用された複動式ディーゼルを駆動して走る。

全力運転のせいで、両舷の排気孔から、黒煙を濛々と噴き出した。これこそ時にとっての氏神。巧まずして煙幕を張った形になった。

この煙幕にあきらめたのか、三隻のうち一隻が、反転して帰っていった。あと二隻。その一隻は、煙幕の中に、完全に入って、目つぶしを食わされていたが、もう一隻が、執念ぶかく追ってきた。

距離は、刻々とちぢまる。

田辺艦長は、そこで、連合艦隊司令部あてに、

「我ヨークタウンヲ撃沈セリ」

と発信する。

艦橋からは、

「敵、近づきます」

と、くり返してくる。声が、しだいに悲痛さを増す。

艦内からは、

「まだ電動機は使えません」

と報じてくる。潜れない。潜ったら、前と同じだ。

このままいくか、潜るか。

田辺艦長は、腹に力を入れた。重大な決断をしなければならぬ。

「空気はいくらとれたか」

まず、艦長は、現状をとらえようとした。

「八十キロ」

先任将校の答えが、返ってきた。

時計を見た。日没まで、あと三十分。

とっさに、決意した。

「急速潜航！　深度六十メートル」

伊一六八潜は、一転して、おびただしい気泡を残しながら、水面から姿を消した。

五千メートルに近づいた敵駆逐艦からの砲火が、艦尾に近く、水柱をあげた。あと数秒遅かったら、あるいは艦尾付近に大穴があいたかもしれなかった。

と、伝声管に耳をあてていた伝令が、

「本艦のスクリュー音が、かすかに聞こえます」

と押さえた声で報告した。

「なにっ」

耳をすます田辺艦長の耳に、もっとすばらしい報告が入った。

「電動機が使えます」

機関長の、相好《そうごう》を崩したような声だった。

電灯が点いた。

艦が、動き出した。

舵が、利きはじめた。

乗員の顔が、嬉しさに輝いて、暗闇から浮かび出した。

田辺艦長は、戦後、話をここまでするると、不意に声をつまらせた。そうだろう。敵空母を二万メートルに発見し、接敵を開始してから十三時間。あのニギリ飯以来、飲まず食わず、空母撃沈から爆雷攻撃をうけたあとの死闘。みな、乗員全員の、総力をふりしぼっての戦いであった。

艦長は、疲労で、くらくらとしたが、唇を嚙みしめて堪えた。正念場である。

「よおし。一発、射ちこんでやろうか」

力が漲《みなぎ》った。

ジリジリと艦を操って、敵駆逐艦を狙いはじめた。水中と水上。日の暮れかかる洋上で、ただ一隻となった駆逐艦は、敏感に、伊一六八潜の動きを感じとったようであった。そうでなくとも、敵としては、ヨークタウンを仕止め、僚艦を轟沈した強敵を目前にして、しかも夜になろうとしている海面では、気押されるほうが先に立つ。数発、爆雷を放りこんだ駆逐艦は、そのまま、くるりと反転して、去っていった。

「浮き上がれっ」

田辺艦長の、カラカラの咽喉をふりしぼった号令が、艦内に伝わった。

午後七時すこし前だった。

「みんな、よくやったぞ。上甲板に交替で上がって、空気を吸え」

大きな声でいうと、急に、何か、グググと、胸にこみあげてくるものがあった。そこへ艦長従兵が、サイダーを一本うやうやしく捧げてき、コップを差し出して、いった。

「艦長。みんなが、おのみ下さいといいますので……」

付I　勝利の美酒

――歴史的戦艦「三笠」の生涯

日本国民の誇り誕生

話は、明治二十八年にさかのぼる。九十余年前のことである。朝鮮に起こった騒乱の取り鎮めをキッカケとして日清戦争が勃発した。そして、日本が大勝し、台湾、遼東半島の割譲などを条件として和議が成立、その調印を終わって、大喜びをした講和条約調印後、まさに六日目、ロシア、ドイツ、フランスの三国は、遼東半島を日本が領有すると、東洋永遠の平和が害されるとして、その放棄を強制してきた。いわゆる三国干渉であった。

東洋の一小国にすぎなかった日本が、眠れる獅子と評された大清国を撃破するには、並大抵でない苦悩があった。還付を強談された遼東半島の占領にも、同胞の鮮血がどれだけ流されたろう。

急転、勝利の喜びから、日本人は怒りと悲しみの底に突き落とされた。全力をしぼり切って日清戦争を戦った日本には、もうそれ以上の余力はなかった。ことに世界有数の海軍をもつこの三国に立ち向かわれたら、日本は、どんなことをしても勝てなかった。いや、そのロシア一国にさえ、太刀打ちできない乏しい実力だった。

実力をもとう、という必死の願いが、国民の間に勃然と湧き起こった。十年にわたる、いわゆる「臥薪嘗胆《がしんしょうたん》」が、ここからはじまるのだが、当時の小国日本にとって、これは容易のわざではなかった。——余分に働いて、その余分の収入を軍備費に献納する。三食を、二食につめて、一食分を国に納める。文字どおり、汗と涙を国に献じて、軍備の大拡張に踏みきった。おどろくべき話である。どこの国の歴史にもない。前古未曾有の話である。

ところが、それから二年目、三国干渉で日本の手から遼東半島をモギとったその当のロシアは、旅順、大連一帯を租借《そしゃく》。ドイツは山東省の膠州《こうしゅう》湾を占領。さらに三年たつと、北清事変を利用し、ロシアは満州を占領、事変平定後も、頑として兵を引かなかった。

驚いたのは、日本である。

東洋の平和に禍根を残す、といわれ、涙をのんで手離した旅順、大連が、みすみすロシアの手に引き渡されたのみか、満州にもまたロシアが居すわったではないか。

国民の義憤は、火のようにカキ立てられた。日清戦争が終わった明治二十八年の帝国議会で、早くも海軍の拡張が協賛されたばかりでなく、翌二十九年には、さらに輪をかけた大拡張が決定された。戦時中の、拡大した予算でも九千万円。翌二十九年の「平時」予算が、なんと一躍二億円にハネ上がったのだから、国民生活からいえば、戦争中より戦後の方が、二倍も苦しくなった理屈である。

「三笠」は、こういう雰囲気のなかで、この拡張計画による甲鉄戦艦「敷島」「朝日」「初瀬」に加えた四隻のうちの一隻として、誕生を約束された。

「三笠」は、ほかの主力艦と一緒に、イギリスのヴィッカース・アンド・マキシム会社に発注された。起工が、明治三十二年一月二十四日。進水、翌年十一月八日、一年と十ヵ月を要して船体ができ上がった。当時、世界第一等の造船国であったイギリスが、腕にヨリをかけて造ってくれた無比の堅艦であった。

排水量一万五千三百六十五トン、速力十八・二五ノット、全長百三十二メートル、幅二十二メートル、装甲の一番厚いところは二十三センチ、前部司令塔と砲塔の厚さ三十六センチという重装甲。

武装も大きい。三十センチ砲四門、十五センチ副砲十四門、その他八センチ砲など二十八門、魚雷発射管四門。

姿からいえば、大正、昭和と下って、重油を焚き、三十ノット以上の高速を出し、強大な威力をもつ巨砲を積んだ平賀式超弩《ど》級戦艦とはもちろん違う。しかし、バランスのとれたその攻撃力、防御力と機動力とは、少なくとも当時の世界第一流の軍艦であった。

堂々たる風格に、そのころの日本国民が、どれほどの信頼と期待をかけたかは、想像にあまるものがあったろう。いわんや、その大砲一門、そのリベットの一つ一つが、食べたいものも食べず、着たいものも着ずして手にした血と汗の結晶である。「長門」「陸奥」「大和」「武蔵」と、後年にいたってすばらしい戦艦はできたが、国民との心のつながりの緊密さは、はたして「三笠」の場合といずれが深かったろうか。

一言にしていうならば、「三笠」は、日本の戦艦——というよりも、日本人一人一人の持ち物であった。私たちのおじいさん、おばあさんたちが自分の力でこしらえた艦であった。かれら自身の誇りであり、かれら自身の「力」であった。

国防とは、このような姿でなければならない。国民が、自分で造ったものに、信頼できる代表を送り、百パーセント力を発揮してもらって、国民自身の護りとする。だからこそ国防に筋金が入り、軍人にも一死殉国の踏みきりがつくのである。

大国ロシアの横車

この間にも、北方の形勢は、ますます悪化していた。この情勢を心配した英国と日本は三十五年一月、日英同盟を締結した。この同盟が、日露戦争のとき日本のためにじつに大きな力になる。つまり、日本は、英米（米は仲裁役をかってくれたし、ポーツマスで講和を主催してくれた）を味方にして、ロシアに当たった。最後には世界中を相手にして、世界中の憎まれっ子になって戦った太平洋戦争の場合と、まるで環境が違っていた。

そこで、ロシアも三十五年四月になって、満州を清国に還すという約束をした。だが、約束を完全に守らなかった。三回に分けて撤兵するという約束を、一回目は守ったが、二回目の撤兵期になると、逆に新しい要求を清国につきつける有様。日本も、とうとうたまりかねて、米国の抗議につづき、ロシアに抗議を送ったが、容易にラチが明かない。あかないどころか、つづいてかれの手が朝鮮にまで伸びて、日に日に情勢は危うくなってきた。

このあたりの詳細は、割愛して、日本の世論が、ロシアの行動にははなはだしく憤激し、開戦論が日に日に強くなったことを述べるにとどめる。

しかしロシアは、恐るべき大国であった。日本が海軍大拡張に努力している間に、ロシアも大拡張を重ねていった。日本の拡張が、二十六万トンに達したとき、ロシアの艦隊は五十一万トンになっていた。まさに二倍である。

こうして竣工した日本の新造艦は、つぎつぎと常備艦隊に編入され、激しい訓練が重ねられた。海軍中将東郷平八郎が、新たに常備艦隊司令長官に任じられ、ついで、常備艦隊を第一、第二、第三の三個艦隊に編成、東郷中将は第一艦隊司令長官兼連合艦隊司令長官、第二艦隊司令長官には上村彦之丞海軍中将、第三艦隊司令長官には片岡七郎海軍中将がそれぞれ補せられた。明治三十六年であった。

明治天皇と開戦決定

「三笠」は、連合艦隊旗艦として、檣頭《しょうとう》高く東郷司令長官の中将旗を揚げた。佐世保軍港は林立する檣と、たなびく煤煙に埋まった。そして艦艇は、誇らかに旭日の軍艦旗をはためかせ、北に向かっては五島列島のあたり、南に向かっては天草灘のあたりで、実弾射撃を励み、あるいは玄海灘に足をのばし、伊万里《いまり》湾に仮泊し、島原湾に出入するなど、九州西部の諸港湾に将兵は玉の汗を流し、国の寄託にこたえるために、技量を磨いた。

このときまで、日本の艦艇は、すこぶる派手な装いをしていた。軍艦は、船体が黒で、上甲板以上の構造物は白。駆逐艦や水雷艇は、上から下までまっ白なペンキを塗っていたが、これを全部ネズミ色に塗りかえた。ネズミ色に塗っていると、遠いところでは海の色と見分けがつかない。望遠鏡で照準をするこのころの射撃法では、敵艦をハッキリつかまないと、距離も測れず、大砲も撃てない。だから、このネズミ色は、ロシア艦隊をさんざんに悩ますことになった。

ついでだが、ロシア側（バルチック艦隊）では、船体が黒で、煙突に広い黄色のベルトを巻いていた。これはいうまでもなく、もっともコントラストの強い配色で、今でいえば、交通標識の危険マークに使っているくらい。どんなにボンヤリしていても、ハッキリわかる色だからお話にならなかったが、それは、後に出てくることである。

明けて明治三十七年一月四日、召集令があわただしく下った。日露の国交はもはや切断寸前。佐世保軍港は、にわかに緊張の度を加え、波止場の付近は、各艦よりのランチや水雷艇が織るようで、沖合の連合艦隊主力二十隻、小型艦艇を合わせて四十数隻から吐く黒煙で天日ために暗し、という勇ましさ。

一方、政府は懸命の対露交渉をつづけていた。なにしろ、歳出わずかに二億円の日本が、二十億のロシアを向こうに回しているのである。巷に悲憤慷慨する人たちには、本当のロシアの強さはわかっていない。廟議《びょうぎ》の決定に息づまる真剣さと、固唾をのむ切迫感があふれていたのは、当然であったろう。

このとき、国交断絶を可とす、という政府元老の御前会議が、明治天皇の「なお一度催促してみよ」というお言葉で、流会になった話は、有名である。

こうして、三週間というもの、落ちつかない督促と期待に明けくれた。だが、この期待が報いられるはずはなかった。だいたい、ロシアは、日本なんか問題にしていなかった。一ヒネリすれば、簡単にツブせる小国——と思っている。ただその背後についている英米に出られると厄介、と考えている程度だった。

当時ロシアは、旅順に日本連合艦隊と、ほぼ同等の艦隊をもっていた。戦艦七、装甲巡洋艦一、巡洋艦八、砲艦、水雷砲艦六、駆逐艦十八、ほかに仁川《じんせん》に巡洋艦と砲艦各一、ウラジオストックに装甲巡洋艦三、巡洋艦一、水雷艇十七などがあり、トン数こそ日本連合艦隊の二十三万トンに比し、十九万トンであったが、日本何するものぞと、意気すでに島帝国を呑んでいた。

この旅順艦隊が、二月三日、忽然として行方をくらました。政府、ことに海軍当局者は狼《ろう》狽《ばい》した。作戦会議では、もし日本が鎮海湾を奪われ、あるいは佐世保や対馬の竹敷を襲われたら、日露戦争は立ち上がらずして一敗地にまみれなければならぬと結論されていた。応急の措置が、大至急とられた。

とりあえず、竹敷に機雷を敷設する一方、全艦隊は即時待機。翌五日、日露国交断絶。その夜、佐世保に家族をもつ乗員にかぎり、午後八時から十時まで上陸、生別の許可が出された。当時の人の話によると、遠く桟橋にまで見送りに来たらしい家人の提灯《ちょうちん》が、波のようにゆらめいて波止場のあたりを埋め、いつまでも去らず、さすがに気丈な士官たちも、思わず眼がしらをうるませたという。

　翌二月六日は、日本晴れ。風も和《やわ》らいで春を思わせるうららかさであった。

　午前八時、各艦で、いっせいに前日賜わった勅語を奉読、激励の訓示を行なった。

「……茲《ココ》ニ於テ朕《チン》ガ政府ニ命ジ露国ト交渉ヲ断チ我独立自衛ノ為ニ自由ノ行動ヲ執《ト》ラシムル事ニ決定セリ。朕ハ卿等ノ忠誠勇武ニ依頼シ其目的ヲ達シ以テ帝国ノ栄光ヲ全クセム事ヲ期ス」

「三笠」の大檣には、司令長官旗がヘンポンとひるがえった。

九時三十分、各艦隊予定のとおり出港。まことに威風堂々。ことに佐世保は、港付近の航路が錯雑し、長蛇の陣をつらねて、その水路を縫っていく全艦隊の姿が、山上からよく見えた。あのときはすばらしかったと、昭和十年代になっても、土地の人々の語り草になっていたほどだった。

　このとき「三笠」の艦隊司令部にあったのは、司令長官東郷平八郎大将、参謀長島村速雄少将、参謀有馬良橘中佐、秋山真之少佐、松村菊雄大尉、副官永田泰次郎少佐、機関長山本安次郎機関大監（機関大佐）。いずれも一騎当千の優れた人たちであったが、中でも秋山参謀は、その後、第二艦隊参謀の佐藤鉄太郎中佐とともに、日本海軍戦術思想と戦略の生みの親となった傑物だった。

日本艦隊の奇襲成功

二月七日午後五時、「三笠」の檣頭に、「天佑ヲ確信シテ連合艦隊ノ大成功ヲ遂ゲヨ」という信号があげられた。

連合艦隊は、舳艫《じくろ》相ふくんで鎮海湾に出撃、敵艦隊を索《もと》めて北方に向かう。途中で、仁川に陸軍を輸送する片岡支隊（第四戦隊等）と分かれ、「三笠」は、第一、第二艦隊の先頭に立ち、見張りを厳にしながら旅順口に進んだ。

二月八日午後六時ころ、旅順港外四十カイリの円島付近に到着。いよいよ駆逐艦の夜襲がはじまる。

「三笠」の檣頭に、ふたたび信号が掲げられる。

「予定ノゴトク進撃セヨ。一同ノ成功ヲ祈ル」

「三笠」「出雲」から、軍楽隊の奉楽が起こり、総員登舷礼式と万歳を連呼するうちに、第一、第二、第三駆逐隊は旅順へ、第四、第五駆逐隊は大連へ、捜索強襲をかけるため、十八ノットですべり出した。

このとき、ロシア艦隊は、まさか日本艦隊が、今すぐにも奇襲してこようとは、思ってもいなかった。まず、旅順艦隊の出動準備をととのえ、これが終わったら、朝鮮沿岸を警戒航行して、日本軍が朝鮮に上陸するのを食いとめるつもりだった。

外交関係の断絶はもちろん知っていたが、宣戦布告がないと戦闘は起こらないものと考えて、ボツボツ用意をした方がよさそうだと、旅順の内港から外港に出てきたところだった。だから、ボイラーの点火汽醸などは、まったくしていない。つまり、すぐには機械を回すに必要な蒸気はできない。一時間半かかるのはいい方で、ペトロパウロフスク型戦艦（二隻いた）にいたっては、焚きはじめてから動けるようになるまでに十二時間以上かかるという状態で、錨をおろして休んでいた。

突然、そこへ、日本の駆逐隊、十二隻が来襲した。四、五百メートルの至近距離に肉薄して、四十五センチ魚雷を射ちこんだ。このときの魚雷は、射程四千メートル。全世界ではじめて縦舵機調整装置（魚雷を直進させる自動操縦装置）を使った優秀なものであった。

——戦果、最良最新式の戦艦ツェザレウィッチ、レトウィザン、巡洋艦パルラダの三隻が戦闘力喪失。ツェザレウィッチとパルラダは、かろうじて旅順内港に引き入れたが、レトウィザンは、途中の浅瀬に乗り上げたままにされた。

マカロフ提督の戦死

さて、こうして戦争がはじまってみると、ロシアとしては、いままでの無準備が一時に表面化した。

旅順艦隊の乗員にも、戦争に不適なものがいる。急いで、元気一杯な将兵と変えねばならぬ。ことに、司令長官の戦いぶりが、なってないというので、ロシア海軍のホープであったマカロフ中将が、急遽赴任（二月二十二日付）の途についた。

その間、日本は、夜襲、閉塞《へいそく》、老鉄山の裏側からの間接射撃をくり返したが、いずれも決定的な戦果を収めないうち、三月八日、マカロフ中将の将旗が、旗艦ペトロパウロフスクに掲げられた。

マカロフ中将は、ロシア海軍随一の戦略家。着任とともに旅順艦隊は、俄然、それまでの消極戦法をかなぐり捨てた。どしどし出動して、訓練を励行する。日本艦隊が旅順の前面に姿を現わすと、全艦隊を率いて出撃する。指揮官一人の更迭で、こんなにも変わるかと驚くほどの変貌だった。

日本はこれに対抗して、広瀬武夫中佐の壮烈な戦死に至る第二回閉塞隊をくり出したが、効果は残念ながら不十分。それで、方針を変えて、小田喜代蔵中佐の率いる「蛟竜丸」という敷設艇に機雷を積み、いつもロシア艦隊が通る航路に撒いた。

——話は、四月十三日、前夜来、日本艦隊の捜索に出ていたロシア駆逐隊の一艦が、敵味方を間違え、日本の駆逐隊列にまぎれこんで走って来たところからはじまる。

十三日朝になってみると、この駆逐艦ストラーシヌイは、日本駆逐隊にくっついて走っていることを発見してびっくり仰天。大あわてで逃げようと図ったが、呆れた日本駆逐艦四隻が、すぐさま集中砲火を浴びせた。たちまちストラーシヌイは撃破されて、沈没に瀕する。

これを見ていた旅順艦隊の中から、巡洋艦バヤーンが、全速力でとび出してきて、ポンプで水をかけるように、日本駆逐艦に砲弾を浴びせる。日本駆逐艦は閉口して、大急ぎで逃げ出す。

そこへ、折よく駈けつけて来た出羽重遠第三戦隊と「浅間」「常磐」計六隻が、バヤーンめがけて砲弾の雨を降らせた。だんだんサワギが大きくなった。マカロフ中将はこれを知って激怒。その敵逃がすものかと、旅順を出撃、出羽艦隊に向かって突進しかけたが、ふと沖を見ると、出羽艦隊の向こうには東郷艦隊が頑張っている。これはいかん。深追いして、旅順砲台の威力圏外に出たら最後、東郷艦隊にやられるに違いない。

数えてみると、日本の艦はロシアの倍近く出ている。逃げた方が利口だと、ぐるりとヘサキを回して、旅順港内に入ろうとする途端、轟然一発、二発。マカロフ中将の乗っていた戦艦ペトロパウロフスクは、小田中佐の敷設した機雷二個にひっかかった。つづいて砲弾、魚雷の誘発を起こし、汽缶も破裂、一瞬のうちに船体は、まっ二つに折れて、沈みはてた。この間、じつに一分三十秒。マカロフ中将は、このとき、幕僚の大半とともに戦死、ほかに戦艦ポベータも傾斜したが、とにかくマカロフ司令長官の戦死は、その後の戦闘に甚大な影響をあたえた。春秋の筆法をもってすれば、小田中佐、旅順艦隊を全滅せしむとさえいえそうである。

阿修羅のごとき「三笠」

八月十日の黄海海戦までの間に、連合艦隊は戦艦「初瀬」「八島」を機雷で喪《うしな》ったが、そのかわり、アルゼンチンから買った最新鋭の装甲巡洋艦「日進」「春日」が加わった（この両艦は、速力が出るうえに、主砲の仰角が大きくかかり、したがって遠距離射撃ができるところに、大きな特徴があった)。

一方、旅順艦隊の方では、マカロフ中将戦死後、だれを司令長官にするかでゴタゴタがあり、ウィトゲフト少将が長官になった。かれは六月二十三日、旅順のアレキセイエフ太守から、出港してウラジオに行けとの命をうけ、出発したものの、東郷艦隊の出現に会い、戦力は日本に優っていたにもかかわらず、そのまま旅順に逃げ帰った。

その後、旅順艦隊は、ふたたびマカロフ中将時代のような勇敢な出撃を敢えてせず、旅順港内奥深く引き込み、ときおり小部隊だけを出して日本軍の妨害をする程度でお茶を濁すにすぎなかった。この間に日本陸軍の旅順攻撃も進み、海軍重砲隊が応援に出、山越しの間接射撃をつづけているとき、たまたま永野修身中尉(後の元帥)の指揮する砲隊から発射した重砲弾が、港内にあった戦艦レトウィザンの水線付近に命中して大孔をあけた。

急いで応急修理はしたものの、翌八月十日は出港である。ロシア皇帝までが、勝てる戦いを逃げ帰った六月二十三日の不甲斐なさを憤激して、八月七日には、ウラジオ回航の厳命が出されていた。ウィトゲフト長官も、絶体絶命。レトウィザンの応急修理は気になるが、そんなことはもういっていられなかった。

連合艦隊は、二月開戦以来、旅順沖につきっきりだった。マル半年。寒気酷烈な冬海の警備から、一日も休まず暑熱の八月に及んでいる。もちろん内地には一度も帰らぬ。二直交代で、旅順を遠巻きにした見張りをつづけ、ときどき石炭積みに裏長山列島に下るだけ。休暇もなく、半舷上陸もない。

これでは、どんな頑強な人間でも、疲労が出る。敵撃滅の悲願に燃えた百戦錬磨の戦士といえども、士気は緩《ゆる》む。その上、艦底にはカキが付着し、機械の効率は落ちて、「三笠」など、十八ノットは出るというのに、十五ノット半がやっとである。

レーダーがあるわけでは、むろんない。昼は、どんな濛気があっても、風雨が強くとも絶対に一隻でも見逃さなかったとしよう。ならば、夜はどうだ。そのスキにロシア艦隊は、ウラジオへ逃げなかったか。

四月には、すでにバルチック艦隊をもって太平洋第二艦隊を編成すると発表されていた。旅順艦隊を上回る大勢力が、そのうちに、かならずやってくるだろう。そのとき、旅順艦隊が残っていたり、あるいはウラジオに逃げていて、前後から、相呼応して襲いかかってきたら、日本はどうなる。

連合艦隊司令部はもとより、乗り組みの兵にいたるまで、これを思い起こして自ら叱咤した。気をゆるめてはならない。いつ敵が出てくるかわからないのだ——。

八月十日早朝、旅順艦隊は、大挙出動した。戦艦六、巡洋艦四、駆逐艦八の全力だ。

敵封鎖突破の警報に、東郷長官は、「集マレ」を令しながら、旗艦「三笠」を先頭に、第一戦隊六隻を直率して南下した。折悪しく三戦隊（巡洋艦戦隊）は旅順の西方にいたので、第一戦隊だけとして砲数を比較すると、三十センチ砲では十六対二十四で、日本が劣勢である。

のち、秋山連合艦隊先任参謀は、この八月十日の海戦は、どう考えても日本に勝ち味がなかった、と述懐した。なぜであろう。

日本は、誤算していた。六月二十三日の、ロシア艦隊の旅順逃げこみが頭にあった。一日も速く旅順艦隊を全滅させて、バルチック艦隊が来航する前に、戦備を整えなければならない。ドックに入って艦底を掃除し、機械を修理し、大砲を調整し、乗員を休養させる必要がある。この変則の封鎖ばかりやっていると、砲手のウデが落ちる。これをまた訓練して、百発百中にまで引き上げなければならぬ。

焦りである。港内に遁入《とんにゅう》している艦隊は攻撃することができない。攻撃しなければ、これを撃滅することなど思いもよらぬ。とすれば、出てきたロシア艦隊が、ふたたび旅順に逃げ込まないように、百方手をつくさなければならないのだ。

ところが、ロシア艦隊はウラジオに直行する気だ。日本の主力部隊が出てきても、旅順に引き返すつもりはない。邪魔すれば、なぐり倒して通る決意だ。

——まず、戦場を見よう。

南東に向かい、二列になったロシア艦隊が突進してくる。黒い艦だ。第一戦隊は、西から戦場に入って、T字戦法をとった。まっすぐ進んでくる敵に艦の側を見せて、横一文字に進路を遮断する。こうすると、敵は先頭艦の艦首に向いた砲だけしか撃てないのに、味方は全艦の全主砲と副砲の半分が撃てる。絶対有利だ。

一時十五分、ロシア艦隊は砲撃を開始しながら、T字戦法を嫌って左へ並行になる。間もなく、かれはまた忙しく反転した。振り切ってしまう気である。第一戦隊も、それを見て負けじと一斉回頭。このあたりで、敵陣に混乱が起こった。あまり立てつづけに大きな舵をとるものだから、訓練不足のものはついていけない。好機逸すべからず。第一戦隊は、全火力をあげて撃ちかける。撃ちながら敵のアタマに回りこみ、ここで逃がしてなるものかと、敵の退路を断とうとする。ロシア艦隊と旅順との間に大手をひろげるつもりである。

と——。

その間に、あッというほどの変化が、敵陣に起こっていた。二時ころ、敵が、ウナギのようにクネクネと反転したのは知っていた。が、その敵は旅順に背をむけて、いっさんに南東方に逃げていくではないか。

しまった。敵はウラジオだと、いまさらのように臍《ほぞ》を噛んで、とるものもとりあえず追撃に転じたが、この間のロスが三分。距離にすると三万メートル。もしここに、後年の「大和」「武蔵」があったならば、何の苦もなく直撃弾を加えられる距離ではあるが、このときはえんえん三時間の大追撃をしなければ、砲戦距離には入れない。

第一戦隊は、全速をあげた。全速にあげても、十五ノット半しか出ない。ロシア艦隊の速力十四ノット。一ノット半の速力差では、けっきょくはどこかで追いつくにしても、七時半の日没まで、三十分しか砲撃時間がない計算だった。

第一戦隊は、無二無三に追う。一分間に、四十五メートルずつ近よっていく。黒煙濛々、ごうごうと機関は回転し、砕ける波の飛沫が、艦橋にまでとびかかる。

艦橋では、参謀たちが、東郷長官に、さかんに下の司令塔のアーマー（装甲）の中に入られるようにと勧めているが、長官は一番上の天井もない吹きさらしの艦橋に立ちつくして、ウンといわない。

すでに「三笠」は、第一弾を後艦橋の下にうけていた。後檣が全周の四分の三を破られ、四分の一の鉄板だけで立っている。あわてて補強をし、倒れるだけは食いとめたが、この炸裂で兵四人戦死、士官、兵十三人が負傷した。

参謀は、気が気でない。

ところが、はからずも、救いがロシアから来た。応急修理だけでついて来た戦艦レトウィザンの傷が、長い時間の全速航行で、再発した。パッチ（修理鈑）がもたなくなったのだ。ロシア艦隊の速力が、二ノットあまり遅くなった。十二ノット半しか出せなくなった。ウィトゲフト長官が、レトウィザンを連れていこうとする以上、他の艦がいくら速力を上げ得ても、どうにもならぬことだった。

午後五時半にいたって、「三笠」は、ついにその後尾の艦の七千メートルに近づいた。天与の二時間――。

たちまち、砲身が灼けたおれるほどの砲撃がはじめられた。この敵を逃がしてはと、兵までがマナジリを裂いた。

もとより味方にも被害があった。とくに先頭の「三笠」には、敵弾が集中した。後部三十センチ砲塔では、伏見少佐宮が負傷され、砲身はふっとび、右旋回のまま動かなくなった。

十番副砲がやられ、後部檣楼の重四十七ミリ砲飛散、前艦橋にも命中して海図室付近を荒らし回った。このとき東郷長官は、その一つ上のコンパス（羅針儀）デッキにいたが、この砲弾がもうちょっとはずれていると、長官はもちろん、司令部総員が戦死するはずであった。炸裂したその砲弾の弾片が四散して、艦長伊知地彦次郎大佐負傷、長谷川少尉候補生負傷、その他士官二人重軽傷。

六時、敵の三十センチ砲弾が兵員病室に命中して、右舷の水線一メートル足らずのところに、直径一メートルの破孔をあけ、防火隊員十三名が負傷した。が、同時に味方の一弾は、ロシアの旗艦ツェザレウィッチの艦橋に命中、ウィトゲフト長官は片脚だけを残して、身体を海にふきとばされて戦死した。そのほか幕僚数名戦死。参謀長、艦長負傷。さらに、操舵員を倒し、舵が左にとりっぱなしになった。

これこそ、最大級のラッキー・ショットだった。日本にとっては、神に祈った甲斐があったわけだ。一瞬、戦況は急転した。ツェザレウィッチは、左に舵をとったまま、大きく円を描きはじめた。一本棒のロシア艦隊は、そんなこととは知らないから、そのあとについて回った。二番艦、三番艦、四番艦のペレスウェートが回りはじめようとするとき、仰天した。ツェザレウィッチが横ッ腹に突ッかけてきたのだ。

ペレスウェートは、狼狽して左舵を一杯とった。果然、混乱が起こった。早くも東郷長官は、この混乱を見てとった。ソレ今こそ日ごろの腕を発揮せよと、ロシア艦隊の前方に回りこむと、ツルベ撃ちの砲弾を、息もつがせず叩きつけた。

おそるべき破壊がつづいた。

四番艦のペレスウェートは、坊主になった。旗艦ツェザレウィッチのマストに掲げられた「ウィトゲフト提督ハ指揮権ヲ他ニ譲リタリ」という信号は、ほとんど誰にも気づかれず、その信号を承けたペレスウェートのウフトムスキー少将が、「ワレニ続行セヨ」という信号を掲げたが、艦橋に棒か何かで信号旗をブラ下げて見せる始末で、だれの眼にも入らない。

まったくの大混乱であった。さきほどのレトウィザンが、ただ一隻イノシシのように、「三笠」に向かって突撃してきた。一万トン以上の大戦艦が、ブツかるつもりで突進してくる光景は、凄壮無比の地獄図だった。が、ものすごく撃たれてヘキエキしたのか、目的を達せずに踵をかえした。

こんなありさまで、ロシア艦隊は、まったく艦隊としての戦意を失い、北に逃げるものあり、西に還るものあり、南に避けようとするものあり、いわゆる四分五裂、ミミズのコマ切れのように、ハネはじめた。

折から、遅れて戦場に到着した「浅間」「松島」「厳島」「橋立」など（第五戦隊）が北西に現われ、南に六戦隊四隻、東に第一戦隊、第三戦隊の十隻、西に「浅間」、三方をおっとりかこんで撃ちに撃った。

が、日本に許された戦闘時間は、この絶対有利になった体勢を徹底的に利用することができないうちに終わった。日が落ち、薄暮がすぎ、とッぷりと日がくれたのだ。即座に水雷戦隊の突撃が開始されたが、なにしろ敵艦はてんでんばらばら、どこにいるのかも見当つかない。これもあまり効果があげられず戦機を逸した。

この間に、「三笠」は最悪の被害をうけていた。二十五センチ砲一発が午後七時、左舷兵員厠《かわや》から飛びこみ、兵三人を重傷させ、六人を負傷させた。そして、十四番十二インチ砲を破壊、弾薬約二十発を誘爆させ、上甲板陥没、合計二十一名の負傷者を出した。ともかく、「三笠」の損害はもっともはなはだしく、全部の弾痕二十余発というのだから大変である。ただ致命部を免れたというだけで、艦内は狼藉《ろうぜき》をきわめ、死傷者百二十五名にのぼった。

ロシア艦隊は、しかし、もっとひどかった。艦の損害もひどかったが、四分五裂の結果、中立国にはいったものは武装解除され、旅順に逃げ帰ったものは、乃木軍の二〇三高地奪取成功とともに撃砕され、バルチック艦隊来航までには、まったく動けなくなってしまった。

東郷長官のもっとも苦心焦慮した黄海海戦は、こうして終わった。ロシアのバルチック艦隊来航まで旅順艦隊の兵力を温存し、両艦隊相呼応して日本を撃滅しようという考えは、これで完全にダメになった。東郷長官は、ようやく、万里の海を渡航してくるバルチック艦隊に、後顧の心配なく、全力をあげて対抗できることになった。

秋山参謀は、「兵学上の見地からいえば、花々しく俗眼に映ずる日本海海戦よりも、むしろ黄海海戦の方が、その価値も趣味も多大なるかと思われる。かれは一時に咲き揃った爛漫《らんまん》たる桜花で、黄海海戦は春を破って匂い出た梅花である」といっている。日本海海戦のあの空前絶後の大勝利は、すでにこのときに芽ぐんだのである。

日本海の大海戦

私は、この稿で、「三笠」の苦心を述べようと努力してきた。「三笠」、すなわち、東郷司令長官をはじめ、艦長伊知地大佐以下の九百十一名が、いかに奮戦し、いかに焦慮し、いかに不安を感じたかを述べようとした。

そういう立場からいうと、日本海海戦はもはや何一つ心にかかるものはない。全力発揮をするだけの戦いである。

もっとも、バルチック艦隊が、対馬《つしま》海峡に来るか、津軽海峡または宗谷《そうや》海峡に来るかという心配は、初期にあった。彼我の体勢からいうと、バルチック艦隊司令長官ロジェストウェンスキー中将は、そのどの道でも選ぶことができた。特務艦を津軽海峡に分派し、本隊だけを対馬海峡に進めるという手もあった。事実、ロジェストウェンスキー中将は、海軍軍令部長もやり、ロシア海軍のホープたるを失わない。

とかく、敗将には酷な批判がつきものだが、かれとてぼんくらではなかった。ちゃんと作戦のハラも決めていたし、日本艦隊の判断を迷わすため、オトリを日本南方に派遣し、攪乱《こうらん》もさせた。が、通信が十分でない日本の貧乏が幸いした。連合艦隊には、その報告が届かなかった。

連合艦隊は、有名な七段構えの備えをした。対馬海峡からウラジオまでに線を引き、その間で七回戦いを挑み、敵を完全に撃滅してしまおうというのである。

明治三十七年十月十五日、リバウを出たロシア太平洋第二艦隊（バルチック艦隊）は、日本と同盟関係にあるイギリスの妨害をおそれながらも、喜望峰を迂回、あるいはスエズを通って、文字通り威風堂々、随伴特務艦隊を除いても二十九隻の大艦隊が、途中、一隻の落伍もなく、空前絶後の大壮挙を敢行して、対馬海峡に迫った。

日本海海戦の戦史は、世界各国で、おびただしい数に上って刊行されている。そのくらい有名で、かつ決定的な海戦であった。彼我ともに、一流の長官、一流の幕僚をともなった、一流の艦隊であった。日本に一死報国の信念があれば、ロシアには祖国にたいする忠誠心があった。日本に軍艦旗にたいする誇りがあれば、かれにはセント・アンドリューの旗にたいする信仰があった。

だが、敗れる方には、その原因がある。ロシア側には、致命的なミスがあった。

第一に艦隊乗員の訓練が不十分で、ことに砲手が下手だった。

第二に、艦自体が日本海の荒波に適するようにできていないのに、静かだった五月二十六日には、ロシア暦で十三日に当たるからと忌んだし、二十七日（ロシア暦十四日）は戴冠式の佳節だというので、天候を無視して縁起をカツいだ。

第三に、輸送船を上海に向かわせて、日本に主隊対馬海峡通過の情報をあたえた。

第四に、陣形が二列で、すこぶる戦闘に不便であった。

第五に、日本哨戒艦艇が、危うく敵をミスする状況であった夜間、時も時、一隻の随伴病院船があかあかと灯を点じ、これが「信濃丸」に見つけられてしまった。

第六に、見つけられたのは、やむを得なかったとしても、それを打ちくだく手はあった。

当時、日本の無線電信機は小勢力のヒョロヒョロ電波しか出せないのにたいし、ロシアのものは優秀な新式兵器で、大勢力のものだったのだから、妨信をしようとすれば、造作はなかった。が、それをやらなかった。そのため、日本の哨戒艦艇は、ヒルみたいにバルチック艦隊に食いついて、実況放送をすることができた。位置、針路、速力、陣形などが、手にとるように東郷大将にわかった。しかも、この哨戒艦艇を、ロシアは、その手段はもっているのに、真面目に追っ払おうとしなかった。

じつは、バルチック艦隊は、あまりにも日本を呑みすぎていた。日本何するものぞ。トーゴーなど、ひねりつぶしてしまえ——。

しかし、事実は、連合艦隊は、まったく、黄海海戦の場合と違って、面目を一変していたのだ。旅順陥落とともに来た旅順残存艦隊の全滅で、連合艦隊は安心して母港に帰った。整備も修理もすべて終わり、艦底を清掃し、乗員の英気も養い、ふたたび日本を後にして、みっちり訓練に励んだ。

長期間、訓練もできずにいたロシア艦隊と、完璧の状態にまで戦闘力を上げ、意気天を衝く清新日本連合艦隊との対決である。睡眠不足でノイローゼ気味の男と、十分に眠って、十分に朝食をとった男との戦いである。東郷連合艦隊長官の心中には、ただこの充実した戦闘力を、どのようにして百パーセント集中発揮させ、敵を撃滅するか、その考えが、強く去来していただけであったろう。

「敵艦見ユトノ警報ニ接シ、連合艦隊ハ直チニ出動、コレヲ撃滅セントス。本日天気晴朗ナレドモ波高シ」

大本営に電報を打った東郷長官は、連合艦隊旗艦「三笠」に坐乗、午前六時出港、全艦隊九十九隻、ぞくぞくと戦場、沖ノ島付近に向かう。

「三笠」艦上では、伊知地艦長の火を吐くような訓示が、乗員総員の前で続けられていた。

「……今日の戦いは、皇国の安危に関する決戦である……諸子とともに協力一致して、光輝ある成功を得んことを切望する。本日は風波が高い。射撃が困難である。照準はきわめて慎重に、号令は、最も明瞭に伝えることを心がけよ。あわてるな。百発百中を期せよ。この機にのぞみ、艦長としてこれ以上いうことはない。ただ諸子とともに奮励努力し、敵艦隊のすくなくとも二分の一を撃破することを誓おう……」

天皇陛下万歳、大日本帝国万歳。連合艦隊の勝利を祈る万歳が、こうして三回にわたり海を圧した。敵の二分の一を沈めることが、指揮官の理想であった。だれがこれを全滅させうると思ったろうか。

副長松村竜雄中佐、やおら艦長の前に進み出て、「艦長の無事を祈ります」と大声で叫ぶと、艦長は、「ありがとう」と一言残して前艦橋に急いで去る。

十時半、総員昼食。勇気凜々《りんりん》。

折から、海上は濛気ふかく、視界一万メートルそこそこ。西南西の風強く、波荒くて、とても水雷艇は働けない。とうとう三浦湾に避難させねばならなくなる。

零時十五分、沖ノ島北方十カイリから西進したが、敵影なし。午後一時三十九分、濛気の中に、遙かに南西方にあたって敵艦隊を発見した。最初は何かよくわからなかったが、時間がたつにつれて、ぞくぞくと敵艦が水平線上に姿を現わす。

　このとき。気ヲツケのラッパが、「三笠」艦内に鳴り渡った。総員戦闘部署についた。

「勝敗の決この一戦にあり、砲員は沈着、百発百中を期せよ」

伊知地艦長が、艦橋から叱咤する。伝令は、八方に飛び、全艦内に命令が伝わる。

　するすると、Z旗一旒。

「皇国ノ興廃此ノ一戦ニアリ。各員一層奮励努力セヨ」まさに一時五十五分である。

　ロシア艦隊は、このころ、第七のミスを犯しつつあった。陣列が二列ではやりにくい。右側の第一戦艦隊に左九十度一斉回頭を命じ、全艦隊を一本棒にしようとしていた。そのとき東郷艦隊が、逆落としに近づいてきた。すぐ第一戦艦隊は回頭を中止。こんどは左側の列を第二戦艦隊の後尾に入れるための命令を出した。

　ゴタゴタを敵前で惹《ひ》き起こすのは大禁物である。日本は、この機に乗じて有名な十六点回頭を敢行した。まず「三笠」が左に転舵して、ほぼ逆戻りのコースに入る。二番艦、三番艦の順序に「三笠」が転舵した一点で転舵、「三笠」のあとにつづく。

　公式の日本海海戦史によると、このとき、加藤友三郎参謀長が敵前十六点（百八十度）回頭を進言、東郷長官がこれを容れて、左手を大きく左に振った、となっている。だが、事実は、そうでなく、東郷長官みずから戦機を察し、サッと手を左に振り、伊知地艦長はビックリして、「取舵ですか」と反問、加藤参謀長が長官の意図を察して、艦長の疑惑に、説明を加え、短くはあったが、押し問答の末、艦長が取舵一杯を令した、という。

なぜ、こんなことをいうかといえば、この戦局を一変させた十六点回頭を、東郷大将が加藤参謀長の功にして、黙々、公式記録に登載させた立派さをいいたかったのである。伊知地艦長が疑問を起こしたというが、敵前回頭がもっとも不可というのは海軍士官の兵術常識であり、艦長がそれだけ識量が低かったのでは少しもない。ただ東郷長官は、最高指揮官として、どうあっても、どんな危険を冒しても、ふたたび黄海海戦のテツを踏んではならぬと決意していただけであった。

東郷長官の身になって考えると、黄海海戦は、敵には後詰めのバルチック艦隊が控えていた。が、その後詰めは、いまここに現われている。ロシア艦隊は、これで全部だ。敵を全滅させさえすれば、味方は全滅してもいい。なぜならば、その時も、なお大建艦計画が進行中で、まもなく新鋭戦艦が踵《くびす》を接して完成する予定であったからだ。

ロジェストウェンスキー長官は、横手を打って、東郷が発狂したぞ、勝った勝ったと喜んだ。一点で、一隻、一隻と、次つぎに回れ右をしている日本のバカさ加減はどうであろう。あの一点に全砲火を集中すれば、屍の山を労せずして築くことができるではないか。

ロシア艦隊は、いっせいに砲火を開いた。が、日本は応じない。長谷川清少尉の測る距離が六千メートルとなるまで、ジッとこらえた。長谷川少尉、時に二十二歳。当時は、測距儀は貴重兵器で、測距は少尉の任務であった。

二時十分、六千の声を聞いて、「三笠」は初弾発砲。力一杯、弓を引きしぼっていた各艦は、瞬時に応じた。まず、左右列の先頭艦である旗艦スワロフ（ロジェストウェンスキー長官旗艦）とオスラビヤ（第二戦艦隊旗艦）を猛撃した。

このころ、両軍は、ほぼ並航、距離四千六百メートル。至近距離のツルベ撃ちで、スワロフとオスラビヤは、まず火災を起こし、まっ黒な煙が、勢いよく中天に噴き上げ、凄惨をきわめた。

先頭艦二隻が、列外に落ちたので、後続艦は混乱しはじめた。二十分ばかりでオスラビヤ転覆。ロシア艦隊は、これを見て、一時に士気が落ちた。しかも、ロジェストウェンスキー長官は、頑固一徹、各艦の独断専行を一切許さず、指揮権を握って、絶対服従のみを要求してきた。こういう事態になって、最高指揮官が指揮をとれなくなっているにもかかわらず、各艦長はただバク然とそのあとについてくるだけ。そこを狙って、日本は列のアタマ、アタマと集中砲火を浴びせていく。なんのことはない。大根を端から輪切りにしているようなものであった。

とはいえ、近距離砲戦は、前述のとおり、敵にも大損害をあたえるが、味方にも被害がともなう。

「三笠」は、大将旗を掲げて、列の先頭にある。敵弾集中は致し方のないところだが、まず二時四十分、後檣のまん中に敵弾命中、大将旗が海に落ちる。右舷砲廓には、三十センチ砲弾二発。中口径砲弾三発命中、爆発、死屍ルイルイ、鮮血床に流れ、酸鼻《さんび》をきわめる。

三時半ころ、左舷戦闘になり、距離四千メートルで砲撃を開始したときも、左舷砲廓に中口径砲弾一発命中、爆発、砲廓だけで、合計八十余名の死傷者を出した。

が、こんな凄惨な中にあっても、砲員は、おどろくほど沈着だった。もちろん、数回、すでに戦闘の経験がある。しかし、それにもまして、かれらの決意が固かった。砲員が斃《たお》れると、反対舷の砲員が走ってきて、すぐに砲についた。負傷者の運搬治療は傷者運搬係にまかせ、全力を砲戦に傾けた。一弾でも余計に敵に当てた方が勝つことを、かれらは全身全霊で知っていた。戦友の屍を乗り越えずしては勝てないことを、胆に銘じていた。

日本は、その高速力を、フルに利用した。飛鳥のように、敵艦隊のアタマを押さえ、右に左にとび交いながら、劣速のロシア艦隊に、十字砲火を浴びせかけ、一隻また一隻と撃沈していった。

ロシア艦隊も、よく戦った。けっして、卑怯未練な兵たちではなかった。マストも煙突もなくなった、化け物のようなスワロフなどでも、最後まで残った一門の大砲を、撃ちやめなかった。

午後七時半、日没になり、戦闘は一応終わった。あとを水雷戦隊にゆだねたが、ロシア側記録が嘆くくらい、天候は日本に幸いした（夜、海面平穏となる）。日本駆逐隊六隊、水雷艇六隊が、ここぞと突撃した。

「三笠」は、すでに戦列を出た。艦内二直哨戒。艦内整頓が生存者の手でなされ、伊知地艦長は副長の先導で艦内を巡視、負傷者を見舞った。戦死者を安置した兵員浴室に来ると、

「総員集合、兵員浴室」の号令を命じ、全員の集会を終わるのを待って、一人一人戦死者を

抱き起こし、功をたたえ、血涙を絞るはなむけの言葉を贈った。そして、めいめいの名前を書いて新しいハンカチに、それぞれの流血をつけ、これを白木の箱に納め、艦長公室にまつって、祈念を怠らなかったという。

二十七、二十八の両日で戦われた海戦は、十回におよび、ロジェストウェンスキー少将の率いた戦艦八、巡洋艦九、海防艦三、駆逐艦九、仮装巡洋鑑一、特務艦六、病院船二の第二太平洋艦隊は、戦艦六、巡洋艦四、海防艦一、駆逐艦四、仮装巡洋艦一、特務艦三を撃沈され、戦艦二、海防艦二、駆逐艦一が日本に降伏、ロジェストウェンスキー長官以下約六千名が捕虜となり、ついにロシアは海上に望みを絶つにいたった。わが方の損害、水雷艇三。死傷者七百名、「三笠」はもっとも多く百十三名を出し、うち死者八名であった。

念のためにつけ加えておくと、目的地であるウラジオに到達した艦は、巡洋艦一、駆逐艦二にすぎなかった。ほとんど、完全無欠の殲滅である。こんな大勝利は、その前にも後にもない。

「三笠」爆沈

明治三十八年九月八日、日露講和条約の調印が終わり、極東の空をおおっていた暗雲がまったく霽《は》れ、日本の独立が安泰となった三日後の十一日払暁、佐世保軍港に碇泊していた「三笠」に、大爆発が起こった。

午前零時二十分のことである。

後部弾火薬庫の轟発であった。寝ていた五百の将兵は、逃げる暇もなかった。即死三百、重傷二百。

原因は、左舷後部火薬庫に格納した紐状火薬が、自然変質をし、いわば緩慢な燃焼をはじめていたのを知らず、局所温度が増加していくうちに発火点に達し、あっという間に轟発したものだった。

火災はたちまち艦内いたるところに飛び火し、後部轟発、しばらくして前部弾火薬庫も轟発。その間に、半舷上陸中であった乗員が駆けつけるやら、付近の艦船の防火隊がとびこむやらして、消火に努めているとき、前部轟発が起こったため、そのほかにも多数の死傷者が出た。

日露海戦に生き残った「三笠」も、前後の弾火薬庫が爆発して、どうしてたまろう。水深十三尋の佐世保港内にそのまま沈没、マストと煙突の一部を出すだけで、海底に沈坐した。

海軍では、狼狽して、「三笠」以外の各艦を調べてみると、どれにも同じような現象が起こっていたのを発見、全部これを棄却、ある一定年限を超えた火薬は交換する、という規定をつくって、安全を図った。結果から見ると、「三笠」が身をもって、日本海軍の火薬の取扱法に警鐘を打ってくれたことにもなったのである。

もちろん、引揚作業がすぐはじめられ、翌年八月、引き揚げを終わったが、その後、ワシントン会議で廃艦となり、大正十二年九月二十日、除籍された。

しかし、この日露戦争の連合艦隊旗艦は、イギリスで、トラファルガーに大勝を得たネルソンの旗艦ヴィクトリーを記念艦として大切に保存しているのと同じように、またアメリカで米英戦争に偉勲を樹てたコンスチチューションを永久保全しているように、日本もこれを記念艦として保存しようという運動が起こり、米英仏伊の四国の快諾を得、これを横須賀軍港楠ヶ浦岸壁に繋留し、コンクリートで艦底周辺を固めた。

艦内には、弾痕を示し、記念品の数々を陳列して、大正十五年十一月、皇太子殿下の台臨を仰いで記念艦「三笠」の開艦式を挙行した。そのとき、東郷老元帥は、不自由な脚を杖に托して出席、つぎのような祝辞を読んだ。

「……惟ウニ本艦ハ明治三十七、八年戦役ニ際シ、終始連合艦隊ノ旗艦トシテ陣頭ニ立チ、前ニハ旅順口オヨビ黄海ニ奮闘シ、後ニハ日本海ニ奮戦シ、以テ全軍ノ将卒ヲシテ軍人ノ本分ヲ尽スニ遺憾ナカラシメタルハ誠ニ我ガ海軍史上ノ一大光彩タラズンバアラズ。今ヤ翕《キュウ》然《ゼン》タル中外ノ同情ニヨリ、ソノ保全ノ方法ココニ確立スルニ至レリ。願ワクバ永久ニコノ雄姿ヲ示シ、以テ益々皇国ノ威名ヲ宣揚シ、併セテ当年ノ忠魂ヲ捧ゲタル烈士ノ功績ヲ伝ウルヲ得ンカ。満腔ノ感激ヲ以テ恭々シク祝ス」（コロンビア・レコード二八三四六号吹込）。

民族のプライドは、なければならない。祖国の独立を累卵《るいらん》の危急から、身を抛って救い出した功労者は、その子であり、その孫である私たちの誇りではないのだろうか。これを誇りうることは、私たちのむしろ特権ではないのだろうか。そしてまた、誇りを失って、何をもって独立国家の支柱とするのだろうか。

付II　老雄の戦歴

——「出雲」「八雲」「磐手」「浅間」の戦歴

日米修好のはじめ

いまから百二十九年前（一八六〇年）の一月、品川を船出して、アメリカに向かった三本マストの小さな船があった。

二百五十トンとも三百トンともいうが、トン数は、少々あやふやだ。長さ二十七間半、幅四間。蒸気船で内車、百馬力。砲十二門。いずれにせよ、大したことはない。

幕府が、オランダに注文して造った新鋭艦「咸臨《かんりん》丸」だ。

艦長は勝麟太郎。司令官が木村摂津守。アメリカ測量船が、日本沿岸測量にやってきて、暴風雨のため難破した。この乗員たちを幕府が手厚くもてなしたので、感激した船長は、水夫を何人か連れて、太平洋は慣れているから、お手伝いしましょう、と幕府に願い出た。

幕府はこれをゆるして、かれらを「咸臨丸」に便乗させたが、勝艦長たちは、それでは、「武士の意気地」が立たぬと、航海中は一切アメリカの手は借りぬ。船の位置を測っても、日本人の測ったものを使って航海する。結果を見せ合うことはする。手助けは、してもらわぬことにした。

一月十九日に浦賀を離れ、二月二十五日にサンフランシスコに入港したから、その間、三十七日。駆潜艇みたいな小さいのが、太平洋のはじめての荒波をもまれていったのだから、たいへんな航海だったらしい。ともかく日本人の意地を立てとおして、アメリカに着いたから、たいへんな歓迎をうけた。

なにしろ、はじめてである。その上に、一同チョンマゲ姿だ。

現在、私たちは、相当アメリカ人にたいする知識をもっている。その知識をモノサシにして考えると、そのとき、木村摂津守一行がどんな歓迎をうけたか、およその想像はつこうというものだ。

パーティーなどのようすや、歓迎パレードなどの話もあるが、「咸臨丸」は、アメリカ人たちが、よってたかってメヤ・アイランドのドックに入れてくれ、カキを落としたり、船底塗料を塗ってくれたり、むろん、全部厚意だ。

こうして、三月十八日、サンフランシスコを出た「咸臨丸」は、途中、ハワイに寄った。国王カメハメハ四世に謁見して、品川に帰ってきたのが五月六日。

これが、日本から海外へ、軍艦を派遣した最初であり、アメリカを軍艦で訪問した最初でもあった。

遠航の二番打者

「咸臨丸」が、アメリカへ友好使節として出かけていってから十六年。明治八年に、「筑波艦」（このころは、筑波ではなく、筑波艦）が、ホノルル、サンフランシスコに向け、品川を出港した。

　嘉永四年（一八五一年）に英領マラッカで建造された千九百七十八トンの軍艦だが、これには、海軍兵学校（当時は海軍兵学寮といい、東京の築地にあった）生徒四十七人が乗っていた。いずれも生徒である。まだ卒業していない青年たちだ（有名な海軍の大先輩山本権兵衛大将は、このときの生徒だった）。

　軍艦といっても、木造だし、海軍士官といっても、兵科士官の大佐（中佐、少佐は略す）、大尉（中尉、少尉は略す）、は同じだが、軍医科が大医《だいい》監《かん》（大佐相当）、大《だい》軍医（大尉相当）、秘書科という妙なのがあって、少佐相当官が権秘《ごんひ》書《しょ》官、大尉相当官が大《だい》秘書、主計科が中佐相当で主計大監《たいかん》、大尉が大主計、機関科が、中佐で機関大監、大尉で大機関士などといっていた時代である。

　なお、少尉以下で、オモシロイ名前を挙げると、少尉相当官に、艦内教授役、曹長相当官に、艦内教授役介《のすけ》、肝煎《きもいり》、などというのがあり、伍長相当官以下には、檣楼《しょうろう》長、帆縫《はんぽう》次長、造鋼《ぞうこう》次長、槙筎師《まきはだし》、塗《ぬり》師、桶《おけ》師、兵器師、厨宰介《ちゅうさいのすけ》、看病人長、裁縫手《さいほうて》、造靴手《ぞうかて》、剃夫《ていふ》、従《じゅう》僕《ぼく》なんて、ふしぎなのがいた。桶やさんや靴や、裁縫やなどが海軍に控えていたのだから、楽しい。キモイリというのは、ちょうど「オテモヤン」に出てくる「きもいりどん」のキモイリと同じようなもので、日本海軍の超戦艦「大和」「武蔵」などが出てきたころでも、この呼び方は残っていた。つまり、甲板士官あたりから、今日の午後の作業には、十名作業員を出せ、などといってきたとき、人割りをする役目のもので、下士官の若いところか、水兵の古手がやっていた。兵隊の中では、相当ニラミの利く存在だった。

十六年くらいの年月ならば、まだ前の記憶が残っているものだ。チョンマゲ、太刀、カミシモ姿の日本人を覚えていたハワイやアメリカ人たちは、洋服姿のキリッとした海軍軍人や兵学校生徒を見て、どんなにビックリしただろう。

「筑波艦」は、途中、ホノルルに入港した。

ホノルルに、日本の軍艦が入港したのはこれがはじめてであった。

折から、ハワイには、人口不足をおぎなう意味で、世界各地から移民が募集され、日本からも大勢の人たちが出かけていた。その在留邦人たちが、他の国の移民にくらべて優秀だとの折り紙をつけられた矢先だったので、当然、「筑波艦」は、大歓迎をうけた。

まだ、前述のとおり、カメハメハ国王の治世であり、国王も、この「筑波艦」の訪問が、両国の修交のキッカケとなることを心から希望されたりした。これが、のち明治十四年、ハワイのカラカウア国王の日本訪問にまで発展し、日本とハワイとの間の親交が、いよいよ密になっていく。平時の海軍の任務を、よくあらわした、もっともいい例の一つである（ハワイ諸島をアメリカが併合したのは、明治三十一年八月）。

第二回練習航海は、明治十一年だったが、これは豪州東岸を歴訪した。日本軍艦が、赤道を通った最初である。

それから明治二十年までの間、ほとんど毎年「筑波」と「龍驤」の二隻が、交替で練習航海に出た。「龍驤」は、二千五百三十トン。「筑波艦」より倍ちかく大きい木船で、熊本藩が政府に献納したという、イギリス製の優秀艦。船は古いが、進水は「筑波艦」より新しかった（明治二年）。

明治二十年からは、生徒でなく、海軍兵学校を卒業した者が、いくことになった。つまり海軍少尉候補生だ。候補生が遠航にいくようになる最初である。

そして、明治二十二年になると、「金剛艦」と「比叡艦」が加わった。どちらも、明治十一年、イギリスで造られた二千トン級の艦である。これが、明治三十三年までつづき、その後は、「松島」「橋立」「厳島」の、いわゆる三景艦（四千二百十トン）で練習艦隊を編成する。これが練習艦隊のはじめであった。

この間に、日清、日露の戦争が入る。戦争のときは、練習艦隊は出ない。

戦争後は、日本海海戦で拿《だ》捕したロシア艦バヤーンとワリヤーグを、それぞれ「阿蘇」「宗谷」と命名して、これをあてた。そして、わが「磐手」「浅間」「八雲」が使われるようになるのだが、そのはじめは大正五年であった。

「浅間」、緒戦の殊勲

練習艦隊は、少尉候補生たちに、海上の実際勤務に必要な知識と経験をあたえるための動く教室である。と同時に、前述のように、外国を回るのだから、その間に外国の人情や風物にふれ、海軍士官としての視野をひろめ、教養を深める。日本の姿は、国の外に出て、はじめてよくわかる。いま住んでいる日本を、「国」として、感動をもって見るようになる。日本の土を踏んだままでいて、日本の「国」を心に描こうとしても、なかなか描きにくいものである。

戦争になったあとは、ただ一途に戦うよりないが、戦前の海軍は、こういう点にも、十分気を配った。前にも述べたように、練習艦隊が外国を訪問するということは、国と国との交際の上からも、大切な役割を果たすが、それ以上に若い海軍少尉候補生の人間形成のために重要なのだ。

海軍というものは、現在でもそうだが、陸軍とはまた別の機能をもっている。軍艦は、国同士の約束で、正規の海軍士官がこれを指揮する場合、その国の国土の延長とみなされる。外国の港に、日本の軍艦が入港すると、それだけの「日本国」が、外国に横付けしたことになる。

だから、軍艦がある国の港に最初に入るときには、その国の元首のために、礼砲を撃つ。向こうは、日本の元首のために、答砲を撃つ。国と国との、儀礼の交換である。

はじめて外国の港に入ろうとする若い候補生たちが、この厳粛な、平和な海にこだまする殷々《いんいん》たる砲声を聞いて、何を感じるだろうか。

そのとき、私は、練習艦隊の「浅間」に乗っていた。ホノルルは、晴れていた。六月。気温三十一度。

礼砲の交換を終わった「浅間」と「八雲」は、静かに静かに埠《ふ》頭に近づいていく。眼鏡で見ると、埠頭はとりどりの色で埋まっている。まるで、お花畑だ。黒いはずの埠頭の色が、まったく見えない。

明治三十二年にイギリスで建造された「浅間」（九千八百八十五トン）と、それより一年遅れてできた「八雲」（九千八百トン）だ。いささか旧式なのが玉にキズだが、明るいグレイの船体に、真紅の大軍艦旗をひるがえした姿は、いうならば、白髪を染めてサッソウたる老武者といった感じだ。いや、百七十名を越える少尉候補生をのせて、とても年寄りじみてはいられません、といっているようである。

けっして、架空の話をしているのではない。私の実感である。

これは後の話だが、遠航を終わり、呉に帰って、候補生たちが全部退艦する。そのあと、しばらく後始末のために、私は「浅間」に残っていたが、急にガランとした艦の中を歩いていると、ガタッと艦が年をとったのを感じたのだ。

「浅間」は、日露戦争当時は、「出雲」「磐手」「八雲」の僚艦とともに、第二艦隊（上村彦之丞中将）の主力である第二戦隊の中核であった。

明治三十六年十二月、日露の風雲しだいに険悪となったところ、韓国の京城のようすも、緊迫してきた。京城の外港である仁川には、各国軍艦が停泊していたが、京城の公使館や居留民を保護するため、各国は陸戦隊を送り出した。

日本の軍艦で仁川にいたのは、小さな、二千四百トンの「千代田」一隻だった。その「千代田」をまるで威嚇するように、ロシア巡洋艦ワリヤーグ（六千五百トン）と砲艦コレーツが、左右を挟んで停泊していた。いつ、ドカンとやられるかもわからない。「千代田」艦長は、見張りを厳重にして、警戒に当った。

二月五日、国交断絶。

「千代田」は、翌々七日夜、ひそかにイカリをあげ、闇にまぎれて脱出に成功。折よく佐世保から陸兵を乗せた輸送船三隻を護衛して第四戦隊が朝鮮西岸を北上しつつあったので、これに合同しようと考えたのだ。

第四戦隊は、「浪速」「明石」「新高」などという、二千〜三千トンの小型巡洋艦戦隊だったが、これに特命によって「浅間」が加わっていた。一万トンのシンバリ棒だ。

「千代田」から話を聞いた司令官は、よし、すぐに陸兵を仁川に揚げよう、と決意し、「浅間」を先頭にして、隊の針路を仁川に向けた。

午後四時ごろ、コレーツが出てきた。ソレと浅間隊は輸送船団を守る。四隻の水雷艇は、二隻ずつに分かれてコレーツに向かっていく。コレーツ発砲。四時四十分。

コレーツとしては、相手が悪い。撃つは撃ったが、逃げるより手はない。「浅間」と四戦隊は、コレーツを追って仁川に入る。陸兵を仁川に急速揚陸する。「浅間」などの主力は、港外にあって監視する。第二次大戦はじめころの、モンテビデオ港のドイツ豆戦艦グラフ・シュペーのような格好に追いこめてしまった。

ところが、工合の悪いことが一つあった。そのとき仁川港にいたのが、ワリヤーグ、コレーツ、それにロシア汽船スンガリだけならよかったが、英、米、仏、伊の軍艦が一隻ずついたのだ。日本の司令官は、そこで「果たし状」をつきつけた。

揚陸は、九日未明に終わる。そこで、九日正午までに、ワリヤーグとコレーツは、港を出ていけ。でなければ、砲撃するぞ、というのだった。

同時に司令官は、他の国の軍艦にも、砲撃をはじめたら、タマがいくかもしれないから、そこをどいてくれ、といった。

これは、まだアジアの小国（中国には勝っても、アジア同士の話だから、英、米、仏、伊などは、モノの数にも思っていない）にすぎなかった日本にしては、かれらの常識からいえば、何をコシャクな、と考える性質のものだった。平時だから、軍艦は国土だ。艦自体は小さくても、強国の軍艦は、鼻っ柱が強いのだ。案の定、抗議が来た。どけ、とは何事だ、というわけだ。

問題がむずかしくなった。困ったことになりそうだったが、急転直下、解決した。ロシア艦がノコノコ出てきたのである。

ロシア艦にしても、そういう気持だったろう。タカが日本ではないか。果たし状をつけたなら、うけてやろう。あとで泣きベソかくな、といったものだろう。グラフ・シュペーが自沈する絶望感など、毛頭なかったにちがいない。

ロシア艦は檣頭高く、戦闘旗を掲げていた。一戦で日本に泡をふかせるつもりなのだ。

天気晴朗。風はサザナミを起こすのみで、今日ならば絶好の行楽日和というところ。先頭の「浅間」は、距離七千メートルに近づいたとき、轟然、火蓋を切った。ロシア艦、ただちに応戦。たちまち、砲声がとどろき、山々に鳴りハタめいた。

このあたり、浅瀬が多い。干満の差が、なんと十二、三メートルというところなので、潮が速い。浅瀬を避け、潮を乗り切って、コップの底みたいな狭い海面を駈けまわり、撃ちまくったのだから、おどろくべき度胸と腕だ。

ワリヤーグは、命中弾で、船体がひどく左に傾き、火災に包まれて、逃げ出した。また仁川港に逃げこむのだ。コレーツも、あわてて、ワリヤーグを追う。「浅間」は逃がすものかと、二艦を追う。

二艦は、結局、港内に逃げこんでしまった。これ以上撃つと、頑張っている外国軍艦に命中するおそれもある。そこで「浅間」は砲撃をやめて引き返した。

だが、引き揚げたわけではない。やはり湾口を扼《やく》する形勝の地に、軍艦四隻、水雷艇三隻が、逃がすものかと目を光らせて居すわった。こうなるとグラフ・シュペーと同じになる。

日本が強いとわかったからには、逃げ出すことはできないし、だからといって、大国ロシアの誇りは、日本に降伏することを許さない。残る道は、自沈しかない。

戦闘が終わって、二時間半ばかりしたところ、仁川で大爆音が聞こえ、煙が天に沖した。コレーツの自爆だった。汽船スンガリが、これにつづいた。そしてワリヤーグも転覆した。日本の目の上のコブであった仁川のロシア艦隊が、これで全滅したのだ。日露戦争版の、真珠湾ともいえるであろう仁川海戦の立役者が、この「浅間」だったのだ。

悲運の上村艦隊に属して

「磐手」「出雲」などの第二艦隊は、上村彦之丞中将の指揮をうけウラジオストックに向かった。

当時、ロシアの艦隊は、旅順、仁川、ウラジオに分散しており、本国から別の大艦隊が、はるばる喜望峰を回ってウラジオの艦隊に合同する、という筋立てだった。

日本としては、ぼんやりしていると、大へんなことになるおそれがあった。本国から大艦隊がくる前に、旅順、仁川、ウラジオの艦隊を、打ち破っておかなければならない。そうでないと、本国艦隊との大海戦のさい中に、後ろからとび込んで来られて、逆に日本が袋の鼠とされそうだった。

「浅間」の奮戦で、仁川のロシア艦隊が全滅したので、背後の敵の一ヵ所が崩れた。残るのは、旅順とウラジオだ。旅順は、大敵なので、東郷連合艦隊司令長官みずから、第一艦隊の精鋭を率いて、これに当たる。ウラジオの方は、上村中将の率いる第二艦隊が、攻撃にかかったわけだ。

上村艦隊は、三月六日、ウラジオ港外に達した。氷を割って陸岸に近づき、間接射撃を試みた。ちょうど、第二次大戦中、「金剛」「榛名」の二戦艦が、ガダルカナル飛行場を間接射撃したのと同じである。直接撃つ目標は見えない。陸岸の向こう側に目標がある。その陸岸のどことどこを結んだ線にタマが飛ぶように撃つと、海上から見えない目標に命中する理屈である。

「磐手」「出雲」「八雲」などから、八インチ（約二十センチ）砲弾が、つぎつぎに飛ぶ。二十センチ砲といえば、第二次大戦中の、日本海軍の重巡の主砲と同じだが、明治と昭和の差は、その威力（弾丸の大きさ、爆発力、貫徹力、スピード、弾着距離）の差となってあらわれることは当然だ。が、これはあくまで、タテとホコとの関係で進歩するものだから、そのころの軍艦の装甲を貫くには、これでよかった、といっていいものである。第二艦隊がそうして撃ちまくったが、かんじんの陸上や港内の艦艇からは、一つも撃ち返してこなかった。手ごたえがないのだ。

そこで、第二艦隊も、射撃を止めなければならなくなった。ロシア艦隊がいれば、なんとか反撃してくるに違いないが、ウンともスンともいわないのでかえって困る。

ところが、このウラジオ艦隊が、うまく日本艦隊の間隙を縫って、暴れ出した。第二回目のウラジオ砲撃をするために、第二戦隊「出雲」「磐手」などが出発し、濃霧にさまたげられて元山港に引き返したとき、その前日にロシア艦隊が元山を襲っていたのだ。つまり、どこかでスレ違ったわけだが、一面の霧の中だ。レーダーなど、あろうはずはなく、お互い、知らずに行き違ったらしいのだ。

ウラジオ艦隊の暴れぶりは、まことに巧妙だった。霧の季節をうまく利用して、神出鬼没する。津軽海峡を通って太平洋にまで出てくる。商船をあちこちで撃沈する。上村艦隊は、まるで鬼ごっこみたいに、駈け回るが、どうしても行き違いになって、敵をつかまえることができない。金州丸がやられ、常陸丸、佐渡丸がやられ、上村艦隊は何をしとるか、という非難が日本国内に起こり、上村中将の留守宅は石をぶつけられる始末である。逆にいえば、当時の国民の一人一人が、そのくらい戦争の成り行きを、心配し、真剣であり、必死であった、ということができるだろう。

だが、この戦運にめぐまれなかった上村艦隊、「出雲」「磐手」なども、八月十四日にいたって、ようやくチャンスをつかんだ。

朝鮮海峡で、朝もやの中に、パッタリ敵艦三隻とハチ合わせしたのである。

永いこと歯ガミのしつづけであった上村艦隊将兵は、猛然と撃ちまくった。砲撃戦だ。まず、リューリックが動けなくなり、他の二隻は、リューリックを心配して、逃げ出しては戻り、逃げ出しては戻りしたが、猛射にたえかねて、とうとう本格的にウラジオに向かって遁走する。逃がすな、と「出雲」「磐手」などが追いかける。

ここで、のちのちまで問題にされることが起こった。旗艦「出雲」の弾火薬庫に、もうタマがなくなったとの知らせが来たのだ。

タマがなければ、敵を沈めることはできない。

そこで上村中将は、二隻の追撃を断念して引き返した。この引き返したのが、間違いだ、というのである。よく調べてみると、弾火薬庫には、なるほどタマがなくなっていた（それだけツルベ撃ちをつづけたわけだ）が、砲塔の中、つまり手許には、まだ少し残っていた。いや、たとえ主砲のタマがなくとも、副砲はあるのだから、とにかく勝ちに乗って追いつめることが大切だ、というのだ。追いつめられる方は、死に物狂いで逃げている。

このあと、日本海海戦のとき、ウラジオまで追いつめられたロシア艦が、あまりあわてたので、陸岸にノシ上げた事実もあった。ことに、このとき、ウラジオ港外には、日本が機雷を敷設していた。タマは撃たないでも、その中に追い込めばいいではないか、というのだ。

このあたりのことは、あとから何とでも批評できる。が、そのときの指揮官のアタマに何があったか、何が一番心配だったか、どんな事情のもとに戦っていたか、などを詳しく再現してみないと、簡単に割り切ってしまえるものではない。

太平洋戦争の場合、レイテ沖海戦で、栗田艦隊がレイテに突入するのをやめて、北に向かった。あのときレイテに突入しておれば、マッカーサー元帥をはじめ、あのあたりの米艦船は根こそぎにされていたろうという、アメリカ側の話を聞いて、だから栗田艦隊が北に変針したのが重大な間違いであった、と決めつけるやり方にも、私はどうも賛成できかねるのである。

戦争というものは、負けたら駄目だ。勝てるはずのことをしなかったというのもダメだ。つまり、結果が悪ければ、ダメなのだ。だから、栗田艦隊もダメなら、上村艦隊もダメだ——といわれても、抗弁のしようがないのである。

ところが、そうはいっても、戦争をしているのは、人間である。人というものは、無限の力をもてるはずがない。人の力の限界を超えたものは、勝ち負けどちらの結果になったにせよ、どうにもならないはずのものだ。つまり、だれがやってもそれ以上のことはできなかった、という結論が出れば、いわばアキラメるよりしようがないのではないか。

上村艦隊は、そのあと、リューリックの方に引き返し、豆をバラまいたように海に浮いているロシアの生存者を救い上げた。この敵の溺者を救助したということが、いわゆる兵術者によって、追撃打ち切りとテンビンにかけられ、必要以上に上村中将の決心を批判させたのではなかろうか。しかしまあ、それはそれとして、いまさらムシ返すこともあるまい。

わが「磐手」「出雲」「八雲」「浅間」は、いぜんとして第二艦隊第二戦隊の中核にあって、健在だった。旅順、仁川、ウラジオのロシア艦隊は、全部沈没ないし損傷して、戦闘に加われない状態にあった。日本の苦心した準備作戦が、みごとに成功した。何も心配しないで、まっすぐにロシア大艦隊にぶつかればよくなったのだ。

明治三十八年五月二十七、二十八日の日本海海戦がこうして火蓋を切られたのである。

第二戦隊は、東郷司令長官の指揮で、第一戦隊（戦艦「三笠」「朝日」「敷島」「富士」など）に続行して、主力となった。

「皇国ノ興廃此ノ一戦ニアリ。各員一層奮励努力セヨ」の、Z旗が、午後一時五十五分に高々と掲げられた。

敵味方が、行き違いに近づいてきたとき、「三笠」がクルリと反転した。敵を遁《のが》したら一大事だ。あくまでも食い下がって、全滅させるぞ、という東郷長官の意気込みが出たものである。

おそらく、日本海海戦勝利の転機は、いくつもあろうが、一番カンジンなのは、この敵前反転であった。敵艦隊は、ウラジオに向かって、ナダレ込もうとしている。これと、いったんすれ違って、これはいけないと追っかけるのでは、逃がしてしまう心配がある。万が一にも、逃がさないためには、敵前反転がどんなに危険でも、敵艦隊を通せんぼしなければならない。

通せんぼ、を戦術的な言葉でいうと、T字戦法になる。外国では、この敵前反転を、トーゴー・ターンと呼び、このT字戦法を、「幾千という海軍士官たちが、一度はやりとげてみたいと念願していたもの」（モリソン博士の戦史に出てくる）と考えた。これは、太平洋戦争で、スリガオ海戦のところに出てくる言葉だが、スリガオ海峡を北上してくる戦艦「山城」「扶桑」を、ちょうど東郷長官がやったように、米戦艦六隻、重巡八隻が、東西に走りながら砲撃してきたのだ。

スリガオでは、日本が全滅した。日本海海戦でも、ロシア艦隊は潰滅した。この激しい砲撃戦の中で、味方も相当撃たれた。「浅間」は敵弾のため、カジが故障して一時列外に出なければならなくなった。

T字戦法以後の第一戦隊と第二戦隊の戦術は、まったくみごとだった。敵が、頭をあちこちに振って、なんとかして遁れようとするのを、二刀流のような形で、一戦隊と二戦隊が両方からたえず頭を押さえて、逃がさなかった。その間に、敵艦は、つぎつぎに火を噴き、落伍し、沈没または死んだように波間にただよった。

その夜は、水雷戦隊の夜襲を決行。翌日、残敵掃蕩と降伏艦の拿《だ》捕接収。二十七、二十八日にわたった大海戦は、このようにして、日本の圧勝に終わった。

戦果。

敵艦隊三十八隻中、戦艦六、巡洋艦四、駆逐艦四、仮装巡洋艦一、特務艦三、計十九隻沈没。戦艦二、海防艦二、駆逐艦一、計五を捕獲。病院船二隻抑留。残りの十二隻は、ちりぢりばらばらになって逃げたが、ウラジオ遁入に成功したのは、巡洋艦一隻、駆逐艦二隻、計三隻にすぎなかった（日本の損害、水雷艇三隻沈没）。

老雄の最後

北米、豪州、地中海の三方面を、一年おきに練習航海し、昔の武勲カクカクたる艦に若い候補生たちを乗せて回っていた「磐手」「八雲」「浅間」の三隻も、候補生の数がふえてから、この三隻では間に合わなくなり、「香取」「鹿島」「香椎」の新造練習巡洋艦に席をゆずった。

その後、海防艦という名前で、予備艦暮らしに入ったが、「出雲」だけは、シナ方面艦隊旗艦として、ずっと揚子江上に勇姿を浮かべた。

太平洋戦争は、かれらにとっても総力を挙げた決死の戦いだった。ただ、そのときはすでに、艦齢四十年を超えており、とうてい、第一線に出て働けるはずもなかった。

「浅間」は、昭和十年、遠航から帰り、候補生をおろし、大阪で防空演習をやるから出てくれといわれて、私も乗ったままで大阪までいき、帰りに、錯覚から、暗礁に乗し上げて背骨（竜骨）がチョンと岩の上にのり、弥次郎兵衛のような格好になって、艦が裂けはじめ、固定材を打つやら、大さわぎをした。

江田島のすぐ西側だった。呉のそばなので艦が裂けても大したことはないと思っていたせいか、応急食で食べた乾パンがおいしかったことを、今でも覚えている。

結局、呉から工廠の船が駈けつけて、岩から降ろし、応急修理をしたが、なんせ古い艦なので、そう大々的修理をする手もなく、海防艦から特務艦に格下げされて、つなぎっぱなしで終戦を迎えた。

「出雲」は、昭和十七年七月一日までは海防艦だったが、それから巡洋艦に格上げされた。軽巡洋艦ということになる。

十九年二月十一日まで中支にいて、シナ方面艦隊旗艦となったりしていた。その後、三月二十日には内地に帰り、呉の練習戦隊に加わった。海兵団などの練習生が乗ったり降りたりし、警備にもついたが、二月二十四日、損傷をうけた。終戦は、呉で迎えた。

「八雲」も、巡洋艦に格上げされた一隻であった。これは、開戦から終戦まで、ずうッと呉にいた。十一潜水戦隊に入って、潜水戦隊の訓練に当たった。十八年に二ヵ月ばかり第一艦隊付属になっているが、どんなことを実際にやったのか、よくわからない。終戦は、前記の呉で迎えた。

「磐手」は、十五年から十七年一月まで、北支警備に当たっていた第三遣支艦隊の一艦として、開戦のときは青島《チンタオ》にいて、権益の接収にあたった。その後、呉に帰り、江田内や広島湾を行動し、海軍兵学校の練習任務についた。兵学校生徒たちが、若い血潮を、艦上にたぎらせたのだ。

二十年三月十九日の米機動部隊の内地空襲のとき、豊後灘に射撃訓練のために向かっていた。ちょうど来島《くるしま》海峡のあたりでそれにぶつかり、うちグラマン八機と戦闘をまじえ、死者一名、負傷者十二名を出した。

二十年七月、米艦載機が呉を空襲したときには、「磐手」は呉港外の北の方の水道の本土側に繋留され、その対岸、江田島の岸辺につないだ「出雲」と相対して、敵機を迎えた。そのとき「磐手」は右舷にうけた二十メートルから三十メートルの至近弾五発（三月十九日、至近弾三）で、爆雷が爆発したようなショックをうけ、艦が古かったので、舷側がはがれ、一メートルの穴があき、浸水がひどく着底してしまった。そして、一日後には転覆した。

「出雲」の場合は、三月十九日には、江田島にいた。二機攻撃に来たが、損害はなかった。それから、完全な偽装をしたので、七月二十四日は見つけられず、二十八日、グラマン二十機が山の方から飛びこんで来た。直撃弾はなかったが、至近弾で浸水し、一時間後に転覆した。戦死二名、負傷三名を出したが、米機二機、海岸に衝突して爆発した。日露戦争のベテランであり、多くの少尉候補生の夢を宿した艦の、静かな最期であった。

エピローグ
——四人の連合艦隊司令長官の指揮統率

エリートの述懐

太平洋戦争の戦争形態が、戦前に考え、予想し、人も物も思想も訓練も、すべてその線上に据えてきた戦艦主兵の艦隊決戦思想と、まったく違ってしまったことが、日本海軍の不幸の原点だった。

そして、その不幸の背景には、海軍教育の特質、つまり、教えられたことをよく記憶し、理解するよう強く指導され、自分自身で主体的にモノを考え、それぞれ独自の意見を持つことを抑制されていたことがあった。

最悪の条件が揃っていた。こんなことでは、食い違いは修復されない。頭の柔らかさ、しなやかさが、そのような情況で生まれるはずはないからだ。そして、必然的に、新しい事態に適応できなくなった。

悪いことに、それは、航空戦や局地戦、基地攻防戦の形をとったので、現実問題として、連合艦隊司令長官でなく、その部下の艦隊長官（中将）、戦隊司令官（少将）の識量によって作戦を指揮された。さらに若い、隊司令、艦長（大佐）、駆逐艦長、潜水艦長（中佐、少佐、ときに大尉）の指揮によることも、しばしばだった。

つまり戦争は、最高指揮官である連合艦隊長官、ないし中央の軍令部（大本営海軍部）から遠く離れ、直接には見えないところで、かれらの理解を超えた姿で戦われていた。

飛行機、駆逐艦、潜水艦、ほかに、機動部隊を構成する空母が主兵であった。

戦前、対米戦について描いていたイメージともシナリオとも、まったく違っていた。

これは重大である。最高統帥部が早く戦争の実態を捉えなければならない。だが、海軍では、上下左右の意思の疎通をとることは、至難のわざだった。

もともと、意思を疎通させるとか、密接にコミュニケートするとか、そういう「横」の連絡をとるのが苦手だった。黙々と任務を果たし、黙々と帰ってくる。口では、上下左右とよく連繫しながら行動することが大切だ、というが、実際の場面になると、億劫で、必要最小限の通信をして、あと無線封止。何もいわないことが多かった。戦術面には執着しても、戦略面には関心が薄かった。

そんなことで、前線の実情が、なかなか最高指揮官や、中央に伝わらない。戦闘の実相など、わからない。実情や実相が伝わらず把握できないから、適時、適切、的確な作戦指導、戦争指導ができない。

最高指揮官や中央は、そこで、平時の艦隊訓練や演習の場面を思い起こし、考える。

「訓練や演習のときは、こうだったから、戦闘の場合も、こうであろう。いや、こうでなければならぬ」

　それが少しもウソでない証拠に、開戦前から軍令部作戦部長で、そのあと連合艦隊参謀長として二代目連合艦隊司令長官古賀峯一大将を補佐、ついでフィリピン攻防戦には、第二航空艦隊長官となって米軍の矢面に立った、「日本海軍の戦略戦術の神様」福留繁中将のこんな述懐がある。

『開戦劈頭、南雲忠一中将麾下の航空部隊が真珠湾攻撃を開始するに先だち、日本潜水艦は蟻一匹ももらさじと、オアフ島を完全に包囲した上、ハワイと米本国間の交通遮断の配備をとるとともに、特殊潜航艇五隻の真珠湾内突入態勢を完了していた。

　……しかるに、この潜水艦作戦は全く予期に反した結果に終わり、敵艦を攻撃し得たものは二十七隻中わずかに一隻に過ぎず、それさえ奏効しなかった。

　……作戦を終えて帰還してきたどの艦長も、司令も、司令官も異口同音に報告して曰く、

「ハワイは防備厳重で、敵艦隊は警戒至厳であり、封鎖も交通遮断も潜水艦にとって不可能である。敵の対潜防御艦艇や哨戒飛行機のために、絶えず制圧され、たまに目標を発見しても、わが攻撃に先んじて逆に反撃され、攻撃の機会を得ることが至難である。しょせん潜水艦は、商船攻撃兵力であって、交通破壊に主用すべきである」

　この開戦劈頭ハワイ水域における潜水艦作戦の実績には、大本営も連合艦隊も異常な衝撃をうけ、深刻な失望を禁じ得なかった。これでは、日本海軍が多年心血をそそぎ、大きな期

待をかけてきた潜水艦戦を、根本的に考え直さなければならなくなったのである。

……潜水艦の用法は、諸外国においては商船攻撃による海上交通線破壊を主とし、軍艦攻撃は次等に置かれていた。それは潜水艦の鈍重な水中性能と特異な隠密性から、交通破壊戦に最も適しているからで、速力の早い、攻防力の強い軍艦攻撃は、潜水艦にとっては荷のかち過ぎる強敵であり、ことに警戒厳重な艦隊を攻撃することは容易な業ではないとされていた。しかるに日本海軍においては、米渡洋艦隊の輪型陣に潜入してなど、警戒厳重な敵主力艦を攻撃することを唯一無二の目標として、猛訓練に精進してきた。読者は日本海軍が平時の演習中、しばしば潜水艦の痛ましい犠牲を出したことを記憶するであろう。かかる多くの困難にも屈せず精進した甲斐あって、日本の潜水艦はいかなる厳重な警戒網をも突破して、目標艦を攻撃する十分な自信をもつ域に到達した。実際、平時の演習や訓練における潜水艦の攻撃技量は、まさに神技の感があった。商船攻撃の如きは真に易々たるものとわれ人ともに信じていた。それがハワイ作戦で一ぺんに画餅に帰したのである』（『史観真珠湾攻撃』）

長い引用で申しわけないが、述べてきた最高指揮官ないし中央と、現場との事実認識の悲劇的落差が、どれほど大きかったか、まぎれもない最重要ポストのエリートの述懐で明確になった、といえるだろう。

それにしても、それほどのエリートでありながら、平時の演習で、レーダーもソナーも持たない日本連合艦隊主力部隊がつくる輪型陣を突破できたからといって、日本のハダカ同然の潜水艦が、レーダーやソナーを備え、ヨーロッパ戦線で対独潜水艦戦に成功した米海軍の対潜水艦網を、どうして突破できると思ったのだろうか。

だから、日本潜水艦が敵に勝てず、戦果を挙げられずにいるのを、かれらは、潜水艦長は勇気がない、技量が下手だといい、断じて行なえば鬼神も避けるはずだ、と叱咤激励する。

その結果、開戦時、六十四隻の潜水艦を持ち、戦争中、百十六隻を新造、新旧合計百八十隻を持った日本海軍が、百二十八隻を喪い、差し引き五十二隻しか生き残らなかった。しかもその五十二隻のうち、攻撃戦力を持つと考えていいものは十隻だけで、あとは老朽艦か、戦時急造の沿岸洋三百〜四百トン級小型潜水艦（波号潜水艦）。米軍と四ツに組んで戦う威力のあるものは、なかった。

当面の敵であった米太平洋艦隊司令長官C・ニミッツ大将の戦後の感想（『ニミッツの太平洋海戦史』）にいう。

『……日本海軍の勇敢で、よく訓練された潜水艦乗員は、一つの偏った方針と近視眼的な最高統帥部によって、徹頭徹尾無益に消耗され、実力発揮を妨げられたように見うけられる。

……第一次大戦でドイツのUボートがあげた戦果や、第二次大戦の大西洋戦で連合軍船舶が大損害をうけているにもかかわらず、日本側は、通商破壊兵力としての潜水艦の大きな価値を、頑として認めようとしなかった。日本側は、開戦後すぐに潜水艦を連合国の船舶攻撃に使う計画を立てていなかったばかりか、日本自身の船舶護衛計画も持っていなかった。さらに、日本海軍は、その潜水艦を、もっぱら艦隊決戦の補助兵力として使おうとしていた。日本海軍は、米潜水艦の威力をひどく軽視していたので、真珠湾攻撃の場合も、機動部隊は潜水艦基地など見向きもしなかった……』

ブッツケ本番の作戦指導

以上は、潜水艦の話だが、このような傾向は、潜水艦だけでなく、駆逐艦についても、また飛行機隊についても、同じだった。

潜水艦と飛行機は、どちらも明治の日清、日露戦争当時には、現われていなかった。駆逐艦にしても、二百トンから三百トンの小型で、昭和の特型駆逐艦が千七百トンから二千トンの排水量を持ち、耐波性も凌波性も申し分なく、太平洋のどこへでも突進できたのとくらべると、条件が違いすぎた。性格も能力もすっかり変わって、潜水艦、飛行機の場合と同様、まるで新しい兵器が出現した、と考えてよかった。

しかし、日本海軍統帥部のエリートたちは、その新しさ、画期的な威力を、認めたがらなかった。素直に驚くことができなくなっていたのか、

「真珠湾で大戦果をあげたからといって、飛行機が主兵になったなど、とんでもない。あれは、据え物斬りではないか。飛べないカモだ。戦艦は強いぞ。洋上を自由に行動する戦艦には、第一、飛行機なんか近寄れない。みんな撃墜されてしまう」

と胸を反《そ》らした。

そして、マレー沖海戦で、イギリスの誇る最新鋭戦艦プリンス・オブ・ウェールズと高速戦艦レパルスを、陸上攻撃機隊だけで撃沈すると、

「ウム。まいったナ」

と、まずはカブトを脱いでみせたが、すぐに、

「しかし、あの戦艦には、二隻しか直衛駆逐艦がいなかったじゃないか。上空直衛の戦闘機もいなかった。それより、日本の戦艦は、あんなに弱くない。防御は完璧だ。飛行機なんかの攻撃で沈んだりはせん」

と開き直った。

山本五十六長官が少将時代、若いパイロットをたしなめるために言ったとされる「頑迷なる鉄砲屋」というレッテルを、そのまま貼りつけたい「戦艦過信論者」たちである。

そういうエリートたちが、最高統帥部でかれらの信条を振り回していると、おのずから、潜水艦、飛行機、駆逐艦などの新兵器について、研究不足になりがちだった。攻撃面の研究に集中して、戦略戦術のような総合的な面の研究にまでは、及ばなかった。

それだから、戦力維持、つまり防御面がお留守になったし、また、制空権、制海権を重視する思想が、容易に育たなかった。ガダルカナル、ソロモンの実戦場で、このマイナスがどれほど日本の足を引っぱったか、わからなかった。

言葉を換えると、日本海軍では、潜水艦も飛行機も駆逐艦も、すべて戦艦主兵艦隊決戦をいっそう確実に成功させるために使われるべきもの、と考えられていた。

日本海軍としては、その、対米戦の決まり手と思いこんでいた戦艦を主兵とする艦隊決戦が、開戦とともに宙に浮いてしまったから困った。これから、敵を前にしてどうするかを考

えなければならないが、いままで、だれも、一度も、そんな状況について考えたことはなかった。学校で教えられたことも、研究したこともなかった。つまり、これ以後の戦争指導と作戦指導は、すべてがブッツケ本番にならざるをえなかった。

そんな状況が、開戦前から終戦までの日本海軍を特色づけていた。そのブッツケ本番の作戦指導を、山本五十六、古賀峯一、豊田副武、小沢治三郎の連合艦隊司令長官たちが、どう実行し、戦ったか。

ちなみに、開戦直前に日本が保有した戦闘艦艇は約二百三十隻、航空機（実用機）約二千三百機、海軍軍人約三十二万名であった。

平時型と戦時型リーダー

日本海軍実戦部隊の最高指揮官であった連合艦隊司令長官として、三年八ヵ月にわたる太平洋戦争を戦った提督は、

山本五十《いそ》六《ろく》大将
古賀峯一《みねいち》大将
豊田副武《そえむ》大将
小沢治《じ》三郎《さぶろう》中将

の四人。国の命運を賭けた大戦争であるからは、それぞれ、そのときどき、海軍随一の名将、実戦家を日米決戦場に送り出したはずだが、じつは、そのような銓衡《せんこう》基準で選んだ人た

ちではなかった。

山本の場合は、平時だった。開戦二年四ヵ月あまり前。米内光政《よないみつまさ》海相、山本次官、井上成美《しげよし》軍務局長の、いわゆる「三羽烏」が、日独伊三国同盟締結に最後まで猛反対した。即時締結を焦る陸軍の意を承けた右翼、壮士、団体が、海軍省に押しかけ、山本次官の辞職を迫り、「天誅を加う」と号して、山本暗殺を計ろうとするものまで現われた。

そんな背景があった。平沼内閣が総辞職すると、米内海相は、山本をねぎらいながら、

「まあ、しばらく安全な海上暮らしをするさ。そのうち、また二人で、日本のために矢面に立たねばならん時が来るかもしれんから、今回は君を、海軍大臣に推薦しないで、連合艦隊長官にした」

と、かれを海上に緊急避難させた。

大臣は、人事権を持っている。山本は、米内の温情に感激しながら、この、「海軍士官ならば、誰でも一度はなってみたいと念願する最高の栄誉」である連合艦隊司令長官として、海上に出た。いわば、平時の発想で連合艦隊司令長官に出た人である。

日露戦争の開戦四ヵ月前、山本権兵衛《ごんのひょうえ》海相が、連合艦隊司令長官を日高壮之丞《そうのじょう》中将から東郷平八郎《へいはちろう》中将に、つまり、平時用の長官から、戦時用の長官に更迭した前例にしたがうと、開戦が避けられそうになくなったころの及川古志郎《おいかわこしろう》海相、ちょっと押し詰まるが嶋田繁太郎《しげたろう》海相は、

「日米決戦の戦場で、連合艦隊を率いて、アメリカに勝つことのできる実戦家であるかどうか。指揮、統率の面で、日本海軍随一の名将であるかどうか」

などについて、当然、山本五十六大将を再評価し、必要と考えたら、さっそく戦時型司令長官に更迭しなければならなかった。

戦時型司令長官とは、東郷長官の人柄にならうと、意見具申はしても、海軍のとってきた思想から踏みはずさず、その中で最善をつくす人である。ことに、資源、国力、生産力、技術力ではるかにアメリカに劣る――だからこそ、日米、戦ってはならぬ、と山本が言いつづけてきた日本は、コツコツ作り溜めた兵器をブチマケて戦う、日本海海戦タイプの短期限定戦ならばともかく、大量多数の兵器をつくりながら戦う、第一次世界大戦タイプの長期総力戦には、とてもとても、堪えられるものではない。

ましてその間に、兵器体系の急転換、兵術思想の急変更など、とてもとてもできるものではない。日本の場合、戦時には避けねばならない。

近代戦は総力戦だ。一九一四年七月から一九一八年十一月にいたる、四年四ヵ月つづいた第一次世界大戦で、その教訓が出ていた。

国も軍隊も、総力をあげて戦わねばならないときに、戦列に入ることができず、ただ髀肉の嘆をもらしているだけの遊兵をつくるのは、それは戦争指導、作戦指導がまずいことの証明である。

真珠湾奇襲の選択

「統率は申し分ない立派なものだが、作戦は落第」と山本を評したのは、開戦にかけ、米国大使館付武官をしていた、横山一郎少将だった。

こんなこともあった。昭和十六年十二月三日、開戦にのぞんで、参内、拝謁した山本長官は、御下問にこう奉答した。

「……作戦方針につきましては、大海令によります御命令及び指示を遵守いたすこと、もとよりでございますが、作戦遂行上の精神といたしましては、帝国陸軍部隊と密接なる連繋をもって協同作戦の完璧を期しますとともに、光輝ある帝国海軍の伝統精神をますます発揚いたし、状況の許すかぎり先制奇襲、積極果敢なる行動をとりたき所存でございます……」

「大海令による御命令、つまり大命、および指示を守ることはもとよりだが……」とは、明治以来、征途にのぼる最高指揮官の奉答では、異例も異例、息を呑むほどのものだった。さらに、「状況の許すかぎり先制奇襲、積極作戦を行ないたい所存である」とは、まさに天皇にじきじき、「大命は奉じますが、連合艦隊は、状況が許すと判断いたしましたら、どしどし積極作戦をとって参ります」と申し上げたことになった。

「大命がなくても作戦いたします」というのは、開戦前、及川海相、嶋田海相にあてた手紙が背景になっている。

『……これまで何度も図上演習をしたが、(敵艦隊を西太平洋に迎え撃とうとする)迎撃戦法による戦艦主兵艦隊決戦では、一度も日本海軍は大勝利を得たことがない。そして、このまま進めば恐らくジリ貧になるだろうと危ぶまれるところで、いつも演習を中止される。戦争すべきかどうかを決めるためのものなら、これでもよかろうが、開戦となり、実際に勝たねばならぬというのに、こんな作戦をしているわけには、断じていかない。

……日米戦争で、日本が第一にしなければならないのは、開戦劈頭、敵主力艦隊を猛撃撃破して、米海軍と米国民にすっかり士気阻喪させることだ。こうしてはじめて、日本は不敗の地位を確保し、東亜共栄圏も建設維持できるだろう……』（及川海相あて）

『……聞くところによると、軍令部作戦部などでは、このハワイ作戦は結局一つの支作戦にすぎない上に、成否半々の大バクチで、これに航空艦隊の全力を注ぎこむなど、もってのほかと考えているそうだが、そもそも対支作戦四年の疲弊につづき、米英支同時作戦に対ソ戦も考えに入れ、欧独作戦の数倍の地域を持久作戦で十数年持ちこたえ、自立自営しようというのは非常な無理で、それも押し切って敢行――いや、大勢に押されて立ち上がらねばならぬとすれば、艦隊の担当者としては、とうてい尋常一様な作戦では見込み立たず、結局、桶《おけ》狭間《はざま》（織田信長）と鵯越《ひよどりごえ》（源義経）と川中島《かわなかじま》（上杉謙信と武田信玄）とを併せ行なわねばならなくなる。

中央の一部には、主将たる小生の性格や力量に相当不安を抱いている人もあるらしいが、小生自身、もともと大艦隊長官として適任とも自認していない。及川前海相に米内大将起用を進言したのも、この意からだ。

以上は小生の伎倆不熟のため、安全堂々たる迎撃作戦に自信がない窮余の策だから、他に

適当な担当者があれば、欣然退却を躊躇しない心境である……』（嶋田海相あて）

適当な後任者があれば、いつでも喜んで辞める。しかし、自分が連合艦隊司令長官であるかぎりは、全力ハワイ作戦は断じてやる、といっている。

問題は、及川、嶋田両海相が、山本を辞めさせるか、全力ハワイ作戦を止めさせるか、どちらをとるかの選択にかかっていた。

両海相は、山本を辞めさせなかった。あるいは山本を中央に戻したとき、開戦反対論者の山本が惹き起こすに違いない悶着を嫌ったのかもしれない。それより、山本ほどの統率者は他にいず、そのため、替えようにも替えられなかったのだろう。

山本の情勢判断は、今日、そのころの現実が明らかになった時点から顧みても、正しかった。第一次大戦のように、戦争をはじめたら、長期総力戦にかならずなることがわかっていた。すれば、国力から見て、最良の選択は、戦争をしないことだ。それでも戦うというのなら、どうしても、非常手段をとらざるをえない。そしてかれは、その手段として、開戦劈頭の真珠湾攻撃を選んだ。かれにとって、それしか方法がなかったのだ。

山本五十六の統率の真髄

だが、これから微妙な話になるが、山本長官の最初のハワイ作戦腹案では、

「『赤城』『加賀』（一航戦）、『蒼龍』『飛龍』（二航戦）（やむを得なければ二航戦のみ）で、全滅を期して敵を強（奇）襲する。一コ水雷戦隊で、味方沈没空母の乗員を収容する……」

とあった。

空母四隻（ダメなら二隻）にレスキュー用の駆逐艦をつけ、全滅を決心してとびこむ、という。防備厳重な敵の本陣に飛びこんで奇襲しようというのであれば、このくらいの被害は覚悟していて当然である。独創的な着想の最初は、慎重をきわめていた。それにしても、日本海軍が開発し、近代海上戦闘への道を開いたとされる「空母機動部隊」らしい姿とは、ずいぶん遠かったものだ。

いいかえると、これは、敵の本陣に忍んでいって鉄砲を撃ちこんでくるという、砲術家（山本長官は砲術出身）の発想であった。空母を中心に、まわりを戦艦、重巡、駆逐艦などが取り囲んでガッチリ護衛し、「海上移動要塞」をつくって押し渡っていく、という画期的なシステム思考から出発したものではなかった。

ところが、搭乗員が抜群だった。猛訓練、プラス日華事変での実戦体験、プラス世界第一級の飛行機と兵器を一つにして、システム攻撃をやってのけた。つまり、着想した者も、作戦計画を立てた者も、艦隊を飛行機隊発進地点まで引っ張っていった者も、だれもそこまで考えおよんでいなかったのに、飛行機に乗って真珠湾まで行った搭乗員たちが、身についていたシステム攻撃を流れるようにやってのけ、大戦果をあげ、世界を驚倒させた。

少し乱暴な言い方になるが、山本を含めて海軍一般は、前近代戦思想を持ったまま、飛行機という飛び道具を使った。そうしたら、この飛び道具が、「天下無敵」で、「世界一強い」ので、われながら驚き、シメタと思った。

「これを押し立てていけば、何でもできる」

というわけである。

「そうではないぞ。これからの敵は、準備して待ちかまえている。気を引き緊めろ」

山本は、連合艦隊幹部を前に、そう警告したが、お膝元の連合艦隊司令部が気を緩めたままでいたのは、どうしたことか。

もともと自信家揃いの連合艦隊司令部は、真珠湾以来の順風満帆と、われこそ天下の名将山本長官の側近だという自負とで、自信が過信になり、慎重綿密中正な姿勢など、どこぞへ置き忘れたような高ぶりかただった。

しかも山本長官は、作戦は幕僚にまかせて、一言もいわない。たとえば、「セイロン攻略を計画せよ」とはいっても、なんのために、何を狙って攻略するか、その目的と意図をいわない。かれの意思が、このようにかれの直接のスタッフにも疎通していなかったから、ほかは推して知るべしだった。

こんな状況で、「天下無敵」の南雲《なぐも》部隊にオンブしたミッドウェー作戦は、勢い、髀肉の嘆をかこっている低速戦艦までを引き連れた、平時的発想の大名行列、ないし観艦式めいた艦隊運動になった。そして、固唾を呑んで待ちかまえていた米空母機動部隊に南雲部隊の弱点を衝かれ、四隻の主力空母全部沈没、山本長官は、こうして、かれの対米作戦を推進する手を失った。

苦悩していた山本長官を甦らせたのは、ガダルカナルに来攻した一個師団、二万の米軍だった。

かれは、敵が向こうからわが腹中に入ってきた、と感じた。わが基地航空部隊の活動圏内に、二万もの陸兵を揚げた。これだけの大兵力を揚陸させた以上、敵は全力を注ぎ込んでも守りとおそうとするだろう。それを狙って海空から襲えば、敵撃滅は可能だ、と考えた。対米作戦の勝ち手を、ふたたび握りしめ得たのだ。

連合艦隊は、戦える艦船と飛行機のすべてを集中し、奮戦した。陸兵も多数送りこんだ。しかし、思うようにいかなかった。

ミッドウェーで、味方の飛行機がなければ、これまで決戦兵力として嘱望されてきた精鋭水上艦艇でも、自由に動けなくなったこと、ガダルカナルでは、制空権の重さ――制空権をわが手に握らなければ、制海権を失うばかりか、陸上戦闘までもままならなくなることを知った。

その制空権とは、ラバウルから、一日に一度飛んでいって、十五分ばかり制空するのでなく、いつも味方機が空を制して、敵を圧していなければならないことだった。それを知ったが、そのためには、ラバウルとガダルカナルとの中間に、縦深の飛行場群を持たねばならない。司令部でも気づいて手配はしたが、飛行場設営能力というカベにぶつかった。ツルハシとモッコと人海戦術で造り上げたときには、戦機はもうすぎていた。

もう一つ、山本がもっとも期待した日米主力部隊の激突――主力部隊同士の大規模な激戦が四回もくり返されたが、敗敵を徹底的に追撃したのは一回だけで、「小成に安んじる」という言葉そのまま、残る三回は戦果を拡大することができなかった。山本としては、居ても立ってもいられなかったに違いない。

飛行機搭乗員、艦船乗員たちは、死力をつくして戦った。だが、損害が異常に多く、戦死者が日ごとにふえた。指揮官として、いつも兵たちとともに戦う姿勢を崩さなかった山本長官の痛恨が想われた。

だが、かれは、かれが航空本部にいたときつくった新鋭機群――それで、一躍、日本をスターダムに押し上げた陸攻、零戦などが、攻撃力の卓越を狙うあまり、防御面に大きな欠点を持ち、そのために優秀な戦士たちを、多数戦死させるにいたったことに、気づいていたのだろうか。

あるいは、ガダルカナル輸送に死闘した駆逐艦群が、敵艦撃沈のための巨大な酸素魚雷は持っていても、有効強力な対空砲火を持たず、そのために敵機の爆撃をうけて憤死した無念さを思っていたのだろうか。

側近の藤井参謀によると、このころ、

「長官の日常は、もはや澄みきった空のように、さわやかで静か……」

であったという。

「みんなが待っているだろうから」

と、小沢治三郎第三艦隊長官の進言をしりぞけ、一式陸攻に乗って第一線将兵を「見舞い」に行った山本長官は、ふたたび還らなかった。

あるいは、かれは、かれ自身を部下たちに与えに行ったのではないか。山本の統率の真髄は、部下と生死を共にするところにあったのだから。山本五十六、五十九歳の春であった。

悲運の古賀峯一

山本の後任として、嶋田海相は、

「閲歴からいって豊田、古賀の順だが、古賀を選んだ」

と語った。こうじて二代目の連合艦隊司令長官となった古賀峯一大将は、最初の訓示でこう述べた。

「――すでに、日本海軍の兵力は、対米半量以下に低下した。その上、ラバウル陸上航空戦（「い」号作戦）の結果、決戦兵力の精鋭を多数失い、かりにわが軍の企図する迎撃作戦を行ない得たとしても、勝算はいちじるしく低下し、三分の勝ち目もない。

ここにいたって、彼我兵力の懸隔は、いかんともすることができない。海軍の作戦に関するかぎり玉砕戦法を行ない、われ斃るるとも、なおかれに大損害を与え、時を稼ぐ以外に方策はない。結局、戦局打開の道は、ほかの正面の支作戦は顧みず、ひたすらマーシャル、ギルバートの線を迎撃戦とみて、艦隊決戦を企図することである。

勝算はいちじるしく低下したが、まだ絶無になってはいない。戦略的にも地理的にもわれに有利な、マーシャル線において早期に決戦することが、たとえそれが玉砕戦に終わるとしても、最大の戦果を期し得る唯一の戦法であると確信する」

古賀は、不運だった。

前任者が政略的判断から早期終戦を狙い、その手段として真珠湾を攻撃したが、「勝敗を第一日において決する」というかれの決意を果たすことができなかった。やむなく、敵の陣容のととのわぬ前に各個撃破しようと、空母部隊を誘い出し、優勢な南雲部隊に撃滅させることを考えた。

つまり、敵のもっとも痛いところ――敵の要地を攻撃ないし占領して、救援に駈けつける敵艦隊を捕らえる。自然、戦域はひろがり、南雲部隊は、敵を求めて太平洋、インド洋を縦横に駈け回ることになった。

その結果のつまずきが、ミッドウェーであり、その結果の焦りが、ガダルカナルの消耗戦になった。古賀は、こわいほど力を削がれた連合艦隊を、――それも、ガダルカナル奪回のために南東方面に配備したものの、奪回のめどを失って呆然としている部隊も加えて、引き継いだのである。

どれほどかれが困ったか、思うだけでも気の毒になる。

しかし、古賀は、たじろがなかった。オーソドックスな砲術家ではあるが、井上成美大将によると、「視野の広い、判断の正しい、立派な人」だったという。

それだからこそ、できたのであろう。かれのつくった連合艦隊第三段作戦命令、同作戦要領、連合艦隊Z作戦要領、同基本編制、邀《よう》（迎）撃帯設置要領など、十八年の八月十五日に発令した、一連の連合艦隊命令は、その後の対米作戦の基本命令になったほどの価値をもっていた。

なかでもZ作戦は、太平洋を東から西に向かって進攻してくる敵艦隊に対抗し、連合艦隊を決戦配備につけて決行しようとする国運を賭した大作戦で、作戦要領はそのための手順と方法を詳しく定めたものであった。また、別冊にしたZ作戦指導腹案には、発令時点の実兵力、兵力増強、移動集中、攻撃法、攻撃目標など、作戦構想のすべてにわたって書き出されていた。

このZ作戦要領と指導腹案は、十九年三月八日、新事態に応ずるため書き改められた。Z作戦要領と腹案については、後でまた出てくるからしばらくおく。

古賀長官は、

「連合艦隊長官は戦術指揮官である。つねに作戦部隊の先頭に立って指揮すべきであり、後方にいるべきではない」

と固く信じていた。

かれの思想の根本には、統率があった。絶海の孤島を守備する部下将兵を、絶対に見殺しにしない。血の繋がりを、しっかり保っておく。敵が来たら、連合艦隊を率いて現場に駈けつけ、艦隊決戦を挑み、玉砕を賭して徹底的に戦いぬく決心だった。かれは、旗艦の艦橋に立ち、太平洋の防人《さきもり》となって死ぬ覚悟であった。

着任して間もなく、米軍がアッツに来攻したとき、かれは決戦部隊を率いて北に向かい、東京湾に入って作戦待機。アッツ玉砕後も踏みとどまって、キスカ撤退に手を尽くした。

かれは、連合艦隊司令長官になってから、いつも沈痛な表情をしていた。心から笑ったのは、二回しかなかったというが、その一回目が、キスカ守備隊全員撤退成功の報が入ったときだった。

トラックに戻ってしばらくした十月半ば、軍令部からくり返し送られてきた警報——敵の有力な機動部隊が、中部太平洋か本土に来襲する公算がきわめて大である、という電報をうけ、重油タンクのストックが心もとないので気がかりだったが、Z作戦を命じた。全軍を率い、マーシャル諸島の近くまで、敵を求めて出撃した。

しかし、どう探しても敵を発見できなかった。むなしくトラックに引き返してみると、タンクがカラになっていた。タンカーが順調に油を運んできても、十一月半ばをすぎないと、「武蔵」を先頭にしたZ作戦はできなくなった。

これが転機だった。

それまでZ作戦に欠かせないからと、南東からの火のような要求をしりぞけてきた福留《ふくどめ》参謀長が、一転、小沢艦隊の空母機百七十三機（一航戦）を南東に出した。それにつづいて、二艦隊（重巡基幹の精鋭部隊）もラバウルに進撃させた。そして、一航戦は七割を失い、二艦隊は満身創痍でトラックに帰ってきた。

Z作戦用の油がなんとかやりくりできると思ったら、空母機と二艦隊がダメになって、またZ作戦ができなくなった。それを見すましたように、米機動部隊の本格的なギルバートへの攻撃がはじまり、米軍がタラワ、マキンに上陸。古賀は、手の打ちようがなかった。

これと同じようにして、二航戦（空母機）を南東に出し、大損害をうけたあと、マーシャルが襲われ、クェゼリン、ルオットが敵手に陥ちた。

またも、かれは動けなかった。

「マーシャル方面作戦不首尾で遺憾である。一航戦、二航戦を南東方面に注入したのは誤りだった」

苦渋を顔いっぱいに見せて、トラックに出張してきた軍令部作戦課長山本親雄大佐に、古賀が述懐した。かれの悲願を達することができず、決戦線をマリアナ、カロリンにまで退《さ》げねばならなくなった。新Z作戦計画である。

事態は、坂を転がり落ちるように悪化した。それからの古賀は、落武者の風情があった。「武蔵」に将旗をひるがえし、敢然とトラックに踏みとどまろうと望んでも、タンカーがなくて重油が運べず、油田に近いパラオに移るほかなかった。

そして、パラオが空襲され、「武蔵」を退避させてかれは陸上に上がったところ、「武蔵」が雷撃をうけ、修理のため内地に帰り、乗る艦がなくなった。

「陸上の戦闘指揮所に移られては、いかがですか。第一指揮所をダバオ、第二をサイパンとされては――」

参謀の進言に、心から愉《たの》しそうに笑った古賀は、さっそくそれを採用した。そして、その移動中に、あろうことか、台風に逢い、遭難する。

敗け戦の中の豊田副武

行方不明になった古賀長官の後任として、嶋田海相に指名された豊田副武大将は、長官就任を断わった。

「私は、開戦以来、一度も戦争に直接タッチしていないから、不適任だ。また戦争も、退がる一方で、戦争遂行能力も下り坂。戦勢は非常に悲観的だ。重責を引き受けても、難局を打開する確算は私には立たぬ。この話は、マッピラご免こうむる」

ムッとしたらしい嶋田海相がいった。

「それはわかっている。この戦局を盛り返してみせるという確信のある者は、一人だってありはせん。しかし、だれかが引き受けなければならん。これは君に相談するのではない。決定事項を、念のために通告するだけだ」

二人とも、誠に正直な発言ではあるが、一方、これでよかったのか、とも思いたくなる。

それはともかくとして、山本、古賀、豊田の三長官の指揮と統率の姿勢が、それぞれ長官としての指揮をとりはじめようとする段階で（山本長官の場合は、開戦を前にして）、自分自身の言葉で述べた所信に、そっくり表われていた。そして、かれら自身の運命さえも、暗示していた。おどろくほどの適中率で。

「難局を打開する確算は、私には立たぬ」

と豊田大将は、いった。合理的で、意志が強く、しっかりした人だが、頭ごなしに言ってしまうという評もある。その当時は、だれもつぎの事実を知らなかったが、もしそれが当時わかっていたら、豊田は顔をまっ赤にして、嶋田海相に文句をつけていたろう。
「あんた自分で戦争をはじめたんだから、あんたが乗り出すのが一番いい」（戦後の豊田の述懐）

じつは、パラオからダバオに飛行艇三機で移動途中、古賀の乗る一番機が行方不明、福留の乗る二番機は不時着炎上したのだが、そのとき、福留機から前記Z作戦計画、Z作戦指導腹案などが、米軍に押収された。それが、戦後わかった。なんのことはない。マリアナ作戦からフィリピン作戦までの日本海軍最高指導部の意図と手の内を、そっくり米軍に明かしたばかりか、米軍に解読されている暗号で、命令、報告を重ねていた。それが米軍に筒抜けになっているとは、少しも疑っていなかった——。

福留中将が、捕らわれていたゲリラから釈放され、東京に帰ってきたとき、嶋田海相兼軍令部総長（一人二役）は、福留たちが捕虜になったかどうかを重視し、機密書類のことはほとんど調べず、見過ごされてしまったのだ。

そんなことだから、豊田長官にしてみれば、計画どおり西太平洋の島々に飛行機を揃え、猛訓練をつづけて技量を上げ、敵艦隊や輸送船団が西進してきたら、四方から襲いかかり、引き込んで叩き潰す目算で進めていると、飛行機がまだ揃わぬうち、技量がまだ上がらぬ前に、艦載機千機を擁する敵機動部隊がとびこんできて、一物も残さぬほど、叩きこわし、暴れ回って去っていった。
「あと一ヵ月あったら、もう少し骨のある、マシな戦《いくさ》ができていたのに……」

歯ぎしりする飛行隊長たちの無念をよそに、米軍は、前記の押収した作戦腹案と睨み合わせ、「日本に余裕を与《あた》えるな」と、予定をどんどんくり上げ、たとえば十月にはじめる計画のサイパン攻略を、六月にくり上げた。

敗戦の将小沢治三郎

敗けいくさの連合艦隊司令長官に、運のいい人などいるはずはないが、それにしても、山本、古賀、豊田は、運が悪かった。三人とも砲術出身だが、古賀、豊田は航空を知らない。途中から航空に頭を突っこんだ山本が、航空主兵時代を拓いたりしたので、古賀、豊田は作戦指導を参謀長にオンブせざるをえなくなり、座り工合の悪いことになった。

古賀はそれで、空母機（一、二航戦）の南東投入で大失敗をした。豊田は、Z作戦腹案を米軍にとられていることを知らないまま、マッカーサー部隊のビアク（ニューギニア）来攻で、東の敵（ニミッツ攻勢）に備えていた決戦航空部隊の大部を、南に向けて大移動させてしまった。もう少し慎重に考えればよかったが、希望的観測に引きずられた。タンカー不足で、小沢艦隊はサイパンまで行けない（このあと、強引な折衝でタンカーが手に入り、行けるようになった）。南で激戦になれば、ニミッツ部隊も引き寄せられ、こちらの都合のいいところで艦隊決戦ができる、というなんとも手前勝手な希望的計算である。

ニミッツ部隊は、そんなことには無頓着で、まっすぐサイパンに突っこんできた。豊田は後手に回った。劣勢の兵にとって、致命傷であった。あわてて全軍をはじめの位置に戻し、ニミッツ部隊にたいする攻撃開始を命じたが、飛行機は鉄砲玉と違うことを忘れていた。飛行機は、搭乗員が飛ばすのであり、それは、搭乗員の技量（練度）、健康状態、士気によって左右される。南方は、このころ雨期で、マラリアが猖獗、そこへ移動を命じられた搭乗員の半数が高熱にうなされていた。しかし、命令は命令だからと、飛べる者から少しずつ飛び帰った。結果として兵力の小出しになった。

搭乗員の練度の大切さを忘れたのは、全軍の期待を負った小沢艦隊でも同じだった。小沢中将は、海軍実戦家のナンバーワンであり、傑出した戦術家でもあった。真珠湾を成功させた南雲部隊も、「大和」「武蔵」をサブに使った、こんどの第一機動艦隊（小沢艦隊）も、小沢の創案によるものだった。そして、こんどの斬新な発想による敵空母攻撃法とアウトレーンジをあわせた戦法も、かれの創意にもとづいた。

いずれも、搭乗員の練度が落ちていることを計算に入れたはずのものだったが、待機地点のタウイタウイで一ヵ月閉じこめられ、動けなかったことが、命取りになった。そのため、ゼロに近くまでウデがもどった搭乗員には、小沢戦法はむずかしすぎた。

海軍が惨敗し、制空権と制海権を奪われては、サイパンも、フィリピンも、沖縄も、支えきれるはずはなかった。この後の海軍の戦いは、正面切っての海戦――常識で考えられる海戦ではなくなった。常識では考えられぬ、「特攻」気構えの海戦（フィリピン沖海戦）、または「特攻」そのものの海戦（沖縄特攻作戦）であった。

「マリアナのつぎはフィリピン」に来ることは、ほとんど既定事実といってよかった。しかし、スマトラのリンガにいる、健在で闘志満々の水上決戦部隊と、闘志満々であっても、内地での訓練中の、練度のまだ低い空母部隊との間には、距離の隔たり以上の差があった。

「これで、どんな戦ができるのか」

そういう深刻な豊田司令部の不安が、台湾沖航空戦のオーバーランを生み、サイパン戦のときと同じように、また後手に回ってしまった。

フィリピン沖海戦は、豊田があわてて出した、

「天佑ヲ確信シ全軍突撃セヨ」

という電令に、すべてが尽くされていた。

敵空母機の猛撃をうけ、不沈戦艦「武蔵」が沈もうが、味方飛行機が護衛に来ず、ハダカで敵機の中を進む無分別な戦いになろうが、ともかく「天佑ヲ確信シ全軍突撃」しろというのだから、全艦隊に「特攻気がまえで行け」と命じたことになる。これはもう、軍隊の常識を超えていた。そして、その常識を超えた分が敵の意表を衝き、作戦成功一歩手前までいくことができた。

だが、そのために日本海軍が払った犠牲は、胸が潰れるほど大きかった。沖縄特攻を加えると、すべての大型艦艇は、海底に姿を消すか、港につながれて動けなくなった。

そんな中で、独り気を吐いていたのが、空と海を勢いよく駈け回る特攻部隊だった。空を征く神風特攻、桜花、海中を征く「回天」特攻。

どれほど敵の心胆を寒からしめたかは、戦後、米海軍などが、誘導《ガイデッド》ミサイル、目標追跡《ホーミング》

魚雷を、どれほど必死で開発生産したかを見ればわかる。同じものを、当時の日本の技術では、人が中に入って操縦するほかなかったのである。

小沢治三郎中将が四代目連合艦隊司令長官になったのは、終戦まで（むろん結果論だが）あと二ヵ月半を余すだけのときだった。

かれは、「回天」、神風のほか、剣作戦、烈作戦という、勇敢な特攻隊員集団によるB29の本拠――サイパン、テニアン両飛行場の爆破とB29の焼き打ちを計画した。もちろん、隊員全員戦死の覚悟だが、不敵な面魂の隊員たちは、必成を期して、訓練に余念がなかった。不運というか、幸運というか――決行直前に米機動部隊に襲われて、準備した陸攻群がやられ、急ぎ交替機を準備して、八月十八日以降に決行することに決まったが、八月十五日の終戦で不発に終わった。

終戦の命に服しない厚木航空隊を説得に行こうとした三航艦長官寺岡謹平中将が、小沢を訪ね、打ち合わせた。そのとき小沢が、心の底を絞り出すようなようすで、言ったという。

「君、死んじゃいけないよ。宇垣《うがき》（纒。五航艦長官）は沖縄に飛びこんだ。大西（瀧治郎。軍令部次長）は腹を切った。昨日から、みんな死んでいく。これでは、だれが戦争の後始末をするんだ。君、死んじゃいけないよ……」

文庫版のあとがき

日本海軍は、書中にも書いたように、当時、たしかに世界第一級の艦艇、航空機を作り上げ、維持していた。ばかりか、それらを十分に活用して、大きな成果を挙げる技能も持っていた。名実ともに、世界三大海軍国の一つであった。

戦艦十隻、巡洋艦三十八隻、空母十隻、駆逐艦百十二隻、潜水艦六十五隻など、小艦艇を含めて約三百九十隻、約百四十五万トンにのぼる艦艇が、本土周辺の海を埋めていた。

それが今は、一隻も、一機もない。戦後に生まれた人たちには、おそらく、昔のそれを信じられないのが、現実であろう。

いうまでもなく、太平洋戦争に敗れたからの結果だが、それにしても、これほどに、姿形をとどめぬまでに消え失せたのは、古今東西に例がない。

なぜ、そんなことになったのか。あのような大失策を、二度とくり返さないための、手立てはできたのか。

戦後五十年。いろいろな方面から、いろいろな意見が出ているのに、どうも百家争鳴の段階に止まり、実効をあげるにいたっていない。「船乗り」の特質であり、海軍の特徴でもあった「科学性」「合理性」はもちろん、「現実性」までが影を潜めている。山本長官が若い飛行機乗りの士官たち前にして、

「実績を示せば、頑迷な鉄砲屋（砲術専門家の俗称）でも、航空が主兵であることが、わかってくる」といったという、その鉄砲屋以上に頑迷で、固定観念にとらわれ、脱け出さない。いや、脱け出さないどころではなく、それを既得権益のようにして、死守しようとさえしている。海軍がそうであったように、情報を軽視するどころか、無視するのだ。

いま、情報社会といわれ、情報が何より大事とされる。だが、現実と離れている固定観念を捨てようとはしない。客観性を嫌って、主観性に固執する。みんなで渡れば恐くないと考え、責任回避に汲々とする。

これでは、三年八ヵ月の長期にわたり、いや、直接的なものに絞ってもそれから十年前、そもそものはじめから約十四年にわたって兵火を交え、最後には、世界を敵として戦った、あの惨とした孤立感は、何のためだったか。また繰り返すのか。

戦後五十年。もう一度、人の原点としての「心」の問題に立ち戻り、改めねばならぬところは改め、越えねばならぬ障碍は、ぜひ越えたいと思う。

平成七年九月

吉田　俊雄

単行本　平成元年十月　光人社刊

解説

阿部安雄

本書は、明治維新から僅か七十年の短期間で列強の水準に比肩し、ものによっては遙に抜きんでた域にまで達した、日本海軍造艦技術発達の足跡を、用兵者の立場から概観し、平易に記述した「軍艦物語」である。

だが各種造艦技術個々の開発史ではなく、使用者の立場からの経験談、意見を随所に盛り込むと共に、各艦種の代表的良艦を採り上げ、特筆すべき艦歴や戦歴があれば、それらも織り込んだ個艦通史的な面も加味して、読者が読み易いよう配慮している。

著者の吉田俊雄氏は海兵五十九期の海軍士官で、乗艦した艦艇は「磐手」を振り出しに「榛名」「日向」「愛宕」「浅間」「比叡」「山城」「朝凪」「夕凪」「妙高」の十隻に及び、終戦時は海軍少佐・大本営海軍部情報参謀だった。空母と潜水艦を除く各種水上艦艇での乗艦、勤務の経験があり、まさに日本の造艦技術の評価を語るに相応しい人物である。

本書で著者が採り上げた艦種と艦艇は次のとおりである。

・戦艦：「三笠」「大和」
・高速戦艦：「比叡」（＊）「霧島」
・戦艦／航空戦艦：「伊勢」「日向」（＊）
・空母：「飛龍」「瑞鶴」
・重巡：「妙高」（＊）「愛宕」（＊）「利根」
・水雷艇：「友鶴」
・駆逐艦：「島風」（二代）「神風」
・潜水艦：伊一六八潜
・海防艦（旧装甲巡）：「出雲」「八雲」「磐手」（＊）「浅間」（＊）

これら諸艦のうち＊印を付したものは、著者が乗艦、勤務の経験を有した艦艇で、それらでの記述には単なる造艦技術史からは知ることのできない事実が、少なからず見受けられ、用兵者側から見たわが造艦技術の評価を語るのに最適な人物の一人と言えよう。

本書の表題に用いられている「造艦」という言葉は、艦艇を造ることを意味するが、その内容はかなり広範かつ漠然としている。艦艇の設計、建造を構成する技術には造船、造機、造兵、電気、航空などの各分野があるが、他方、世間でよく使われる「造艦」の語は前記の諸分野を広く総合して「艦艇を造り上げる」という、やや漠然とした呼称といえよう。

艦艇に乗り組み実戦に従事する用兵者の立場から見れば、個別の技術分野における優劣を専門的に論じるのではなく、それらを統合して強力な戦闘能力を備え、タフで使い易い優れた艦艇、換言すれば実用経験に基づいて当該艦艇の価値を判断するのが通例である。だが用兵者は必ずしも皆が広く各艦種にわたって乗艦勤務する機会に恵まれていた訳ではないから、乗艦勤務に基づいて日本艦艇の造艦技術を網羅的、系統的に考究した著作は技術者側からのそれに比べて少なく、この観点からも用兵者の体験を多数まじえて記述された本書は、数少ない貴重な存在といえよう。

本書の中で著者は日本海軍の造艦技術を、米、英の、特に米海軍の技術と対比しつつ、「大和」型戦艦及び「翔鶴」型空母を始めとした諸艦艇に、その時どきでの先端技術のエッセンスだったとして高い評価を与えている。そしてそれら艦艇への搭載兵器、装備である九三式酸素魚雷、九一式徹甲弾、十五メートル大型測距儀、夜間双眼望遠鏡、主砲塔駆動用ターボ水圧ポンプ、磁気探知器などは、世界の水準から抜きん出た存在だったとしている。

本文の冒頭で記したように、日本は明治維新時に海防戦力ゼロの状態から海軍力の強化に努力した。まず外国製艦を主力とした艦隊を造成、運用して日清、日露両戦役で大勝し。特に日本海海戦での完全勝利により、その後、日本海軍は戦艦を主兵力とした艦隊決戦思想を強固に信奉することとなった。

日露戦役後、新たに米海軍を仮想敵と定めたが、同等の兵力整備は不可能なので、太平洋を横断、進攻して来る米艦隊を待ち受けて日本近海での邀撃艦隊決戦を行ない、日本海海戦の再現を期す戦策が考えられた。しかし第一次大戦後のワシントン、ロンドン両軍縮会議で、主力艦と空母、重巡の保有量が対米六割に抑えられ、通常の戦い方では勝利を得る目算が立たなくなった。そこで決戦に先立ち渡洋進攻途中で米艦隊を、巡洋艦、駆逐艦、潜水艦、航空機などによる攻撃で敵主力の戦力を次第に削りとり、我が方の兵力に近づけたうえで決戦するという漸減作戦を策定し、水雷部隊による夜戦と潜水艦群による追躡反復攻撃戦が重視された。

この漸減作戦を先駆けとした戦艦主体の艦隊決戦思想が、日本海海戦での成功体験を有する日本海軍の確固たる信念となり、対米戦の戦略、戦策、軍戦備、訓練、教育、人事などすべてが、戦前からこの思想に沿って実施されていた。この努力が結実し、若し太平洋戦争開戦直後に日米の艦隊決戦が生起したとすれば、戦艦同士の砲撃戦では日本側にやや歩があったであろうと、著者が推測するほどの域に達していた。

しかし実際にはかかる様式の戦争は生起せず、空母機動部隊を主兵力とした海空戦、島嶼攻防戦、基地争奪戦、輸送・交通破壊などの新しい形態で戦われたため、艦隊決戦一本槍の思想で凝り固まった日本海軍上層部は、この新事態への対処に遅れをとり、或いは対応できず、惨敗、壊滅の大きな原因となった。これらの経緯も本書で具体的に語られている。

日本の造艦技術には既成のものの拡大、改良が多く、新規創案又は戦争様式を一変するような革新的開発はいたって少ない、とはよくいわれている。日本の高名かつ練達な造船官も「日本が世界三大海軍国に列したにもかかわらず、建艦史上に残る画期的変革の実績を示さなかったのは、誠に淋しいかぎりである」と、その著作の中で述べられている。本書の著者もこれと同見解の立場をとっており、戦前から戦中にかけて日本海軍が開発、実用した革新的な装備は九三式酸素魚雷ぐらいなものだと記述している。

また本書を子細に読み解くと、艦艇の改装、改良時に浮力確保、復原性能改善、水雷防御効果の付与などの目的で設置、増設されたバルジに対する損傷時の急速な効果喪失や、平賀造船官設計重巡の水中防御方式などにつき、無条件で全面的に肯定しているわけではないように、私には見受けられる。

他方、米海軍はレーダーや、四十ミリ機銃以上の砲銃弾に装着するＶＴ信管を開発し、日本海軍得意の夜戦能力を封殺し、空母機動部隊の防空能力を画期的に高め、襲来日本機の撃墜数を劇的に増加しており、太平洋戦争での海空戦に勝利する上で決定的な役割を果たしている。

艦艇も船である以上、激しい風浪の中で行動するため。良好な復原性能、船体強度、主機関の耐久性などが求められる。ところが軍縮条約で主戦兵力を対米六割に抑え込まれたため、個艦優越思想の下に船体と主機関の軽量化を極度に進め、極力新式の兵器、装備を最大限搭載し、主機関の高性能化を進めた。

その結果、戦前の昭和九〜十二年に復原性不良による水雷艇友鶴の転覆（友鶴事件）、船体強度不足による特型駆逐艦の艦首部切断など（第四艦隊事件）、朝潮型駆逐艦タービン翼折損事故を生じた。三事故とも造艦技術の根幹に関わる不祥事であり、海軍の主要全艦艇につき逐次復原性、船体強度、タービン翼の設計などが再検討され、不具合があるものは抜本的な改造が行なわれ、以後の我が艦艇は何ら不安なく作戦行動に従事することができ、太平洋戦争中に類似の事故を起こした艦はなかった。

本書ではこれら三事故ともその原因、対策工事、設計基準の改正などにつき、米艦隊が遭遇した第四艦隊事故に類似の台風による駆逐艦転覆事故等と対比しつつ、分かり易く解説されており、多くの日本軍艦ファンにとっての絶好の解説書となっている。

艦艇を造るということはどんなことか、乗艦勤務を通じて目にした艦艇の良し悪しなど、本書は技術者側とは異なった見地から日本海軍の造艦技術を概観した、貴重な一冊といえよう。

新装版　平成二十一年二月　光人社刊

NF文庫

造艦テクノロジーの戦い　新装解説版

二〇二四年二月二十日　第一刷発行

著　者　吉田俊雄

発行者　赤堀正卓

発行所　株式会社　潮書房光人新社

〒100-8077　東京都千代田区大手町一-七-二

電話／〇三-六二八一-九八九一(代)

印刷・製本　中央精版印刷株式会社

定価はカバーに表示してあります
乱丁・落丁のものはお取りかえ
致します。本文は中性紙を使用

ISBN978-4-7698-3347-5　C0195

http://www.kojinsha.co.jp

NF文庫

刊行のことば

第二次世界大戦の戦火が熄《や》んで五〇年——その間、小社は夥しい数の戦争の記録を渉猟し、発掘し、常に公正なる立場を貫いて書誌とし、大方の絶讃を博して今日に及ぶが、その源は、散華された世代への熱き思い入れであり、同時に、その記録を誌して平和の礎とし、後世に伝えんとするにある。

小社の出版物は、戦記、伝記、文学、エッセイ、写真集、その他、すでに一、〇〇〇点を越え、加えて戦後五〇年になんなんとするを契機として、「光人社NF（ノンフィクション）文庫」を創刊して、読者諸賢の熱烈要望におこたえする次第である。人生のバイブルとして、心弱きときの活性の糧《かて》として、散華の世代からの感動の肉声に、あなたもぜひ、耳を傾けて下さい。